會計學原理

（第二版）

主　編　唐國琼

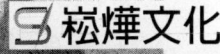

第二版前言

很高興《會計學原理》(第二版)即將出版。《會計學原理》(第二版)作為學習會計的入門教材,除了適用於成人(網路)本、專科不同層次不同專業的學生學習外,還適用於其他不同學習形式的學生及學習會計知識的社會自學者。當然,在現代經濟社會中,不僅僅是會計學專業的學生,在商科或非商科領域的其他學生也將在使用本書的過程中獲益匪淺。

《會計學原理》自2009年出版第一版以來,一直受到廣大學者的喜愛。出版《會計學原理》(第二版)的主要目的在於:
在與國際會計準則持續趨同的過程中、在與主要國家和地區實現企業會計準則持續等效的過程中,也修訂了基本準則的部分條款、修訂和新增加了部分具體會計準則。所以,為了體現會計準則中新的理念,讓大家重視會計職業判斷的依據和應用,切實解決會計實務問題,我們修訂了第一版的部分內容。②會計學原理教材往往有一些晦澀難懂的理論和專業名詞,本教材希望將一些重要的和難度大的知識點,以更加通俗和詳細的語言闡明,為讀者呈獻一本普通人都可以輕鬆讀懂的會計書。

會計學是我們生活中最常用的知識之一,但學習會計並不容易。你必須拿起筆、用上計算器,多想想、多問問,多和同學們探討複雜問題。經過努力學習后,你一定能理解並運用會計信息。

本書參閱的有關文獻資料和同類教材,在此一併致謝!

由於作者水平有限,加之修訂時間倉促,書中缺點和不足之處在所難免,懇請廣大讀者和同行批評指正。

唐國瓊

目 錄

第一章　總論 ·· (1)
　　第一節　會計的含義 ··· (1)
　　第二節　會計職能與會計目標 ······································ (6)
　　第三節　會計假設與記帳基礎 ······································ (9)
　　第四節　會計信息的質量特徵 ····································· (14)
　　第五節　會計計量 ·· (17)
　　第六節　會計程序與會計核算方法 ······························· (20)

第二章　會計對象、會計要素與會計恒等式 ······················· (25)
　　第一節　會計對象 ·· (25)
　　第二節　會計要素 ·· (27)
　　第三節　會計等式 ·· (38)

第三章　會計科目、會計帳戶與復式記帳 ··························· (48)
　　第一節　會計科目 ·· (48)
　　第二節　會計帳戶 ·· (56)
　　第三節　復式記帳法 ··· (59)
　　第四節　借貸記帳法 ··· (61)

第四章　帳戶和復式記帳的應用 ······································· (74)
　　第一節　主要經濟業務及其成本計算的內容 ··················· (74)
　　第二節　資金籌集的核算 ··· (77)
　　第三節　購買過程的核算 ··· (82)
　　第四節　生產過程的核算 ··· (88)
　　第五節　銷售過程的核算 ··· (98)
　　第六節　財務成果的核算 ··· (107)
　　第七節　資金退出的核算 ··· (120)

第五章　會計憑證 ·· (122)
　　第一節　會計憑證的意義和種類 ·································· (122)

第二節　原始憑證的填製和審核 …………………………………… (123)
　　第三節　記帳憑證的填製和審核 …………………………………… (129)
　　第四節　會計憑證的傳遞和保管 …………………………………… (136)

第六章　會計帳簿
　　第一節　會計帳簿的意義和種類 …………………………………… (139)
　　第二節　會計帳簿的設置與登記 …………………………………… (141)
　　第三節　會計帳簿登記和使用規則 ………………………………… (152)

第七章　編製報表前的準備工作
　　第一節　帳項調整 …………………………………………………… (159)
　　第二節　對帳和結帳 ………………………………………………… (163)
　　第三節　財產清查 …………………………………………………… (166)

第八章　會計報表及其分析
　　第一節　會計報表概述 ……………………………………………… (178)
　　第二節　資產負債表 ………………………………………………… (181)
　　第三節　利潤表 ……………………………………………………… (188)
　　第四節　現金流量表 ………………………………………………… (193)
　　第五節　所有者權益變動表 ………………………………………… (198)
　　第六節　附註 ………………………………………………………… (201)
　　第七節　會計報表的報送、匯總和審批 …………………………… (202)
　　第八節　會計報表的分析 …………………………………………… (203)

第九章　會計循環與會計核算組織程序
　　第一節　會計循環 …………………………………………………… (214)
　　第二節　會計核算組織程序概述 …………………………………… (216)
　　第三節　記帳憑證核算組織程序 …………………………………… (217)
　　第四節　科目匯總表核算組織程序 ………………………………… (218)
　　第五節　匯總記帳憑證核算組織程序 ……………………………… (219)
　　第六節　多欄式日記帳核算組織程序 ……………………………… (221)
　　第七節　日記總帳核算組織程序 …………………………………… (222)
　　第八節　通用日記帳核算組織程序 ………………………………… (224)

第一章　總論

[學習目的和要求]

本章主要介紹會計的含義、會計的產生和發展、會計目標、會計核算的基本前提和記帳基礎、會計信息的質量特徵、會計計量和會計方法等。其中，會計目標、會計核算的基本前提和記帳基礎、會計信息的質量特徵是本章的重點和難點。通過本章的學習，應當：

（1）瞭解會計的含義及其產生和發展；
（2）瞭解會計的職能與目標；
（3）掌握會計核算基本前提；
（4）掌握會計記帳基礎；
（5）掌握會計信息的質量特徵；
（6）熟悉會計計量屬性；
（7）瞭解會計方法體系的構成。

第一節　會計的含義

一、會計的產生與發展

會計的產生始於人類社會早期的生產活動。人類在生產活動中，一方面創造出物質財富，取得一定的勞動成果；另一方面發生各種勞動耗費，消耗一定的人力、物力。為了提高生產效率，以最小的投入取得最大的產出，就必須對生產過程中的勞動耗費和勞動成果進行有效的反應，取得必要的核算資料，據以控制生產過程，從而實現預期的目標。正是由於這種客觀需要，會計行為應運而生。會計產生以後，隨著社會生產的日益發展和生產規模的日益社會化，生產、分配、交換、消費活動愈來愈複雜，會計經歷了一個由簡單到複雜、由低級到高級的漫長發展過程。其發展過程主要分為三個階段：

（一）古代會計（15世紀以前）

會計從其產生到15世紀以前，可稱之為古代會計。據考證，公元前一千年左右，世界文明古國，如古巴比倫、埃及、印度、中國，已有簡單的經濟計算和記錄。據史料記載，我國遠在原始社會末期就有所謂「結繩記事」，在外國也曾出現過在陶土、石

頭或木塊上刻畫符號記事的原始計量、記錄行為。到公元1000年左右，世界上一些比較發達的國家就出現了專職會計。據《周禮》記載，我國古代的西周（公元前1066—公元前771年）就出現了「會計」一詞，並設有專門核算周王朝財賦收支的官職——司會，司會主天下之大計，計官之長。《孟子·正義》一書曾加以解釋：「零星算之為計，總合算之為會」。在我國唐宋時期，出現了「四柱清冊」。所謂「四柱」，是指舊管、新收、開除和實在。相當於現代會計中的上期結存、本期收入、本期發出和本期結存，通過「舊管＋新收－開除＝實在」的計算方法，分類匯總日常會計記錄，檢查會計記錄的正確性。

這一時期，由於生產力水平比較低，商品經濟尚不發達，貨幣關係還未全面展開，因而，會計的發展也很緩慢。會計只是作為生產職能的附帶部分，會計獨有的專門方法還遠遠沒有形成，還不是一門獨立的學科。這一時期的會計具有以下特點：①以官廳會計為主，主要核算國家的稅收收入和收入分配；②以貨幣和實物為計量單位；③採用單式記帳。單式記帳是指將發生的經濟業務按時間的先後逐一記錄，一般只記錄主要的財產物資變化，或只在帳簿中記錄有關貨幣的收支。

（二）近代會計（15世紀—20世紀20年代）

近代會計是從運用復式簿記開始的。公元十二三世紀，地中海沿岸的一些城市成為世界貿易的中心。其中，義大利的佛羅倫薩、熱那亞、威尼斯等地的商業和金融業特別繁榮。由於各國之間的貿易集中該地，商品貨幣經濟比較發達，日益發展的商業和金融業要求不斷改進和提高記帳技術。為了適應實際經濟發展的需要，復式記帳法誕生了。1494年，義大利數學家盧卡·巴其阿勒在其所著的《算術、幾何及比例概要》一書中，結合數學原理，第一次系統介紹了復式記帳法，這是借貸復式記帳法形成的重要標誌，也是近代會計發展史上具有劃時代意義的第一個里程碑。盧卡·巴其阿勒也被稱為「現代會計之父」。實踐證明，只有復式簿記，才能對經濟活動進行科學、全面的記錄；也只有復式簿記，才能使會計與統計相區別，並帶動了其他會計方法的發展，使會計成為一門科學。

復式簿記產生以後，從15世紀到18世紀是會計發展的停滯時期。在重商主義的影響下，商業成為各國經濟發展的重點。隨著經濟中心從義大利向英、法等國轉移，復式簿記也從義大利傳播到整個歐洲。這一時期，會計反應以內部管理為主要目的，很少向外提供信息；會計的內容主要是個體、合夥經營的商業業務，不需要複雜的會計技術；會計期間假設得以形成，有的企業按年度計算損益。從總體上看，這一時期的會計沒有發生重大變化。

到19世紀后期，西方國家的工業革命推動了生產技術的改進和工商活動的發展，促進了會計理論和實務的進步。英國工業革命高漲，工廠制度確立，股份公司不斷出現，使得企業經營權和所有權發生了分離，對會計提出了更高的要求，從而引起會計理論和實務發生變化。①會計服務的對象擴大了，過去只服務於單個企業的會計現在發展為所有企業服務，逐漸成為一種社會活動。②會計的內容有了擴充和發展。除了記帳和算帳外，還要編製財務報表，以滿足使用者的需要。③出現了對企業提供的財

務報表進行審查的要求。查帳工作日趨重要，以查帳為職業的會計師得到社會承認和重視，公共會計師職業開始興起。1854年，世界上第一個會計師協會——英國的愛丁堡會計師公會成立，這被認為是近代會計發展史上的第二個里程碑。

此時的近代會計體現出以下特點：①商品經濟的發展，使企業會計占據主導地位，會計有可能充分地應用貨幣形式，作為計量、記錄與報告的手段。②會計的記錄採取了復式記帳，形成了一套會計反應方法。

(三) 現代會計 (20世紀20年代以後)

進入20世紀以後，企業經營環境發生了深刻變化，生產社會化程度不斷提高，競爭也日益加劇，經濟的迅速發展促進了會計理論和會計實務的深刻變革。會計逐漸分化為財務會計和管理會計。財務會計是在市場經濟下建立在會計主體範圍內的、旨在向會計主體外部提供以財務信息為主的一個經濟信息系統。因此，它主要是通過定期提供一套通用的財務報表，以便會計信息用戶做出合理的經濟決策。財務會計的程序和方法具有比較嚴格的約束和規範，要求遵循一整套關於會計確認、計量、記錄和報告的公認程序。而管理會計則不同於財務會計，主要表現在：①它服務的對象不是要滿足企業外部信息用戶的需要，而主要是要適應企業內部管理的需要，即為企業管理部門正確地進行管理決策和有效經營提供有用的信息。②財務會計描述的是已經發生的事實，不強調將來；而管理會計不僅重視過去和現在，而且還著眼於將來，即還要預測將來可能發生的經濟活動及其效果。

會計分化為財務會計和管理會計，標誌著會計進入了成熟時期。

同時，在這一時期，尤其是1929—1933年的經濟危機後，美國的會計學家率先研究有關的會計理論。1940年，美國會計學會發表了由威廉·安德魯·佩頓（William Andrew Paton）和阿納尼亞斯·查爾斯·利特爾頓（Ananias Charles Littleton）兩人合作編寫的《公司會計準則緒論》，這是會計學的一本開創性著作。該書提出了會計學第一個完整的理論——「主體理論」，從而極大地推動了會計理論的研究。此後，經過世界各國會計學者共同的潛心研究，會計框架結構理論體系已經初步形成。會計不再是一種純粹的計算方法，而已經成為經濟管理科學中的一門重要學科。

此外，這一時期，還有一個突出的變化就是會計領域不斷拓寬，新的會計分支不斷湧現。20世紀二三十年代，西方國家發生了空前的經濟危機，各國政府加強了對經濟活動的管制，稅收會計和政府會計得以形成。70年代以後，西方國家出現了持續高漲的通貨膨脹，動搖了財務會計的許多重要基礎，由此形成了通貨膨脹會計；70年代以後，企業與社會的關係發生了重要變化，在社會福利主義思想的影響下，會計領域中出現了社會責任會計；70年代以後，隨著跨國經營和國際貿易的發展，國際會計迅速發展起來。

20世紀80年代以後，隨著系統論、信息論和控制論的出現，人們對會計本質有了更全面、更深刻的認識。現代會計學家一般將會計看成是一個信息系統。會計控制要通過建立健全自己的信息系統，完成計量、記錄和分類編報財務信息的任務，並以全面預算控制為準繩對經濟信息進行審核、分析和評價，提出修改決策方案的意見及改

進工作的具體措施。

20世紀90年代以來，隨著資本市場的發展與全球經濟一體化，會計作為一種通用的商業語言，各國的會計出現了趨同趨勢，會計逐步向規範化發展，會計職業道德規範也日益受到重視。

綜上所述，會計是由於經濟發展的客觀需要而產生和發展起來的，隨著社會生產力的不斷發展，會計經歷了一個由簡單到複雜、由低級到高級的不斷發展和完善的過程，同時會計的重要性也逐漸為人們所認識。在會計的發展過程中，社會經濟環境因素一直起著十分重要的作用，每一時期社會經濟環境的變化，都對會計產生了不同程度的影響，會計與社會經濟環境之間是相互依存、相互制約的關係。只要經濟活動不停止，會計的發展與變革也不可能終結。會計發展的歷史證明：經濟越發展，會計越重要。

二、會計的定義

會計這門古老又年輕的學科，隨著環境和人類經濟活動的發展而不斷地發展與變革，因此，人們對會計的認識總是處在一種不斷深化的過程當中。從不同的角度對會計進行考察，會計具有不同的含義，20世紀50年代以來，中外會計界對會計的本質的理解形成了四種主流的觀點：①工具論；②藝術論；③信息系統論；④管理活動論。

（一）工具論

會計是反應和監督社會生產過程的一種方法，是管理經濟的一種工具。會計工具論學派曾一度流行於20世紀五六十年代的蘇聯、東歐社會主義國家和中國，現在已為大多數會計學者所拋棄。之所以被拋棄，是因為該學派認為，會計的本質是經濟核算或經濟管理的工具，把會計的功能視作被動的反應，從而降低了會計對經濟活動能動的反應和控制職能，使會計工作長期處於記帳、算帳、報帳循環的階段，從而削弱了會計的預測、分析、決策職能。可以說這種觀點反應了經濟不發達、科學技術水平較低的時代人們對會計的認識水平，隨著現代經濟的發展及科學技術水平的不斷提高，這種認識被淘汰是必然的。

（二）藝術論

會計是一種記錄、分類和總結一個企業的交易並報告其結果的藝術。在20世紀70年代前的相當長一段時期內，這種觀點在西方國家比較流行，曾為廣大會計學者和會計實務界人士所接受，但現在已不多見。之所以說會計是一門藝術，是因為會計人員在進行會計工作時具有一些的藝術特性。會計的藝術「特性」就在於強調會計人員運用自己對會計規律的理解和認識，在解決特定的問題時所體現出來的那種創造性的技巧和能力。雖然會計這門學科裡，有的內容可用數學公式或邏輯法則表現出來，但是，在對會計信息進行記錄、加工、組合等活動中，人為因素影響則太大太多。在公認會計原則的允許範圍內，最後獲得的會計信息在很大程度上取決於會計師個人的偏好，亦即不同的會計師，在確定同一個目標時，可能因對會計方法的選擇不同而最後得出不同的結果。從這個意義上說，會計是一門藝術（Art）。但這種理論科學性較差，已

不多見。

(三) 信息系統論

會計是一種傳達會計主體的重大財務和其他經濟信息，以便其使用者據以做出明智的判斷和決策的「經濟信息系統」。①

20世紀60年代後期，隨著信息論、系統論和控制論的發展，美國的會計學界和會計職業界開始傾向於將會計的本質定義為會計信息系統。1970年，美國註冊會計師協會（AICPA）所屬會計原則委員會的第四號報告也同意「會計是一項提供信息的服務活動」。從此，這個概念便開始廣為流傳。② 從總的方面考察，這一學派的進步在於：①它迎合了時代潮流，引入「信息系統」這一科學概念，從人機結合方面突出了會計反應這一功能性作用；②它明確並強調了財務會計信息對於公司經營決策的有用性與必要性，並從服務方面突出了財務會計信息在公司經營決策中的作用。此外，這一學派從建立科學的會計信息系統的方面來認識會計方法改革的方位，使現代會計方法體系與電子計算機有機結合起來。會計信息系統論學派是當前世界會計學界影響深遠的學術派別之一，是現代經濟和科學飛躍發展的產物。

(四) 管理活動論

會計的本質是一種經濟管理活動。西方古典管理理論的代表人物法約爾就把會計活動列為經營的六種職能活動之一，他認為公司的經營與管理活動是兩個不同的概念，經營由技術活動、營業活動、財務活動、安全活動、會計活動與管理活動六大部分有機組合而成，而其中的管理活動又包括計劃、組織、指揮、協調、控制五大要素；「會計這一社會現象屬於管理範疇，是人的一種管理活動。」③ 從總的方面考察，這一學派的進步在於：①這個學派認定了現代會計是經濟管理的重要組成部分，明確了它在國家經濟管理與企業經營管理中的地位與作用。②這個學派把對會計本質的揭示與對現代會計基本職能的認定結合起來加以表述，明確了會計的反應與監督（控制）職能。③這個學派明確了會計在管理中所起的作用是能動的，從而從根本上與「工具論」「藝術論」區別開來。

綜上所述，我們認為，在對會計進行定義時需要考慮以下因素：

（1）會計活動以價值管理為基本內容，其結果表現為一系列有機構成的以貨幣反應的價值信息。

---

① 會計信息系統論的思想最早起源於美國會計學家A.C.利特爾頓，他在1953年編寫的《會計理論結構》一書中指出：「會計是一種特殊門類的信息服務，會計的顯著目的在於對一個企業的經濟活動提供某種有意義的信息。」

② 我國有代表性的提法是由著名會計學家余緒纓教授和葛家澍教授分別於1980年、1983年提出的。他們認為：「會計是為提高企業和各單位的經濟效益，加強經濟管理而建立的一個以提供財務信息為主的經濟信息系統。」

③ 我國最早提倡會計管理活動論的當數著名會計學家楊紀琬、閻達五兩位教授。1980年在中國會計學會成立大會上，他們做了題為《開展我國會計理論研究的幾點意見——兼論會計學的學科屬性》的報告。在該報告中，他們指出：無論從理論上還是實踐上看，會計不僅是管理經濟的工具，而且它本身就具有管理的職能，是人們從事管理的一種活動。

(2) 會計的本質特徵是一個以財務信息為主的經濟信息系統。

(3) 會計的基本目標在於會計信息是用於制定經濟決策，在於如何向不同的會計信息使用者提供有用的經濟信息。

因此，我們對現代會計的定義是：會計是以貨幣為主要計量單位，以會計憑證為依據，借助於專門的程序和方法，對特定主體的經濟活動進行全面、綜合、連續、系統的核算與監督，旨在提高經濟效益、加強經濟管理，建立一個以向會計信息提供財務信息為主的經濟信息系統。

第二節　會計職能與會計目標

會計職能是指會計在經濟管理中所具有的職能，是會計本質的外在表現。會計的職能隨著經濟的發展和會計內容、作用的不斷擴大而發展著。

一、會計的基本職能

會計具有核算和監督兩大基本職能。

(一) 會計的核算職能

會計的核算職能又稱會計的反應職能，是指會計通過確認、計量、記錄、報告，運用一定的方法和程序，利用貨幣形式，從價值量方面反應企業已經發生或完成的客觀經濟活動情況，為經濟管理提供可靠的會計信息。會計核算具有完整性、連續性和系統性的特點。核算職能是會計的最基本職能。會計不僅記錄已發生的經濟業務，還記錄正在發生的經濟業務，為各單位的經營決策和管理控制提供依據，有的還面向未來，預測企業的未來，對企業的發展提供一些具有前瞻性的會計信息，以此作為對未來經濟活動的控制依據。

(二) 會計的監督職能

會計的監督職能又稱會計的控制職能，是指在經濟事項發生以前，經濟事項進行中或發生後，會計利用預算、檢查、考核、分析等手段，對單位的貨幣收支及其經濟活動的真實性、完整性、合規性和有效性進行指導與控制。會計監督包括事前監督、事中監督和事後監督。

會計的核算職能和監督職能是不可分割的。兩者的關係是辯證統一的，對經濟活動進行會計核算的過程，同時也是實行會計監督的過程。會計核算是基本的、首要的，會計核算是會計監督的前提，沒有會計核算，會計監督就失去存在的基礎；同時，沒有會計監督來保證會計核算的正確性，會計核算就失去實際意義。

隨著經濟的發展和管理理論的完善，會計的內容和作用在不斷地發展，會計的職能也在逐漸擴展。現代會計職能還包括預測、決策、評價等。

二、會計目標

所謂會計目標，就是指會計行為的最終目的，是要求會計工作完成的任務或達到的標準。在很多情況下特指企業財務會計的目標，或者說財務會計報告目標。它對於會計理論和會計實踐起著重要的導向作用。

(一) 會計目標的兩大觀點

對於會計目標的研究是20世紀60年代由西方學者率先開始的，在20世紀70年代達到了研究的高潮。此后，逐漸形成兩大觀點：受託責任觀和決策有用觀。

受託責任觀認為在經營權與所有權相分離的情況下，企業的經營者負有向企業所有者解釋、說明其活動及結果的義務，以及使受託資產保值增值的責任，所以該觀點認為會計目標就是企業經營者向企業所有者有效地反應受託責任的履行情況。為了有效地協調委託和受託的關係，客觀、公正地反應受託責任的履行情況，首先，在會計信息質量方面強調客觀性，在會計確認上只確認企業實際已發生的經濟事項；其次，在會計計量上，由於歷史成本具有客觀性和可驗證性，因此堅持採用歷史成本計量模式以有效反應受託責任的履行情況；最後，在會計報表方面，由於經營業績是委託者最關心的一個方面，因此損益表的編製顯得尤為重要。

決策有用觀認為會計的目標就是向會計信息使用者提供有利於其決策的會計信息。為了提供有利於決策的會計信息，它強調會計信息的相關性和有用性。首先，在會計確認方面，認為會計人員不僅應確認實際已發生的經濟事項，而且還要確認那些雖然尚未發生但對企業已有影響的經濟事項，以滿足會計信息使用者決策的需要；其次，在會計計量方面，認為會計報表應反應企業財務狀況和經營成果的動態變化，除了主張以歷史成本作為主要計量屬性外，還鼓勵在物價變動情況下多種計量屬性並存；最後，在會計報表方面，認為會計報表應盡量全面提供對決策有用的會計信息，由於會計信息使用者需求的多樣性，因此，在會計報表上強調對資產負債表、損益表及現金流量表一視同仁，不存在對某種會計報表的特殊偏好。

從上述介紹可以看出，受託責任觀重在向委託者報告受託者的受託管理情況。主要是從企業內部來談會計目標的，而決策有用觀是從企業會計信息的外部使用者來談會計目標的。實際上，兩者並不矛盾，都暗含了「會計信息觀」，即會計目標是提供信息的。在受託責任觀下，會計目標是向資源委託者提供信息；在決策有用觀下，會計目標是向會計信息使用者提供有用的信息，不但向資源委託者，而且還向債權人、政府等和企業有密切關係的會計信息使用者提供決策有用的信息。同時，兩者側重的角度不同，受託責任觀是從監督角度考慮，主要是為了監督受託者的受託責任；決策有用觀側重於信號角度，即會計信息能夠傳遞信號，即向會計信息使用者提供決策有用的信息。兩者之間相互聯繫、相互補充。

根據我國2006年頒布的《企業會計準則——基本準則》，財務報告的目標是向財務報告使用者（包括投資者、債權人、政府及其有關部門和社會公眾等）提供與企業

財務狀況、經營成果和現金流量等有關的會計信息，反應企業管理層受託責任履行情況，有助於財務會計報告使用者做出經濟決策。可見，我國企業的會計目標傾向於受託責任觀和決策有用觀兩者的融合。

(二) 會計的具體目標

總的來講，會計目標是提供會計信息的，但提供哪些信息，這是由會計信息使用者的需要和會計系統提供信息的可能決定的。

1. 會計信息用戶及其需要

會計信息的使用者多種多樣，按其與企業的關係，可以分為外部用戶和內部用戶，他們的類別和需要如表1.1所示。

表1.1　會計信息使用者對會計信息的需求及決策

會計信息使用者		需求	需要決策的主要問題
外部會計信息用戶，泛指企業外部的人士和組織	1. 企業的投資者（所有者）	瞭解企業的財務狀況、盈利能力、企業目標和發展前景、利潤分配的政策等。	是否向該企業投資或購買該公司的股票？向該企業投資或購買多少股票？是否轉移投資、收回投資或賣出股票？是否追加投資？
	2. 企業的債權人	瞭解企業的償債能力、經營狀況、盈利能力和發展前景。	是否向該企業貸款、貸多少？是否追加和收回貸款？採用何種貸款方式？貸款利率多少？貸款是否可以收回？
	3. 政府部門	瞭解企業遵紀守法情況、履行社會責任、繳納稅款情況、瞭解企業資產營運效率、瞭解企業會計信息披露情況等。	政府是否向該企業投資？是否扶持該企業、是否減免或追繳稅款？資產是否保值增值？會計信息披露是否真實、合規、及時？
	4. 企業職工	瞭解企業對職工的態度、工資水平、福利待遇。	是否向該企業申請應聘？是否繼續在此工作、是否要求辭退工作？
	5. 顧客	瞭解企業產品質量、價格、售后服務情況。	是否購買該企業產品？
內部會計信息使用者，泛指企業內部各階層的管理人員	董事會、總經理、副總經理和各職能部門經理等人員	企業的資源及其配置情況、資金來源及其比例情況、財務狀況、償債能力、資產的利用效率、企業的收入、成本費用情況、盈利狀況及能力、現金及流量情況、資本及其變動情況。	企業應該籌集多少資金？通過何種方式籌資？固定資產投資比例？流動資產投資比例、對外投資比例和形式、採購材料的種類、地點和運輸方式？生產何種產品、提供什麼勞務？生產產品的數量、品種、質量要求？銷售渠道、方式、數量和價格？結算方式？利潤分配政策的確立等。

2. 會計的具體目標是向會計信息使用者定期提供共同需要的通用財務信息

會計信息的使用目的不同，需要的會計信息的側重點就不同，何況會計信息是以貨幣單位表述的財務信息，受成本效益原則的約束，會計的具體目標向會計信息使用者定期提供共同需要的通用財務信息。主要包括：

(1) 有關企業特定時點財務狀況的信息。
(2) 有關企業特定會計期間經營成果的信息。
(3) 有關企業現金流入、現金流出以及現金淨流量的信息。
(4) 有關企業特定會計期間所有者權益變動情況的信息。

會計提供會計信息的主要方式是會計報表。其中：資產負債表提供企業特定時點的財務狀況信息，利潤表提供企業特定會計期間的收入、成本費用及經營成果信息，現金流量表提供企業現金流入、現金流出以及現金淨流量信息，所有者權益變動表提供企業特定會計期間的所有者權益增減變動的信息。

第三節　會計假設與記帳基礎

在市場經濟條件下，會計賴以活動的客觀經濟環境存在著許多不確定性因素。在進行會計處理時難免運用判斷、估計。為了避免判斷和估計的隨意性，保證會計信息質量，需要做出普遍認可的假定。這些假定是會計核算的前提條件。

一、會計假設

會計假設是指會計核算工作賴以存在的前提條件，是會計人員對會計核算所處的變化不定的環境做出的合理判斷。會計假設有會計主體、持續經營、會計期間和貨幣計量，它們分別從空間、時間和計量單位上對會計信息的生成活動進行了限制。

(一) 會計主體

會計主體是指會計為之服務的特定單位。會計主體假設是對會計信息的生成活動的空間範圍所做的限定。它要求會計核算應當以企業發生的各項經濟業務為對象，記錄和反應企業本身的生產經營活動。

我國《企業會計準則——基本準則》第五條規定：「企業應當對其本身發生的交易或者事項進行會計確認、計量和報告。」

凡是具有經濟活動的獨立實體，都可以成為一個會計主體，實行獨立核算。它包括：進行特定生產經營活動的企業和執行特定社會職能的機關、事業單位；具有獨立資金並能單獨核算生產經營成果的企業內部單位或擁有自己的收支、並能單獨核算事業成果的機關、事業單位的內部單位；由若干獨立企業組成需要編製合併財務報表的公司或企業集團。

會計核算遵循會計主體假設，有利於把會計主體與主體所有者和經營者的財務收支嚴格區分開來，有利於把會計為之服務的主體與其他會計主體的會計活動嚴格區分開來。這樣，會計只是計量和報告特定主體的經營和財務活動的結果，從而正確反應企業管理當局對投資人所負的受託責任，明確處理各種會計業務所應持有的立場。

特別注意：會計主體不同於法律主體。一般來說，法律主體就是會計主體，但會計主體不一定是法律主體。

(二) 持續經營

持續經營是指企業的存在沒有時間限制,可以持續它的經營活動。生產的連續性是任何社會生產方式下的普遍規律,生產經營過程構成再生產過程的一個環節,但企業總要經歷新陳代謝的變化過程,從而出現持續經營、間斷經營和結束經營的情況。這種不確定性對會計處理帶來了困難。因此,會計中提出了持續經營假設。

《企業會計準則——基本準則》第六條規定:「企業會計確認、計量和報告應該以持續經營為前提。」

持續經營假設是對會計核算時間無限性的規定。它要求會計核算應當以企業持續、正常的生產經營活動為前提,連續記錄和報告企業的經營活動和結果。會計計量特別是資產的計價、費用的分攤和收益的確定都必須按持續經營的觀點處理,除非企業已經破產,否則都不應建立在企業即將破產清算的基礎之上。

會計核算遵循持續經營假設,能夠合理解決企業資產與負債的計量、費用與成本的分配問題。

(三) 會計期間

會計期間是將企業川流不息的經營活動劃分為若干個相等的區間,在連續反應的基礎上,分期進行會計核算,編製財務報表,定期反應企業某一期間的經營活動和成果。

《企業會計準則——基本準則》第七條規定:「企業應當劃分會計期間,分期結算帳目和編製財務會計報告。」

會計期間假設是對持續經營假設的必要補充,是對會計核算時間有限性的規定。按照持續經營假設,企業的存在是沒有時間限制的,而會計信息用戶又需要得到反應某一會計期間的會計信息。所以,有必要在持續經營假設的基礎上進行會計期間假設。我國會計期間採用的是公歷年制,即公歷1月1日至12月31日為一個會計年度。

會計核算遵循會計期間假設,有利於分期進行會計核算,編製財務報表;有利於採用特殊的會計程序和方法,劃清各個會計期間的經營業績和經濟責任。

(四) 貨幣計量

貨幣計量是指以貨幣作為計量尺度,以名義貨幣單位作為計量的單位。經濟活動以及反應經濟活動的度量本來是多種多樣的,但創造商品使用價值的具體勞動的差異帶來了使用價值的差異,從而使使用價值量度的應用受到了限制。同時由於會計所反應的經濟活動與價值形式密不可分,所以,會計計量不得不以價值量度來反應會計主體的經濟活動,這就形成了貨幣計量假設。

貨幣計量假設要求會計核算必須確定一種貨幣為記帳本位幣。

我國《企業會計準則——基本準則》第八條規定:「企業會計應當以貨幣計量。」同時在《企業會計準則第19號——外幣折算》第四條中規定:「記帳本位幣,是指企業經營所處的主要經濟環境中的貨幣。企業通常應選擇人民幣作為記帳本位幣。業務收支以人民幣以外的貨幣為主的企業,可以按照本準則第五條規定選定其中一種貨幣

作為記帳本位幣。但是，編報的財務報表應當折算為人民幣。」

貨幣計量假設還附帶有一個幣值不變假設。現實經濟生活中的貨幣價值並非是一個永恆不變的量，貨幣幣值的經常變動會影響會計計量信息的可靠性。因此，貨幣計量假設是以幣值不變為前提的，它要求用做計量單位的貨幣的購買力是固定不變的。

會計核算遵循貨幣計量假設，有利於以貨幣為綜合計量單位來計量、記錄企業的經濟活動並報告其結果，使有關企業的經濟活動情況予以數量化和綜合化，從而使會計信息用戶佔有更充分的會計信息。值得注意的是，在現實中，通貨膨脹和通貨緊縮都可能降低或提高貨幣的購買力，對幣值產生影響，從而使單位貨幣所包含的價值量隨著現行價格的波動而變化。這時，幣值不變假設的缺陷就暴露出來，資產不能反應其真實價值，影響了會計信息的質量。

二、會計記帳基礎

前面論述的持續經營假設是指企業的存在沒有時間限制，可以持續它的經營活動，因此，會計核算應當以企業持續、正常的生產經營活動為前提，連續記錄和報告企業的經營活動和結果，會計核算特別是資產計價、費用分攤和收益確定都必須按持續經營的觀點處理。在持續經營假設下，會計期間將企業川流不息的經營活動劃分為若干個相等的區間，在連續反應的基礎上，分期進行會計核算，編製財務報表，定期反應企業某一期間的經營活動和成果。

由於會計中持續經營和會計期間的存在，為了使收入與費用相互配比，正確計算損益，會計上明確要求：具體經濟業務發生的結果究竟應當記入哪一個會計期間——是記錄於有關現金收支的期間，還是歸屬於經濟業務實際產生影響的期間？這就涉及會計的記帳基礎。確認企業一定會計期間的收入和費用，進而確定其經營成果和財務狀況的方法稱為會計處理基礎，或會計確認基礎，亦稱會計記帳基礎。會計記帳基礎主要有權責發生制和收付實現制兩種。

（一）權責發生制

權責發生制亦稱應收應付制或應計基礎，它是以權利或責任的發生與否為標準確認一定會計期間收入和費用的一種方法。即以收款權利的發生或付款責任的承擔為標誌來確認本期收入、費用、債權和債務，而不是以現金的實際收到與支付來確認收入、費用、債權和債務。

採用這種確認方法時，凡是本會計期間賺得的、應歸屬於本期的收入，不論是否實際收到了貨幣資金，都作為本期的收入處理；凡是本會計期間應當負擔的費用，不論是否實際支付了貨幣資金，均作為本期的費用處理。反之，凡是不應當歸屬於本期的收入和費用，即使在本期收到了或付出了貨幣資金，也不作為本期的收入或費用處理。

例如，柳林工廠2015年3月份發生以下部分業務，用權責發生制來確認其收入和費用：

（1）本月銷售產品的同時收到銷貨款200,000元存入銀行。按照權責發生制的要

求，這 200,000 元的銷貨款收款的權利發生在 2015 年 3 月，應確認為 2015 年 3 月份的收入，而重心不是強調本月已收款。

(2) 本月收到 2014 年 11 月賒銷貨物的款項 50,000 元，存入銀行。該項業務是 2014 年 11 月份銷售的，收款權利發生在 2014 年 11 月，所以按照權責發生制的要求應確認為 2014 年 11 月份的收入並同時確認應收帳款，而不確認為 2015 年 3 月份的收入，3 月份收到款項時只需沖銷應收帳款即可。

(3) 本月預收產品貨款 100,000 元存入銀行。由於該產品尚未發貨，產品的風險和報酬尚未轉移給購買方，儘管該筆款項是在 3 月份收到款項的，但按照權責發生制的要求不確認為 2015 年 3 月份的收入，而作為預收帳款這一負債加以確認。

(4) 本月用銀行存款支付本月辦公用水電費 5,000 元。按照權責發生制的要求，這 5,000 元水電費的付款責任發生在 2015 年 3 月份，應確認為本月的費用。

(5) 本月初用銀行存款支付 2 月份應交的消費稅和附加費用 10,000 元。按照權責發生制的要求，這 10,000 元的稅費支付的責任是 2015 年 2 月發生的，應在 2015 年 2 月確認為費用並同時確認應交稅費，2015 年 3 月份支付稅費時，只需沖銷 2 月份的應交稅費這一負債即可，而不確認為 2015 年 3 月的費用。

(6) 本月用銀行存款預交 2015 年 2 季度的倉庫租金 60,000 元。按照權責發生制的要求，這 60,000 元租金的支付責任是 2015 年 2 季度發生的，應在 2015 年 2 季度確認為費用，2015 年 3 月份支付費用時暫時確認為預付帳款，2 季度確認為費用時，只需沖銷預付帳款即可，而不確認為 2015 年 3 月的費用。

(7) 本月底計算出本月應交的稅金 150,000 元。該項業務是 2015 年 3 月份發生並產生付款義務的，按照權責發生制的要求應確認為 2015 年 3 月份的費用並同時確認應交稅費，儘管該業務並未支付款項。

從上面的舉例可以看出，權責發生制是依據持續經營和會計分期兩個基本前提來正確劃分不同會計期間的資產、負債、收入、費用等會計要素的歸屬的，並運用一些諸如應收、應付等項目來記錄由此形成的資產和負債等會計要素。企業經營持續進行，而其損益的記錄又要分期處理，每期的損益計算理應反應所有屬於本期的真實經營業績。因此，權責發生制能較為準確地反應特定會計期間實際的財務狀況和經營業績。

(二) 收付實現制

收付實現制也稱實收實付制，它以是否實際收到或付出貨幣資金為標準確認企業相應會計期間的收入和費用的一種方法。採用這種確認方法時，凡是本會計期間實際收到的與收入業務有關的貨幣資金，不論其是否應歸屬於本期，都作為本期的收入處理；凡是本會計期間實際支出的與費用有關的貨幣資金，不論其是否應歸屬於本期，都作為本期的費用處理。反之，凡是本期沒有實際收到貨幣資金或付出貨幣資金，即使應當是屬於本期的收入或費用，也不作為本期的收入或費用處理。

仍然以柳林工廠 2015 年 3 月份發生以下部分業務為例，用收付實現制來確認收入和費用。

(1) 本月銷售產品的同時收到銷貨款 200,000 元存入銀行。按照收付實現制的要

求，這 200,000 元的銷貨款已經收到，應確認為 2015 年 3 月份的收入。

（2）本月收到 2014 年 11 月銷售賒銷貨物的款項 50,000 元，存入銀行。儘管該項收入不是 2015 年 3 月份銷售的，但因為該項收入是在 3 月份收到的，所以按照收付實現制的要求作為 2015 年 3 月份的收入，而不作為 2014 年 11 月份的收入，因為當時沒有收款。

（3）本月預收產品貨款 100,000 元存入銀行。儘管該產品尚未發貨，產品的風險和報酬尚未轉移給購買方，但因為該筆款項是在 3 月份收到的，所以按照收付實現制的要求作為 2015 年 3 月份的收入。

（4）本月用銀行存款支付當月辦公用水電費 5,000 元。按照收付實現制的要求，這 5,000 元的水電費確認為 2006 年 3 月份的費用，因為本月已經支付款項。

（5）本月初用銀行存款支付 2 月份應交的消費稅和附加費用 10,000 元。按照收付實現制的要求，這 10,000 元的稅費確認為 2015 年 3 月份的費用，因為本月已經支付款項。

（6）本月用銀行存款預交 2015 年 2 季度的倉庫租金 60,000 元。按照收付實現制的要求，這 60,000 元的租金款項已經支付，應在 2015 年 3 月份確認為費用。

（7）月底計算出本月應交的稅金 150,000 元。按照收付實現制的要求，本月份的稅金還沒有支付，不應當確認為本月的費用。

從上面的舉例可以看出，現金收付制這種確認基礎，會計在處理經濟業務時不考慮預收收入、預付費用以及應計收入和應計費用的問題，會計期末也不需要進行帳項調整。因為實際收到的款項和付出的款項均已登記入帳，所以可以根據帳簿記錄來直接確定本期的收入和費用，並加以對比以確定本期盈虧。

這種處理方法的好處在於計算方法比較簡單，也符合人們的生活習慣，但按照這種方法計算的各期盈虧不一定合理。所以，《企業會計準則》規定企業不予採用。我國《企業會計準則——基本準則》第九條規定：「企業應當以權責發生制為基礎進行會計確認、計量和報告。」

（三）權責發生制和收付實現制的異同

權責發生制和收付實現制在處理收入和費用時的原則是不同的，所以同一會計事項按不同的會計處理基礎進行處理，其結果可能是相同的，也可能是不同的。例如，2015 年 3 月份柳林工廠銷售產品的同時收到銷貨款 200,000 元，這項經濟業務不管採用現金收付制，還是權責發生制，200,000 元貨款均應確認為本期收入。因為一方面款項已收到，按照收付實現制應當確認為本期收入；另一方面它是本期銷售產品應獲得的收款權利，按照權責發生制的要求也應確認為本期收入，這時就表現為兩者的一致性。在另外的情況下兩者則是不一致的，例如，2015 年 3 月份柳林工廠收到 2014 年 11 月份賒銷貨物的款項 50,000 元，存入銀行。按照收付實現制的要求，這 50,000 元的銷貨款 3 月份收到，應確認為 2015 年 3 月份的收入。但按照權責發生制的要求，該項業務是 2014 年 11 月份銷售的，收款的權利發生在 2014 年 11 月份，應在 2014 年 11 月份確認為收入並同時確認應收帳款，而不確認為 2015 年 3 月份的收入，3 月份收到款項

時只需衝銷應收帳款即可。所以，收付實現制和權責發生制有明顯的不同，見表1.2。

表1.2 收付實現制與權責發生制的主要區別

主要區別	權責發生制	收付實現制
確認標準不同	應收應付	實收實付
帳戶設置不同	需專門設置調整帳戶	沒必要設置調整帳戶
配比要求不同	強調收入與費用配比	忽略收入與費用配比
期末處理不同	必須進行調整	無須進行調整
收益結果不同	各會計期間比較均衡	各會計期間差異較大
優點、缺點不同	科學合理但較麻煩	核算簡單但不合理
適用範圍不同	盈利組織	非盈利組織

當然，收付實現制與權責發生製作為確認收入和費用的兩種方法，它們之間也有相同之處：對於在本會計期間賺得並在本期實際收到貨幣資金的收入和在本會計期間發生、應由本期負擔並且實際支付了貨幣資金的費用，均可直接確認為本期的收入或費用，並進行相應的帳務處理。

第四節　會計信息的質量特徵

會計的基本目標是向會計信息用戶提供決策所需要的信息，會計信息質量的高低是評價會計工作好壞的重要標準。我國於2006年2月頒布的《企業會計準則——基本準則》中首次明確提出了會計信息的質量特徵，要求會計信息滿足可靠性、相關性、明晰性、可比性、實質重於形式、重要性、謹慎性和及時性等要求。

一、可靠性

可靠性又稱客觀性，是指會計信息應能如實地表述所要反應的對象，確保信息能免於錯誤和偏差。我國《企業會計準則——基本準則》第十二條規定：「企業應當以實際發生的交易或者事項為依據進行會計確認、計量和報告，如實反應符合確認和計量要求的各項會計要素及其他相關信息，保證會計信息真實可靠，內容完整。」可靠性是對會計工作的基本要求。會計工作提供會計信息的目的是為了滿足會計信息使用者的決策需要，所以就應該做到內容真實、數字準確、資料可靠。

具有可靠性的會計信息應具備三個基本特徵，即如實性、可驗證性和中立性。如實性是指會計信息應當與其所要表達的現象或狀況保持一致或吻合，即會計信息應當恰當地反應所表述的經濟事項的經濟實質而不僅是其表面形式；可驗證性是指具有相近背景的不同的個人分別採用同一會計方法，對同一事項加以處理，就能得出相同的結果；中立性是指在制定或實施會計準則時，主要應當關心所產生的相關性和可靠性，而不是規則會對特定利益者產生的影響。

二、相關性

相關性是指企業所提供的會計信息能夠幫助會計信息使用者預測過去、現在和未來事件的結果，堅持或更正先前的預測並在決策中起作用。我國《企業會計準則——基本準則》第十三條規定：「企業提供的會計信息應當與財務會計報告使用者的經濟決策需要相關，有助於財務會計報告使用者對企業過去、現在或者未來的情況做出評價或者預測。」

相關的會計信息必須具備三個基本特徵，即及時性、預測價值和反饋價值。所謂及時性，是指在處理會計事項時，必須在經濟業務發生時及時進行，講究時效，以便於會計信息的及時利用；所謂預測價值，是指會計信息能夠幫助會計信息使用者評價過去和現在的事項，並對未來事項的發展趨勢進行預測，從而影響其基於這種評價和預測所做出的決策；所謂反饋價值，是指會計信息能對會計信息使用者以前的評價和預測結果予以證實或糾正，從而促使會計信息使用者維持或改變以前的決策。

當然，要提供滿足不同的會計信息使用者的所有需求不是可能的，同時，會計信息的產生也要考慮成本與效益的關係。因此，會計一般只提供通用的會計信息，不同的會計信息使用者可以通過其他方式獲得其他方面的信息，並進行整理、加工，最後做出決策。

三、明晰性

明晰性是指會計的記錄和會計報表應當清晰、明瞭，便於理解和運用。我國《企業會計準則——基本準則》第十四條規定：「企業提供的會計信息應當清晰明瞭，便於財務會計報告使用者理解和使用。」

明晰性要求會計記錄的數據及其程序、方法和會計報表提供的信息指標是通用的，可以理解的。會計核算所提供的信息能簡單明瞭地反應企業的財務狀況和經營成果，並容易為會計信息使用者所理解和利用。

四、可比性

可比性是指會計核算必須按規定的會計處理方法進行，提供的會計核算資料應當口徑一致，相互可比。我國《企業會計準則——基本準則》第十五條規定：「企業提供的會計信息應當具有可比性。同一企業不同時期發生的相同或者相似的交易或者事項，應當採用一致的會計政策，不得隨意變更。確需變更的，應當在附註中說明。不同企業發生的相同或者相似的交易或者事項，應當採用規定的會計政策、確保會計信息口徑一致、相互可比。」

在會計核算中堅持可比性，既可以提高會計信息的相關性，又可以制約和防止會計主體在會計核算中弄虛作假，從來保證了可靠性。

五、實質重於形式

實質重於形式是指企業在會計核算時要看交易或事項的經濟活動的實質，而不僅

僅以其法律的表現形式為依據。我國《企業會計準則——基本準則》第十六條規定：「企業應當按照交易或事項的經濟實質進行會計確認、計量和報告，不應以交易或者事項的法律形式為依據。」其中形式是指經濟活動的法律形式，實質則為經濟活動的本質。

實質重於形式原則的運用體現了會計的本質要求。會計的根本目的，在於向會計報告使用者提供有用、真實、相關的會計信息。這個原則也對會計人員的專業判斷提出了更高的要求，強調了當交易或事項的經濟實質與其外在表現不一致時，會計人員應當具備良好的專業判斷能力，注重經濟實質進行會計核算，以保證會計信息的有用性、真實性、相關性。

六、重要性

重要性是指在特定環境下，可能影響會計報表使用者判斷或決策的錯報或漏報的嚴重程度。我國《企業會計準則——基本準則》第十七條規定：「企業提供的會計信息應當反應與企業財務狀況、經營成果和現金流量等有關的所有重要交易或者事項。」

重要性原則要求在會計核算過程中對經濟業務或會計事項，應區別其重要程度，採用不同的會計處理方法和程序。具體來說，對會計主體的經濟活動或會計信息使用者相對重要的事項應分別核算，分項反應，力求準確，並在會計報告中作重點說明。而對於那些次要的會計事項，在不影響會計信息真實性的情況下，則可適當簡化會計核算手續，採用簡化的會計處理方法，合併反應。

衡量會計事項的重要性並無統一的標準，所以，一項經濟業務或會計事項是否重要取決於會計人員的職業判斷。一般來說，一項經濟業務或會計事項的重要程度的判斷可以從質和量兩個方面來進行。從質的方面來講，某一事項只要發生，就會對決策產生重大影響，則這樣的經濟業務或會計事項就是重要的；從量的方面來說，某一項事項發生的金額達到一定比例時會對會計信息使用者的決策產生重大影響，則這種情況下，也認為其具有重要性。

七、謹慎性

謹慎性又稱穩健性，是指會計人員對某些經濟業務或會計事項存在不同的可選擇的會計處理方法和程序時，應在不影響合理選擇的前提下，以盡可能選擇不虛增利潤和誇大所有者權益的會計處理方法和程序進行會計處理，要求對可能發生的損失和費用進行合理核算。我國《企業會計準則——基本準則》第十八條規定：「企業對交易或者事項進行會計確認、計量和報告應當保持應有的謹慎，不應高估資產或收益、低估負債或者費用。」

謹慎性原則要求會計工作充分預計可能發生的損失、費用和負債，並合理予以確認；收入通常應在實現以後才予以確認，少預計或不預計可能發生的收入。我國企業要對資產項目計提減值準備，這就是穩健性原則的體現。

八、及時性

及時性是指會計人員應按規定的期限處理各種帳務和提供會計信息。我國《企業會計準則——基本準則》第十九條規定：「企業對於已經發生的交易或者事項，應當及時進行會計確認、計量和報告，不得提前或者延后。」

及時性原則要求會計工作要及時收集會計信息，即在經濟業務發生后，及時收集、整理各種原始單據；及時處理會計信息，即按照國家統一的會計準則和會計制度要求，及時編製會計報告；及時傳遞會計信息，即將編製好的會計報告及時傳遞給會計信息使用者。

第五節　會計計量

會計計量又稱會計對象的計量或會計要素的計量，是指在一定的計量尺度下，運用特定的計量單位，選擇合理的計量屬性，確定應予記錄的會計事項金額的會計記錄過程。會計計量屬性是指用貨幣對會計要素進行計量時所採用的標準。我國《企業會計準則——基本準則》規定的計量屬性包括：歷史成本、重置成本、可變現淨值、現值和公允價值。

一、歷史成本

歷史成本又稱實際成本，是指取得資源時的原始交易價格。歷史成本是以實際發生的交易為前提並從企業投入價值角度所進行的計量，在直接的現金交易時，歷史成本表現為付出的現金或承諾付出的現金；在非現金交易時，歷史成本則表現為被交易資產的現金等價物。例如，國興工廠花費60,000元購買了一臺機器設備，60,000元就是該臺機器設備的歷史成本。我國《企業會計準則——基本準則》第四十二條規定：「在歷史成本計量下，資產按照購買時支付的現金或者現金等價物的金額，或者按照購買資產時所付出的對價的公允價值計量。負債按照因承擔現時義務而實際收到的款項或者資產的金額，或者承擔現時義務的合同金額，或者按照日常活動中為償還負債預期需要支付的現金或者現金等價物的金額計量。」

歷史成本計量是持續經營假設、幣值不變假設和可靠性、可比性的共同要求。它一方面有助於對各項資產計量結果的檢驗和控制；另一方面使收入與費用的配比建立在實際交易的基礎上，從而保證了會計信息的可靠性和真實性。

二、重置成本

重置成本又稱現行成本，是指按照當前市場條件，重新取得同樣一項資產所需支付的現金或現金等價物金額，是站在企業主體角度的投入價值。重置成本具有不同的含義：①重新購置同類新資產的價格。②重新購置同類新資產的價格扣除持有資產已使用年限的累計折舊。③重新購置具有相同生產能力的資產的市價。④重新購置或製

造同類資產的成本。⑤重新生產或製造同類資產的成本扣除持有資產的累計折舊。例如，國興公司在進行財產清查時發現，基本車間盤盈設備一臺。經專業技術人員評估，設備重置成本為100,000元，估計有八成新。企業對財產價值評估採用重置成本法，但不是按重置成本入帳，而是按照重置成本扣除財產折耗價值后的余額入帳。因此，該設備記帳價值的計算如下：設備入帳價值 = 100,000 − 100,000 × 20% = 80,000（元）。我國《企業會計準則——基本準則》第四十二條規定：「在重置成本計量下，資產按照現在購買相同或者相似資產所需支付的現金或者現金等價物的金額計量；負債按照現在償付該項債務所需支付的現金或者現金等價物的金額計量。」重置成本和歷史成本之間存在著密切的聯繫。當兩者都發生在原始交易日，重置成本和歷史成本之間在數量上是相等的，但由於資產供求關係、技術水平和生產成本會發生變化，兩者往往又會不相等。重置成本這種計量屬性能避免價格變動虛計收益，反應真實財務狀況，客觀評價企業的經營業績。但是，確定重置成本較困難，無法與原持有資本完全吻合；同時，它仍然不能消除貨幣購買力變動所帶來的影響，也無法以持有資本的形式解決資本保值問題。

三、可變現淨值

可變現淨值又稱預期結算價值，是指在正常生產經營過程中，以預計售價減進一步加工成本和銷售所必需的預計稅金、費用后的淨值。我國《企業會計準則——基本準則》第四十二條規定：「在可變現淨值計量下，資產按照其正常對外銷售所能收到現金或者現金等價物的金額扣減該資產至完工時估計將要發生的成本、估計的銷售費用以及相關稅費后的金額計量。」可實現淨值這種計量屬性能反應預期變現能力，體現了穩健性原則，保證了會計信息的可靠性，但它不適用於所有資產。如無形資產的可變現淨值就很難確定。

四、現值

現值是指未來現金淨流量按照一定方法折合成的當前價值。它主要分為複利現值和年金現值。複利現值是複利終值的對稱概念，是指未來一定時間的特定資金按複利計算的現在價值。即為取得未來一定本利和現在所需要的本金。年金現值是指將在一定時期內按相同時間間隔在複利期末收入或支付的相等金額折算到第一期初的現值之和。

我國《企業會計準則——基本準則》第四十二條規定：「在現值計量下，資產按照預計從其持續使用和最終處置中所產生的未來淨現金流入量的折現金額計量。負債按照預計期限內需要償還的未來淨現金流出量的折現金額計量。」同時，《企業會計準則第8號——資產減值準則》第九條規定：「資產預計未來現金流量的現值，應當按照資產在持續使用過程中和最終處置時所產生的預計未來現金流量，選擇恰當的折現率對其進行折現后的金額加以確定。預計資產未來現金流量的現值，應當綜合考慮資產的預計未來現金流量、使用壽命和折現率等因素。」可見，現值計量屬性在我國《企業會計準則》中的應用很多。未來現金流量現值這種計量屬性考慮了貨幣時間價值，最能體現決策相關性的要求，但未來現金流量現值是不確定的，特別是貼現率的確定可能

是困難的和主觀的。

五、公允價值

公允價值是指市場參與者在計量日發生的有序交易中，出售一項資產所能收到或者轉移一項負債所需支付的價格。理解公允價值需要注意以下幾點：①市場參與者是在相關資產或負債主要市場（或最有利市場）中①，相互獨立的、熟悉資產或負債情況的、能夠且願意進行資產或負債交易的買方和賣方。②有序交易是指在計量日前一段時期內相關資產或負債具有慣常市場活動的交易。清算等被迫交易不屬於有序交易。③公允價值是脫手價格，脫手價格體現了持有資產或承擔負債的市場參與者在計量日，對該資產或負債相關的未來現金流入和流出的預期。④明確資產出售或者債務轉移是發生在計量日，而不是其他日期。根據公允價值的定義，衡量公允價值的關鍵是以市場為基礎的計量，而不是特定主體的計量。因此，在計量公允價值時，企業應當採用當前市場條件下，市場參與者在對資產或負債進行定價時可能採用的最優假設。

公允價值和歷史成本並不是對立的。歷史成本作為已經發生的交換價格，無疑最接近公允價值，可以看成是公允價值的一種表現形式。重置成本、可變現淨值在沒有實際交換價格的情況下，是通過模擬實際交換價格來實現公允價值的，它們也可以看成是公允價值的表現形式。而現值是在無法模擬交換價格的情況下，通過對未來現金流量的貼現來逼近公允價值的一種方法。因此，公允價值是市場價值的一種特殊形式，它代表一定時間上市場公認的市場價值，選擇每種計量屬性進行計量的結果在一定的條件下都有可能是公允的。也就是說，公允價值可以表現為多種形式，如重置成本、可實現淨值和現值。

綜上所述，幾種計量屬性的區別和聯繫如下：與歷史成本比較，重置成本是從購買角度來計量的，可變現淨值是從出售角度來計量的，它們計量的信息相關性相對較強，因為要反應未發生實際交易的市場價格，所以比歷史成本計量的可靠性弱；與公允價值比較，重置成本是從支付角度來計量的，可變現淨值是從能得到現金或現金等價物角度來計量的，但採用未貼現價值，不強調公平交易、自願交換的條件，所以比公允價值計量的相關性弱，但成本低。與歷史成本比較，現值考慮未來，是主體自身預計使用資產所產生的未來淨現金流入量的現值，對持續使用的資產採用現值計量的相關性較強，但它不是市場交易價格，可靠性較弱；與公允價值比較，現值是公允價值的基礎，現值計量未得到市場的認可，缺乏公允性和可靠性，但成本低。因此，歷史成本、重置成本、可變現淨值、現值和公允價值在適用的前提條件、計量的信息質量和使用成本等方面各有不同的特徵。企業在對會計要素進行計量時，一般應當採用歷史成本；採用重置成本、可變現淨值、現值、公允價值計量的，應當保證所確定的會計要素金額能夠取得並可靠計量。

---

① 主要市場是交易量最大和交易活躍程度最高的市場。最有利市場是在考慮交易費用和運輸費用後，能夠以最高金額出售相關資產或者以最低金額轉移相關負債的市場。

第六節　會計程序與會計核算方法

從經濟事項進入會計系統開始直到會計系統輸出會計信息為止的整個過程，包括會計確認、會計計量、會計記錄和會計報告四個環節，會計信息生成活動就是在這樣一個周而復始的過程中不斷進行的。這就是會計程序。當然這一過程依賴於會計核算方法。

一、會計程序

（一）會計確認

一個經濟事項的發生要進入會計系統，首先要經過會計確認。所謂會計確認，就是把一個經濟事項正式作為會計要素予以認可的會計行為。會計確認主要解決：①判斷一個經濟事項是否進入會計系統。②如果該經濟事項要進入會計系統，則應以何種會計要素進入。③該經濟事項應當在何時進入會計系統。

按照對經濟事項確認的時間順序，會計確認可以分為初始確認和再確認。初始確認主要是針對最初輸入會計系統的經濟事項的確認，即對會計系統輸入數據所進行的「篩選」。通過初始確認，有關經濟數據才能在計量后正式輸入帳簿系統。再確認是指對已經確認的經濟事項在未來發生變動或者消失，對變動結果或者消失所進行的確認。因此，初始確認和再確認的關係是：初始確認是對會計信息系統輸入數據的「篩選」，再確認是對會計核算系統輸出信息的「檢驗」。前者針對應予輸入復式簿記系統的經濟數據，后者主要針對財務報表上應予揭示的信息。

（二）會計計量

會計計量是會計信息生成的第二個環節。它是會計人員運用一定的計量模式，對符合會計要素定義的項目所做的貨幣量化，並產生以貨幣定量信息為主的一種會計行為。

會計計量的內容包括資產計量和收益計量兩大部分。資產計量是以一定的金額表現特定時點上的資產、負債和所有者權益及其變動結果，從資產計量的結果中可以瞭解企業的財務狀況；收益計量則是以一定的金額計量企業在一定時期內的收入與費用，並通過比較決定企業的收益，即決定企業產出價值大於投入價值的差額，從收益計量的結果中可以確定企業的經營成果。資產計量和收益計量在反應企業資金運動方面存在著相互聯繫和相互制約的關係，只有將這兩者有機地結合起來，才能正確揭示企業的財務狀況和經營成果。

（三）會計記錄

經過確認和計量后的經濟事項，必須按照一定的帳務處理程序正式進入簿記系統，

以便於經過簿記系統的分類、整理、加工和轉換，最終通過財務報表系統輸出會計信息用戶決策有用的會計信息。經濟事項所經過的這一環節就是會計記錄。會計記錄就是根據一定的帳務處理程序，將已經確認、計量的經濟事項正式記入簿記系統，並進行分類整理、加工和轉換的會計行為。其目的是為會計運行系統進入會計報告環節奠定基礎。

會計記錄主要解決：①分類整理。通過設置和運用帳戶，將經濟事項按會計要素的具體類別進行分類整理。②加工轉換。將大量的分散數據加工轉換成少量的綜合數據，將原始數據加工成簿記信息。

(四) 會計報告

會計報告是以簿記系統加工生成的信息為基礎，按照會計信息用戶的要求進行加工和轉化，並通過財務報表將會計信息輸出系統。

會計報告主要解決：①將簿記信息轉化為會計信息。雖然經濟事項的數據經過會計記錄處理以後已經轉化為簿記信息，但是，由於簿記信息數量龐大而且分散，不利於信息的傳輸和會計信息用戶的利用。因此，還必須借助於會計報告對簿記信息進行加工轉化，最終生成會計信息。②將會計信息輸出會計信息生成系統。財務報表是會計信息的「物質載體」，會計信息只有通過財務報表，才能傳遞到會計信息用戶手中。

會計確認、計量、記錄和報告相互聯繫，逐步深入，都以會計要素為其共同的對象，都以會計信息的有用性為其共同目標，都統一於會計信息生成的過程之中。

二、會計方法

會計方法是用來反應與控制會計對象，完成會計任務的手段。現階段，會計方法包括會計核算方法、會計分析方法和會計檢查方法。會計核算方法是指對價值運動中產生的各種數據進行連續、系統地加工處理，直至提供綜合、全面的會計信息所使用的專門方法；會計分析方法是指運用會計資料，說明並考核各會計主體經濟活動及其結果所使用的專門方法；會計檢查方法是指運用會計資料檢查各單位經濟活動及其結果是否合理、合法、有效及其會計資料是否正確所使用的專門方法。會計核算是會計分析和會計檢查的前提，而會計分析是會計核算的繼續和發展，會計檢查則是會計核算和會計分析必不可少的補充。這三種方法是一個連續、系統和完整的過程，缺一不可。其中，會計核算方法是最基本的方法，下面將重點介紹。

三、會計核算方法

會計核算方法是對會計對象進行確認、計量、記錄和報告的手段。它主要包括：填製和審核憑證、設置和運用帳戶、復式記帳、設置和登記帳簿、成本計算、財產清查、編製財務報表七個專門方法。

(一) 填製和審核憑證

填製和審核憑證是初步記錄經濟業務，並保證經濟業務合理性和合法性所使用的

專門方法。會計憑證是證明經濟業務已經完成作為記帳依據的一種書面證明。企業在生產經營過程中會發生各種各樣的經濟業務。企業發生經濟業務以後，首先要通過會計憑證加以初步記錄，經審核認定后，才能作為記帳的依據。所以，填製和審核憑證是會計信息生成的第一步。

（二）設置和運用帳戶

設置和運用帳戶是連續地歸類記錄經濟業務的各項數據，從而提供各個會計要素動態和靜態資料所使用的專門方法。會計憑證對經濟業務的反應是零星的、分散的，必須按照會計要素項目，設置和運用帳戶對零星的、分散的數據進行系統地歸類。

（三）復式記帳

復式記帳是指在帳戶中全面地、相互聯繫地記錄經濟業務所使用的專門方法。企業發生的經濟業務不是孤立的，都有來龍去脈，為了真實地反應經濟業務的來龍去脈及其所引起的變化，不僅要求對一切變化了的會計要素項目進行記錄，而且要對同一經濟業務引起的變化項目聯繫起來記錄。採用這種方法，不僅可以全面地、相互聯繫地反應經濟事項，而且可以通過帳戶的對應關係，檢查會計記錄的正確性。

（四）設置和登記帳簿

設置和登記帳簿是指序時地或分類地記錄經濟業務所使用的專門方法。企業發生的經濟業務都必須設置若干帳冊，對發生的經濟業務進行登記。

（五）成本計算

成本計算是指對生產經營過程中發生的耗費，按照成本計算對象進行歸集，從而計算出總成本和單位成本所使用的專門方法。通常，外購材料、生產的產品和銷售的產品都應單獨進行成本計算。

（六）財產清查

財產清查是指核實各項財產物資、貨幣資金帳實是否相符所使用的專門方法。貨幣資金和實物資產的增減變化雖然有帳簿記錄，但由於種種原因，可能導致帳實不符，所以，需要運用財產清查的方法進行核實，以便保證會計記錄的真實性和正確性。

（七）編製財務報表

編製財務報表是會計總括地和系統地提供會計信息所使用的專門方法。在日常會計核算中，有關會計數據是分散在各個會計帳戶中的，為了滿足會計信息用戶的需要，會計部門應當定期將帳戶資料加工成會計信息，通過財務報表傳輸給會計信息用戶。

會計信息生成的各種方法既獨立存在，又相互聯繫，形成了一個完整的方法體系。會計核算方法之間的關係如圖1.1所示。

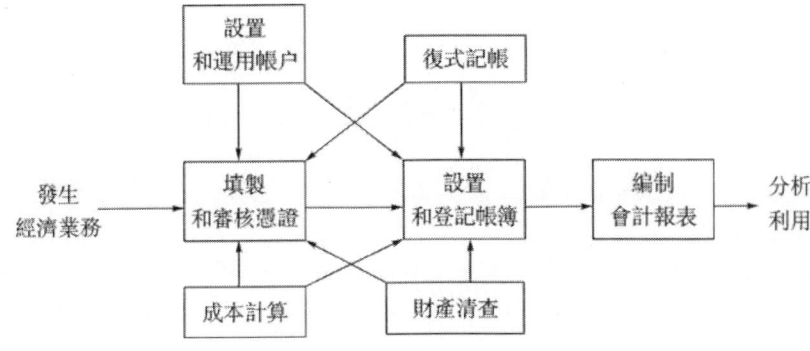

圖 1.1　會計核算方法之間的關係

本章小結

　　會計是由於經濟發展的客觀需要而產生和發展起來的，隨著社會生產力的不斷發展，會計經歷了一個由簡單到複雜、由低級到高級的不斷發展和完善的過程。現代會計是以貨幣為主要計量單位，以會計憑證為依據，借助於專門的程序和方法，對特定主體的經濟活動進行全面、綜合、連續、系統的核算與監督，旨在提高經濟效益、加強經濟管理，建立一個以向會計信息提供財務信息為主的經濟信息系統。

　　會計具有核算和監督兩大基本職能。會計目標在很多情況下特指企業財務會計的目標，或者說財務會計報告目標。無論是受託責任觀還是決策有用觀都暗含了「會計信息觀」，即會計目標是提供信息的。但提供哪些信息，這是由會計信息使用者的需要和會計系統提供信息的可能決定的。由於會計信息使用者多種多樣，需要會計信息的側重點不同，因此，會計的具體目標是向會計信息使用者定期提供共同需要的通用會計信息，提供會計信息的主要方式是會計報表。我國於 2006 年 2 月頒布的《企業會計準則——基本準則》中首次明確提出了會計信息質量特徵，要求會計信息滿足可靠性、相關性、明晰性、可比性、實質重於形式、重要性、謹慎性和及時性等要求。

　　會計假設是指會計核算工作賴以存在的前提條件，主要有會計主體、繼續經營、會計期間和貨幣計量，它們分別從空間、時間和計量單位上對會計信息的生成活動進行了限制。會計的記帳基礎有收付實現制和權責發生制。一般情況下，以盈利為目的的企業採用權責發生制為記帳基礎。

　　會計計量是指在一定的計量尺度下，運用特定的計量單位，選擇合理的計量屬性，確定應予記錄的會計事項金額的會計記錄過程。我國《企業會計準則——基本準則》規定的計量屬性包括：歷史成本、重置成本、可變現淨值、現值和公允價值。企業在對會計要素進行計量時，一般應當採用歷史成本，採用重置成本、可變現淨值、現值、公允價值計量的，應當保證所確定的會計要素金額能夠取得並可靠計量。

　　從經濟事項進入會計系統開始直到會計系統輸出會計信息為止的整個過程，包括會計確認、會計計量、會計記錄和會計報告四個環節，在這四個環節中，要運用到會

計核算的方法。會計核算方法主要包括：填製和審核憑證、設置和運用帳戶、復式記帳、登記帳簿、成本計算、財產清查、編製財務報表七個專門方法。

復習思考題

1. 如何理解會計與社會環境之間的關係？
2. 會計的基本概念是什麼？你認為應如何表述？
3. 什麼是會計目標？如何確定會計目標？
4. 什麼是會計核算的基本前提？具體包括哪些內容？你是如何理解這些基本前提的？
5. 會計信息的質量特徵有哪些？它們對規範會計工作具有什麼意義？
6. 試比較權責發生制和收付實現制的異同。
7. 什麼是會計方法和會計核算方法？如何理解各種會計核算方法之間的內在聯繫？

第二章　會計對象、會計要素與會計恆等式

[學習目的和要求]

本章主要介紹經濟業務、會計對象、會計要素以及會計恆等式。其中：會計要素、會計恆等式是本章的重點和難點。通過本章的學習，應當：

(1) 瞭解企業經濟業務及其類型；
(2) 掌握會計對象；
(3) 掌握企業會計要素及其主要特徵；
(4) 掌握企業會計等式；
(5) 掌握經濟業務與會計等式之間的關係。

第一節　會計對象

一、會計對象的一般描述

會計核算和會計監督的內容，即會計對象。會計以貨幣為主要計量單位，對一定會計主體的經濟活動進行核算與監督。因此，凡是特定會計主體能夠以貨幣計量的經濟活動都是會計的對象。會計的一般對象就是社會再生產過程中能夠用貨幣計量的經濟活動，即資金運動。由於會計服務的主體（如企業、事業、行政單位等）所進行的經濟活動的具體內容和性質不同，所以會計對象的具體內容往往有較大的差異。典型的現代會計是企業會計，企業會計的對象就是企業的資金運動。但即使都是企業，工業、農業、商業、交通運輸業、建築業和金融業等不同行業的企業，其資金運動也有其各自的特點。因此，會計對象的具體內容也不盡相同，其中最具代表性的是工業製造企業。下面以工業企業為例，說明企業會計的對象。

工業企業是從事工業產品生產和銷售的營利性經濟組織，其再生產過程是以生產過程為中心的購買、生產和銷售過程的統一。該類企業的資金運動包括資金的投入、資金的循環與週轉（即資金的運用）和資金的退出三個基本環節。

(一) 資金的投入

資金的投入包括企業所有者投入的資金和債權人投入的資金兩部分。前者屬於企業所有者權益，后者屬於企業債權人權益（即企業的負債）。投入企業的資金一部分構

成流動資產（如貨幣資金、原材料等），另一部分構成非流動資產（如廠房、機器設備等）。資金的投入是企業資金運動的起點。

(二) 資金的循環與週轉

企業將資金運用於生產經營過程，就形成了資金的循環與週轉。具體分為購買過程、生產過程、銷售過程三個階段。

1. 購買過程

它是生產的準備階段。在這個階段，為了保證生產的正常進行，企業需要用貨幣資金購買並儲備原材料等勞動對象，要發生材料買價、運輸費、裝卸費等材料採購成本，並與供應單位發生貨款的結算關係。隨著採購活動的進行，企業的資金從貨幣資金形態轉化為儲備資金形態。

2. 生產過程

它既是產品的製造過程，又是資產的耗費過程。在這個階段，勞動者借助於勞動手段將勞動對象加工成特定的產品，企業要發生原材料等勞動對象的消耗、勞動力的消耗和固定資產等勞動手段的消耗等，這些耗費構成了產品的使用價值與價值的統一體。隨著勞動對象的消耗，資金從儲備資金形態轉化為生產資金形態；隨著勞動力的消耗，企業向勞動者支付工資、獎金等勞動報酬，資金從貨幣資金形態轉化為生產資金形態；隨著固定資產等勞動手段的消耗，固定資產和其他勞動手段的價值通過折舊或攤銷的形式部分地轉化為生產資金形態。當產品製造完成后，資金又從生產資金形態轉化為成品資金形態。

3. 銷售過程

它是產品價值的實現過程。在這個階段，企業將生產的完工合格產品銷售出去，取得銷售收入，同時要與購貨單位發生貨款結算等業務活動，資金從成品資金形態轉化為貨幣資金形態。

由此可見，隨著生產經營活動的進行，企業的資金從貨幣資金形態開始，依次經過購買過程、生產過程和銷售過程三個階段，分別表現為儲備資金、生產資金、成品資金等不同的存在形態，最后又回到貨幣資金形態。這種運動過程稱為資金的循環，詳見圖2.1。資金周而復始地不斷循環，稱為資金週轉。

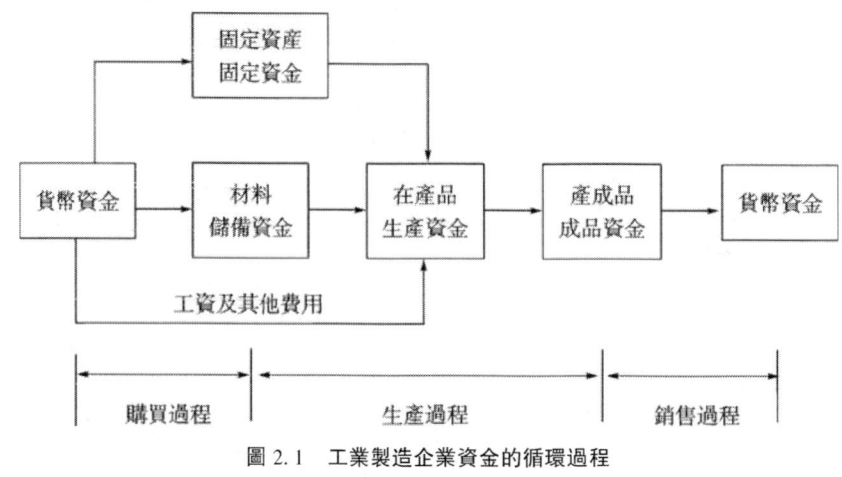

圖 2.1　工業製造企業資金的循環過程

(三) 資金的退出

企業在生產經營過程中，由於勞動的三大要素結合，為社會創造了一部分新價值，因此，通常情況下，企業銷售產品后收回的貨幣資金一般要大於當初投入的資金，這部分增加額就是企業的利潤。企業實現的利潤，按規定應以所得稅的形式上交一部分給國家，並按照有關合同或協議償還各項債務，另外，還要按照企業章程或董事會決議向投資者分配股利或利潤。這樣，企業收回的貨幣資金中，用於交納稅金、償還債務和向投資者分配股利或利潤的這部分資金就退出了企業的資金循環與週轉，剩餘的資金則留在企業，繼續用於企業的再生產過程。

上述資金運動的三個基本環節，構成了開放式的運動形式，是相互支撐、相互制約的統一體。沒有資金的投入，就不會有資金的循環與週轉；沒有資金的循環與週轉，就不會有債務的償還、稅金的上交和利潤的分配等；沒有這類資金的退出，就不會有新一輪資金的投入，也就不會有企業的進一步發展。

總之，上述能夠用貨幣表現的經濟活動，就是企業會計所核算和監督的內容，是企業會計對象的一般表述。

二、會計對象的具體描述

把會計的對象描述為資金運動，這是很抽象的。會計核算和會計監督的內容應該是詳細具體的，這就要求我們把企業的資金運動進行若干次分類，使之具體化。對資金運動按照交易或事項的經濟特徵所做的基本分類，就是會計要素。會計要素又叫會計對象要素。只有通過會計要素，才能使會計核算的內容同會計憑證、帳簿和報表具體聯繫起來，使會計信息更加清晰明瞭地反應企業經濟活動的特點。根據我國《企業會計準則》的規定，我國企業的資金運動分成六大會計要素，即資產、負債、所有者權益、收入、費用和利潤。將在第二節做詳細介紹。

第二節　會計要素

會計要素是會計對象的具體化，是對經濟事項引起變化的項目所做的歸類。按照會計要素所處的變動狀態，可以分為靜態會計要素和動態會計要素兩類。

一、靜態會計要素

靜態會計要素是用以反應企業某一時點上財務狀況的會計要素，描述一瞬間的資產和對資產的要求權，包括資產、負債和所有者權益。

(一) 資產

一個企業從事生產經營活動首先必須具備一定的物質條件。這些物質條件表現為諸如貨幣資金、廠房、建築物、機器設備、原材料，在會計上稱為資產。它們是企業從事生產經營活動的物質基礎。

1. 資產的概念和特徵

《企業會計準則——基本準則》第二十條對資產的定義是：「資產是指企業過去的交易或事項形成的、由企業擁有或者控制的、預期會給企業帶來經濟利益的資源。」

根據資產的定義，資產具有以下幾個方面的特徵：

(1) 資產預期會給企業帶來經濟利益。這是指資產直接或間接導致資金或現金等價物流入企業的潛力。這種潛力可以來自企業日常的生產經營活動，也可以來自非日常活動；帶來的經濟利益可以是現金或者現金等價物，或者是可以轉化為現金或者現金等價物的形式，或者是減少現金或現金等價物流出的形式。總之，資產導致經濟利益流入企業的方式是多種多樣的，如單獨或與其他資產組合為企業帶來經濟利益，或以資產交換其他資產，或以資產償還企業債務等。資產預期能否會為企業帶來經濟利益是資產的重要特徵。例如：工業企業採購的原材料、購置的機器設備等可以用於生產經營過程、製造產品或提供勞務、產品對外售出後收回貨款，貨款即為企業獲得的經濟利益。如果某一項目預期不能給企業帶來經濟利益，那麼就不能將其確認為企業的資產。以前期間已經確認為資產的項目，如果不能再為企業帶來經濟利益，也不能再將其確認為企業的資產。

(2) 資產是由企業所擁有或控制的。「擁有」是指企業對某項資產具有所有權，「控制」是指企業對某項資產具有支配權。企業享有資產的所有權，通常表明企業能夠排他性地從資產中獲取經濟利益。通常在判斷資產是否存在時，所有權是考慮的首要因素。但在有些情況下，雖然某些資產不為企業所擁有，即企業並不享用其所有權，但企業能控制這些資產，同樣表明企業能夠從這些資產中獲取經濟利益，符合會計上對資產的定義。如融資租入的固定資產，所有權不屬於承租企業。但是由於承租企業實質上獲得了該資產所提供的主要經濟利益，同時承擔了與資產有關的風險，因此，應將其作為承租企業的資產予以確認。而經營租入的固定資產，由於承租企業不能擁有也不能控制它所能帶來的經濟利益，因而不能將其作為企業的資產予以確認。

(3) 資產必須由過去的交易或事項所形成。企業的資產必須是現實的資產，而不是預期的資產。過去的交易或者事項包括購買、生產、建造行為或其他交易或者事項。也就是說，只有過去的交易或事項才能形成資產，企業預期在未來發生的交易或者事項不形成資產。例如，企業有購買某存貨的意願或者計劃，但是購買行為尚未發生，就不符合資產的定義，不能因此將其確認為存貨資產。

2. 資產的確認

根據《企業會計準則》，符合準則規定的資產定義的資源，需要同時滿足以下條件才能確認為資產：

(1) 與該資源有關的經濟利益很可能流入企業。[①] 能夠帶來經濟利益是資產的一個本質特徵。但經濟環境瞬息萬變，與資源有關的經濟利益能否流入企業或者能夠流入

[①] 會計實務中，極小可能是指：概率≤5%。可能是指：5%＜概率≤50%。很可能：50%＜概率≤95%。基本確定：95%＜概率＜100%。確定：概率＝100%。在具體實際工作中，需要會計人員憑經驗和相關信息進行職業判斷。

多少，實際上帶有不確定性。因此資產的確認應該與經濟利益流入的不確定性程度的判斷結合起來，如果與該資源有關的經濟利益很可能流入企業，那麼就應該將其作為資產予以確認。反之，不能確認為資產。例如，某企業賒銷一批商品給某一客戶，從而形成了對該客戶的應收帳款，由於企業最終收到款項與銷售實現之間有時間差，而且收款又在未來期間，因此帶有一定的不確定性，如果企業在銷售時判斷未來很可能收到款項或者能夠確定收到款項，企業就應當將該應收帳款確認為一項資產；如果企業判斷在通常情況下很可能部分或者全部無法收回，表明該部分或者全部應收帳款已經不符合資產的確認條件，應當計提壞帳準備，減少資產的價值。

（2）該資源的成本或者價值能夠可靠地計量。可計量性是所有會計要素確認的重要前提，資產的確認同樣需要符合這一要求。只有當有關資源的成本或者價值能夠可靠地計量時，資產才能予以確認。例如，企業購買或者生產的存貨，企業購置的廠房或者設備等，對於這些資產，只要實際發生的購買成本或者生產成本能夠可靠計量，就視為符合了資產確認的可計量條件。

3. 資產的分類

資產按流動性強弱，一般分為流動資產和非流動資產。

滿足下列條件之一的資產，應當歸類為流動資產：

（1）預計在一個正常營業週期中變現、出售或耗用。

（2）主要為交易目的而持有。

（3）預計在資產負債表日起一年內（含一年）變現。

（4）自資產負債表日起一年內，交換其他資產或清償負債的能力不受限制的現金或現金等價物。

流動資產包括貨幣資金、交易性金融資產、應收票據、應收帳款、預付帳款、應收股利、應收利息、其他應收款、存貨及其他流動資產等。其中：

（1）貨幣資金是指企業中處於貨幣形態的資金。按存放地點不同，它又分為庫存現金、銀行存款和其他貨幣資金。庫存現金是指企業為了滿足日常經營過程中零星支付需要而保留的由出納人員負責保管的貨幣。銀行存款是指企業存入銀行和其他金融機構的各種存款。其他貨幣資金是指除現金和銀行存款之外的貨幣資金，主要包括：外埠存款（指企業到外地進行臨時或零星採購時，匯往採購地銀行開立採購專戶的款項）、銀行本票存款（指企業為取得銀行本票按照規定存入銀行的款項）、銀行匯票存款（指企業為取得銀行匯票按照規定存入銀行的款項）、信用證存款（指採用信用證結算方式的企業為開具信用證或存入銀行保證金專戶的款項）和在途資金（指企業同所屬單位之間和上下級之間的匯、解款項業務中，到月終尚未到達的匯入款項）。

（2）交易性金融資產主要是指企業為了近期內出售而持有的金融資產。通常情況下，企業以賺取差價為目的從二級市場購入的股票、債券和基金等可以判斷為交易性金融資產。

（3）應收票據是指企業因銷售商品而持有的、尚未到期兌現的商業票據。商業票據是一種無擔保的短期期票，按承兌人的不同分為商業承兌匯票和銀行承兌匯票。

（4）應收帳款是指企業在正常經營活動中，由於銷售商品、產品或提供勞務，而

應向購貨單位或接受勞務單位收取的款項，包括代墊的運雜費。

(5) 預付帳款是指企業按照購貨合同的規定預付給供貨方的貨款。

(6) 其他應收款是指除應收帳款、應收票據和預付帳款以外，應收、暫付其他單位和個人的各種款項。它一般是企業因發生非購銷活動而獲得的債權，在核算上應與購銷活動引起的債權區分開來，主要包括備用金、各種應收的賠款、存出保證金以及應用職工收取的各種墊付款項等。

(7) 應收股利是指企業因股權投資而應收取的現金股利以及應收其他單位的利潤，包括已宣告發放但尚未領取的現金股利和企業因對外投資應分得的利潤等，不包括應收的股票股利。

(8) 應收利息是指反應企業因債權投資而應收取的利息。

(9) 存貨是指企業在生產經營過程中持有以備出售，或者仍然處在生產過程，或者在生產或提供勞務過程中將消耗的材料或物料等，包括各類材料、商品、在產品、產成品等。

(10) 其他流動資產是指除貨幣資金、交易性金融資產、應收票據、應收帳款、其他應收款、應收股利、應收利息、存貨等流動資產以外的流動資產。

非流動資產是指流動資產以外的資產，主要包括可供出售金融資產、持有至到期投資、長期股權投資、投資性房地產、固定資產、無形資產、商譽、長期待攤費用、遞延所得稅資產及其他非流動資產等。其中：

(1) 可供出售金融資產主要是指企業沒有劃分為交易性金融資產、持有至到期投資、貸款和應收款項的金融資產。資產形態仍然是企業購入的股票、債券和基金等，只不過相對於交易性金融資產而言，可供出售金融資產的持有意圖不明確。

(2) 持有至到期投資是指到期日固定、回收金額固定或可確定，且企業有明確意圖和能力持有至到期的非衍生金融資產。通常情況下，包括企業持有的、在活躍市場上有公開報價的期限較長（一般是一年及一年以上到期）的國債、企業債券、金融債券等。

(3) 長期股權投資是指通過投資取得被投資單位的股份。企業對其他單位的股權投資，通常是為長期持有，以期通過股權投資達到控制被投資單位，或對被投資單位施加重大影響，或為了與被投資單位建立密切關係，以分散經營風險。

(4) 投資性房地產是指為賺取租金或資本增值，或兩者兼有而持有的房地產。

(5) 固定資產是指使用期限在一個會計年度以上，在使用中能保持原有物質形態，用來改變或影響勞動對象的勞動資料，通常在較長時期內使用，不需要逐年重置的資產，如房屋、建築物、機器設備、運輸設備以及價值較大的工具、用具等。

(6) 無形資產是指企業擁有或者控制的沒有實物形態的可辨認非貨幣性資產，比如土地使用權、商標、版權、專利權、專有技術等。

(7) 商譽是指在同等條件下，由於其所處地理位置的優勢，或由於經營效率高、歷史悠久、人員素質高等多種原因，能獲取高於正常投資報酬率所形成的價值。

(8) 長期待攤費用是指企業已經支出，但攤銷期限在1年以上（不含1年）的各項費用，具體包括開辦費、租入固定資產的改良支出及攤銷期限在一年以上的其他待攤

費用。

（9）遞延所得稅資產是指資產、負債的帳面價值與其計稅基礎不同產生的可抵扣暫時性差異對所得稅的影響。①

（10）其他非流動資產一般包括國家批准儲備的特種物資、銀行凍結存款以及臨時設施和涉及訴訟中的財產等。

（二）負債

企業從事生產經營活動，自身的資金往往難以滿足生產等業務的需要，同時一個合理、高效的資本結構應該包括一定數量的負債，這樣才能發揮財務槓桿效應，提高企業業績。因此，企業往往會從外部借款，這就形成了企業的負債。

1. 負債的概念和特徵

《企業會計準則——基本準則》第二十三條對負債的定義是：「負債是指企業過去的交易或事項形成的、預期會導致經濟利益流出企業的現時義務。」

負債具有以下基本特徵：

（1）負債是企業過去的交易或事項所形成的。如購買商品形成的應付帳款、向銀行借款形成的長期借款或短期借款，只有因已經發生的過去的交易或事項而產生的負債才能予以確認；企業將在未來發生的承諾、簽訂的合同等交易或者事項，不能形成負債。

（2）負債的清償預期會導致企業經濟利益的流出。負債實質上是一種經濟負擔，如企業以現金或其他實物資產清償企業債務；或以提供勞務償還負債，而勞務的提供也以消耗經濟資源為代價。

（3）負債是企業承擔的現時義務。現時義務是指企業在現行條件下已承擔的義務。未來發生的交易或者事項形成的義務，不屬於現時義務，不應當確認為負債。

2. 負債的確認

根據《企業會計準則》的規定，符合負債的定義同時滿足以下條件時才能確認為負債：

（1）與該義務有關的經濟利益很可能流出企業。預期會導致經濟利益流出企業是負債的一個本質特徵。但履行義務所需流出的經濟利益帶有不確定性，因此，負債的確認應當與經濟利益流出的不確定性程度結合起來。如果有證據表明，與現時義務有關的經濟利益很可能流出企業，那麼就應當將其作為負債予以確認。

（2）未來流出的經濟利益的金額能夠可靠地計量。負債的確認也需要符合可計量性的要求，即對未來流出的經濟利益的金額能夠可靠地計量。

3. 負債的分類

企業的負債按償還期限的長短，分為流動負債和非流動負債。

滿足下列條件之一的負債，應當歸類為流動負債：

---

① 有關遞延所得稅資產的形成和具體核算，將在高級財務會計中介紹，在學習會計學原理時可以暫時不掌握。

（1）預計在一個正常營業週期中清償。

（2）主要為交易目的而持有。

（3）自資產負債表日起一年內到期應予清償。

（4）企業無權自主地將清償推遲至資產負債表日後一年以上。

流動負債的確認除了其償還期限短外，還應注意其清償對象一般是流動資產。流動負債主要包括短期借款、交易性金融負債、應付票據、應付帳款、預收帳款、其他應付款、應付職工薪酬、應交稅費、應付股利、預計負債和其他流動負債等。其中：

（1）短期借款是指企業借入的期限在一年以內的各種借款。

（2）應付帳款是指因購買材料、商品或接受勞務等而應付給供應單位的款項。

（3）應付票據是指在商品購銷活動中由於採用商業匯票結算方式而發生的需清償的票據。

（4）預收帳款是指企業預先向客戶收取的款項，而於將來以提供商品、勞務進行清償。

（5）其他應付款是指企業應付其他單位或個人的零星款項，如應付經營租入固定資產和包裝物的租金、存入保證金等。

非流動負債是指流動負債以外的負債，主要包括長期借款、應付債券、長期應付款、專項應付款、遞延所得稅負債和其他非流動負債等。其中：

（1）長期借款是指企業向銀行或其他金融機構借入的期限在一年以上的各種款項。

（2）應付債券是指企業為籌集長期資金而實際發行的債券及到期一次還本付息債券應付的利息。

（3）長期應付款是指除長期借款和應付債券以外的各種長期應付款項，主要有應付引進設備款和融資租入固定資產應付款。

（4）專項應付款是指企業接受國家撥入的具有專門用途資金的撥款。

（三）所有者權益

1. 所有者權益的概念和特徵

所有者權益亦稱淨權益，是指企業的所有者（即企業的投資人）在企業淨資產中享有的經濟利益，數量上等於資產減去全部負債的淨額。

《企業會計準則——基本準則》第二十六條對所有者權益的定義是：「所有者權益是指企業資產扣除負債後由所有者享有的剩餘權益。公司的所有者權益又稱為股東權益。」

企業資產形成的來源包括向債權人借入的資金和所有者投入的資金兩個方面。向債權人借入的資金形成企業的負債，所有者投入的資金形成所有者權益。

相對負債而言，所有者權益具有以下特徵：

（1）不具有償還性。所有者權益不像負債那樣需要到期償還，除非企業減資、清算，企業不需要償還其所有者的投資。

（2）企業破產清算時，負債優先償還。只有在企業破產清算時，企業清償全部負債後若有剩餘資產，才能向所有者分配剩餘資產。從這個意義上說，所有者權益是一種「剩餘」權益。如果企業發生資不抵債的情況，所有者權益將為負數，有限責任公

司的出資人將血本無歸。

（3）可分享企業利潤。所有者憑藉所擁有的所有者權益能夠分享利潤，而債權人則不能參與利潤的分配。

2. 所有者權益的確認

所有者權益體現的是所有者在企業中的剩餘權益，因此，所有者權益的確認主要依賴其他會計要素，尤其是資產和負債的確認；所有者權益金額的確定也主要取決於資產和負債的計量。如企業接受了投資者投入的資產，在該資產符合企業資產的確認條件時，也相應地符合了所有者權益的確認條件。

3. 所有者權益的來源構成

所有者權益按其來源主要包括所有者投入的資本、直接計入所有者權益的利得和損失、留存收益等。

（1）所有者投入的資本是指所有者實際投入企業經營活動的各種物資，包括實收資本、資本公積等。其中：實收資本是指企業投資者按照企業章程或合同、協議的約定，實際投入企業的資本。資本公積是指投資者投入資本超過註冊資本或者股本部分的金額，即資本溢價或股本溢價。實收資本和資本公積的區別主要表現在：實收資本一般是投資者投入的、為謀求價值增值的原始投資，屬於法定資本，與企業的註冊資本相一致，因此，實收資本無論是在來源上，還是在金額上，都有比較嚴格的限制。資本公積有特定來源，主要來源於資本或股本溢價（即實繳資本大於股票面值或設定價值的部分），也是企業的投入資本，只是由於法律的規定而無法直接以資本的名義出現。

（2）直接計入所有者權益的利得和損失（也稱為其他綜合收益），是指不應計入當期損益、會導致所有者權益發生增減變動的、與所有者投入資本或者向所有者分配利潤無關的利得或者損失。利得指由企業非日常活動所發生的、會導致所有者權益增加、與所有者投入資本無關的經濟利益的流入。損失指由企業非日常活動所發生的、會導致所有者權益減少、與向所有者分配利潤無關的經濟利益的流出。利得和損失具有以下特徵：①是企業無法預期的非經營性、偶然發生的交易事項發生的，具有隨機性、不確定性和不可再生性。②利得的產生會導致企業經濟利益的流入，會增加企業的資產或減少企業的負債，最終導致所有者權益的增加。損失的產生會導致企業經濟利益的流出，會減少企業的資產或增加企業的負債，最終導致所有者權益的減少。③利得或損失的計量具有多元性，不同的利得或損失項目可能採用現行市價或重置成本等不同的計價基礎。我國 2006 年頒布的《企業會計準則》將利得和損失分為兩種：一種是直接計入所有者權益的利得或損失，通過其他綜合收益表達。比如：可供出售金融資產公允價值變動產生的利得或者損失。另一種是直接計入當期利潤的利得和損失，通過營業外收入或營業外支出表達。比如：非流動資產處置的利得或損失、接受政府補助、對外捐贈現金或接受現金捐贈等。①

---

① 利得或損失不一定會影響利潤，如計入所有者權益的利得或損失。但不管是直接計入當期損益的利得或損失還是直接計入所有者權益的利得或損失，最終都會導致所有者權益的增加或減少。

(3) 留存收益是指通過企業的生產經營活動而形成的淨利潤經分配后留存在公司的利潤，包括盈餘公積和未分配利潤。有指定用途的留存收益稱為「盈餘公積」，未指定用途的留存收益稱為「未分配利潤」。盈餘公積是指公司按照規定從淨利潤中提取的累積資金，包括法定盈餘公積金、任意盈餘公積金。《中華人民共和國公司法》規定，公司分配當年利潤時，應當提取淨利潤的百分之十列入公司法定盈餘公積金；公司在從稅后利潤中提取法定公積金后，經股東大會決議可以提取任意公積金。未分配利潤是指未限定用途的留存淨利潤，這裡有兩層含義：一是這部分淨利潤沒有分給公司的股東；二是這部分淨利潤未指定用途。

二、動態會計要素

　　動態會計要素是用以反應企業某一會計期間內經營成果的會計要素，描述企業在一定時期資產和對資產要求權的變動過程，包括收入、費用和利潤。

（一）收入

　　1. 收入的概念和特徵

　　企業要維持持續經營，必須要有從銷售商品、提供勞務中所得的收入。《企業會計準則——基本準則》第三十條對收入的定義是：「收入是指企業在日常活動中形成的、會導致所有者權益增加的、與所有者投入資本無關的經濟利益的總流入。」

　　收入具有以下特徵：

　　(1) 收入是從企業的日常經營活動中產生的，而不是從偶發的交易或事項中產生的。對於收入的定義，中外會計理論上一直有廣義和狹義兩種觀點。狹義的收入通常是指企業因銷售商品、提供勞務和讓渡資產使用權等日常經營活動所形成的經濟利益的總流入。例如，工業企業製造並銷售產品、商業企業銷售商品、保險公司簽發保單、諮詢公司提供諮詢服務、軟件企業為客戶開發軟件、安裝公司提供安裝服務、商業銀行對外貸款、租賃公司出租資產等，均屬於企業的日常活動。我國《企業會計準則》使用的是狹義的收入概念，明確界定日常活動是為了將收入與利得相區分，日常活動是確認收入的重要判斷標準。凡是日常活動所形成的經濟利益的流入應當確認為收入，反之，非日常活動所形成的經濟利益的流入不能確認為收入，而應當計入利得。比如，固定資產和無形資產出租所取得的租金收入屬於日常活動所形成的，應當確認為收入，但是處置固定資產和無形資產屬於非日常活動，所形成的淨利益，不應當確認為收入，而應當確認為利得。再比如，企業獲得一項資產捐贈，儘管它將導致企業資產增加和相應權益增加，但顯然這筆事項不是企業日常經營活動產生的，所以不能確認為收入，而確定為利得。

　　(2) 收入應該會導致經濟利益的流入，該流入不包括所有者投入的資本。收入應當會導致經濟利益的流入，從而導致資產的增加。例如，企業銷售商品，應當收到現金或者在未來有權收到現金，才表明該交易符合收入的定義。但是，經濟利益的流入有時是所有者投入資本的增加所致，所有者投入資本的增加不應當確認為收入，應當將其直接確認為所有者權益。

(3)收入應該會最終導致所有者權益的增加。因為形成收入的同時會直接增加資產或減少負債，從而間接導致所有者權益的增加。與收入相關的經濟利益的流入應當會導致所有者權益的增加，不會導致所有者權益增加的經濟利益的流入不符合收入的定義，不應確認為收入。例如，企業向銀行借入款項，儘管也導致了企業經濟利益的流入，但該流入並不導致所有者權益的增加，而使企業承擔了一項現時義務，不應將其確認為收入，應當確認為一項負債。

2. 收入的確認

對於收入的確認，《企業會計準則——基本準則》第三十一條規定：「收入只有在經濟利益很可能流入從而導致企業資產增加或者負債減少、且經濟利益的流入額能夠可靠計量時才能予以確認。」

因此，收入的確認至少應該同時符合下列條件：

(1) 與收入相關的經濟利益很可能流入企業；

(2) 經濟利益流入企業的結果會導致資產的增加或者負債的減少；

(3) 經濟利益的流入額能夠可靠地計量。

3. 收入的分類

按收入的性質，可以分為銷售商品收入、提供勞務收入和讓渡資產使用權等取得的收入。其中：①銷售商品收入包括企業銷售本企業生產的商品和為轉售而購進的商品取得的收入。如工業企業生產的產品、商業企業購進的商品等；企業銷售的其他存貨，如原材料、包裝物等，也視同企業的商品。②提供勞務收入是指提供的各種服務而取得的收入，如工業企業的運輸服務而取得的收入。③讓渡資產使用權收入是指轉讓無形資產、固定資產等的使用權取得的收入，如出租固定資產取得的租金收入。

按照企業經營業務的主次分類，可以把收入分為主營業務收入和其他業務收入。①主營業務收入亦稱基本業務收入，是指企業從事主要經營活動取得的收入。主營業務是企業主要的或基本的業務活動，是指企業為完成其經營目標而從事的日常活動中的主要活動。主營業務收入在企業的盈利中佔有較大的比重，居於主導地位，直接影響企業的經濟利益。如工業企業主要是銷售產品、自製半成品等取得的收入；商業企業主要是銷售商品取得的收入。②其他業務收入亦稱附營業務收入，是指企業從事主營業務以外的經營活動所取得的收入。其他業務收入在企業的盈利中所占比重較小，居於次要地位，不會對企業的經濟利益造成重大影響。如工業企業銷售材料、轉讓技術、出租固定資產和包裝物以及從事運輸等非工業性勞務取得的收入。

(二) 費用

1. 費用的概念和特徵

《企業會計準則——基本準則》第三十三條對費用的定義是：「費用是指企業在日常活動中發生的、會導致所有者權益減少的、與向所有者分配利潤無關的經濟利益的總流出。」

費用具有以下特徵：

(1) 費用是企業在日常的生產經營活動中發生的經濟利益的流出，而不是從偶發

的交易或事項中發生的經濟利益的流出。同收入一樣，對於費用的定義，中外會計理論上也一直有廣義和狹義兩種觀點。廣義的費用是指企業因日常和非日常經營活動而發生的全部經濟利益總流出。狹義的費用通常是指企業因銷售商品、提供勞務等日常經營活動所形成的經濟利益總流出。日常活動所產生的費用通常包括銷售成本（營業成本）、職工薪酬、折舊費、無形資產攤銷等。我國《企業會計準則》使用的是狹義的費用概念，將費用界定為日常活動所形成的，目的是將其與損失相區分，企業非日常活動所形成的經濟利益的流出不能確認為費用，而應當計入損失。在處理經濟業務時要將企業產生費用的日常交易或事項與產生損失的非經常交易或事項區分開。如企業因突發的自然災害而產生的資產的損害和流出，只能算做企業的損失，而不是企業的費用。

（2）費用應當導致經濟利益的流出，該流出不包括向所有者分配的利潤。費用的發生應當導致經濟利益的流出，從而導致資產的減少或者負債的增加，其表現形式包括現金或者現金等價物的流出，存貨、固定資產和無形資產等的流出或者消耗等。企業向所有者分配利潤也會導致經濟利益的流出，而該經濟利益的流出屬於所有者權益的抵減項目，不應確認為費用，應當將其排除在費用的定義之外。

（3）費用應當最終導致所有者權益的減少。因為形成費用的同時會直接減少資產或增加負債，從而間接導致所有者權益的減少。與費用相關的經濟利益的流出最終應當導致所有者權益的減少，不會導致所有者權益減少的經濟利益的流出不符合費用的定義，不應確認為費用。

2. 費用的確認

費用的確認除了應當符合費用的定義外，還應當滿足以下條件：

（1）與費用有關的經濟利益應當很可能流出企業。

（2）經濟利益流出企業的結果會導致資產的減少或者負債的增加。

（3）經濟利益的流出額能夠可靠計量。

3. 費用的分類

企業的耗費主要包括為生產產品所發生的費用和為取得營業收入而發生的費用和支出。

（1）為生產產品所發生的費用。為生產產品所發生的費用就是企業產品的生產成本。它包括直接費用和間接費用。其中，①直接費用是指某一品種或批次產品在製造過程中，直接用於該種或該批次產品生產的材料耗費、生產工人的工資和福利費、其他費用等，這些費用發生時直接計入該種或該批次產品的生產成本。②間接費用是指製造企業各生產單位（分廠、車間）為組織和管理生產所發生的各種費用，包括生產單位（分廠、車間）的管理人員薪酬、辦公費、水電費、機物料消耗、勞動保護費、機器設備的折舊費、修理費、低值易耗品攤銷費等。這些費用發生時無法直接計入某一品種或某批次產品的成本，先通過「製造費用」進行歸集，在每個會計期間終了，再按一定的標準（比如生產各種或各批次產品所耗的工時）分配計入相關產品的生產成本之中。

特別注意：為生產產品所發生的直接費用和間接費用是一種生產性質的消耗，它

不意味著企業經濟資源的真正耗費,而只不過是一種經濟資源轉化成另一種經濟資源,比如原材料經過加工變成半成品,半成品再繼續加工最後變成經檢驗合格可供銷售的完工產品。所以,為生產產品所發生的費用,其實質仍然是企業的經濟資源。

(2) 為取得營業收入而發生的費用和支出。它是企業為了銷售商品、提供勞務等日常活動所發生的經濟利益的流出。與生產成本不同,它是企業經濟資源的真正消耗。包括:①主營業務成本。主營業務成本是指已銷售產品的生產成本或已銷商品的購進成本。商業企業銷售的不是自己生產的產品而是購進的商品,所以,已銷商品的購進成本就是它們的購進成本。②其他業務支出。其他業務支出是指為取得其他業務收入而發生的費用和支出。包括其他銷售的銷售成本、費用和稅金。③管理費用。管理費用是企業行政部門為了組織和管理生產經營活動而發生的各種費用,如行政管理部門的管理人員薪酬、辦公費、業務招待費、技術轉讓費、無形資產攤銷、諮詢費、訴訟費、董事會會費、財務報告審計費、籌建期間發生的開辦費以及其他管理費用。④營業費用。營業費用是指企業在銷售商品、提供勞務等日常活動中發生的除營業成本以外的各項費用以及專設銷售機構的各項經費。如銷售商品的運輸費用、裝卸費用、廣告宣傳費用等。⑤財務費用。財務費用是指企業為了籌集生產經營所需資金而發生的費用,包括利息支出、外幣匯兌損失以及相關的手續費用等。以上管理費用、營業費用和財務費用屬於期間費用。這種費用的效益只限於本期,應當全部計入本期損益,直接作為本期銷售收入的抵減。

我國《企業會計準則——基本準則》第三十五條規定:「企業為生產產品、提供勞務等發生的可歸屬於產品成本、勞務成本等的費用,應當在確認產品銷售收入、勞務收入等時,將已銷售產品、已提供勞務的成本等計入當期損益。企業發生的支出不產生經濟利益的,或者即使能夠產生經濟利益但不符合或者不再符合資產確認條件的,應當在發生時確認為費用,計入當期損益。企業發生的交易或者事項導致其承擔了一項負債而又不確認為一項資產的,應當在發生時確認為費用,計入當期損益。」

(三) 利潤

1. 利潤的概念和特徵

利潤是企業在一定會計期間的經營成果。利潤是將一定期間內業已發生的經濟事項所產生的各項收入和各項費用(或成本)相抵后的結果。它是衡量和評價企業一定時期所實現的成果的重要指標。

《企業會計準則——基本準則》第三十七條對利潤的概念的描述是:「利潤是指企業一定會計期間的經營成果。利潤包括收入減去費用後的淨值、直接計入當期利潤的利得和損失等。」

利潤具有以下特徵:

(1) 利潤是收入、利得與費用、損失相抵的結果。當某一會計期間的收益(包括收入和利得)大於支出(包括費用和損失)時,表現為企業利潤,反之則表現為企業虧損。

(2) 利潤的形成導致所有者權益的增加,虧損的發生則造成所有者權益的減少。

2. 利潤的確認

利潤反應的是收入減去費用、利得減去損失后的淨額。因此,利潤的確認主要依

賴於收入和費用以及利得和損失的確認，其金額的確定也主要取決於收入、費用、利得、損失金額的計量。

3. 利潤的構成

利潤是企業一定期間的經營成果，收入和費用含義的多樣化決定了利潤要素也有不同的組成項目。它包括以下內容：

營業利潤＝營業收入－營業成本－營業稅金及附加－銷售費用－管理費用－財務費用－資產減值損失±公允價值變動損益±投資收益

利潤總額＝營業利潤＋營業外收入－營業外支出

淨利潤＝利潤總額－所得稅費用

其中：

①營業收入是指企業在從事銷售商品、提供勞務和讓渡資產使用權等日常經營業務過程中所形成的經濟利益的總流入。包括主營業務收入和其他業務收入。

②營業成本是指企業在從事銷售商品、提供勞務和讓渡資產使用權等日常經營業務過程中所形成的經濟利益的總流出。包括主營業務成本和其他業務成本。

③營業稅金及附加是指企業經營業務過程中應負擔的營業稅、消費稅、城市維護建設稅、資源稅和教育費附加等。

④資產減值損失是指企業在資產負債表日，經過對資產的測試，判斷資產的可收回金額低於其帳面價值而計提減值準備所確認的相應損失。

⑤公允價值變動損益是指企業的投資性房地產、交易性金融資產等公允價值變動形成的應計入當期損益的利得或損失。

⑥投資收益是指對外投資所取得的利潤、現金股利和債券利息等收入減去投資損失后的淨收益。

⑦營業外收入是指企業發生的與企業日常生產經營活動無直接關係的各項利得。主要包括：非流動資產處置利得、因債權人原因確實無法支付的應付款項、政府補助、教育費附加返還款、罰款收入、接受現金捐贈利得等。

⑧營業外支出是指企業發生的與企業日常生產經營活動無直接關係的各項損失。主要包括：非流動資產處置損失、非貨幣性資產交換損失、對外現金捐贈支出、非常損失等。

第三節　會計等式

通過前面的論述我們知道，會計要素可分為資產、負債、所有者權益、收入、費用和利潤六大會計要素。[①] 每種會計要素都具有其自身的特點，各自都包含不同的內

[①] 六大會計要素中的收入和費用使用的是廣義的收入和費用概念。廣義的收入和費用是指企業因日常和非日常經營活動而獲得的全部經濟利益總流入或流出。廣義的收入包括營業收入、投資收益、營業外收入等。廣義的費用包括營業成本、期間費用、營業外支出等。

容。但是，各種會計要素之間又存在必然的內在聯繫。會計上，將用來反應和描述會計要素之間數量關係的表達式，稱為會計等式，或稱會計方程式、或稱會計平衡等式、或稱會計恒等式。它揭示了會計的基本要素之間的本質的內在聯繫，是設置帳戶、復式記帳和編製會計報表等會計核算方法建立的依據。

一、會計要素之間的關係

(一) 資產、負債和所有者權益之間的關係

任何企業要從事生產經營活動，實現其經營目標，都必須擁有一定數量與結構的資產。企業的資產不會憑空形成，必然有其特定的來源渠道。企業的資產最初進入企業的來源渠道不外乎兩種：一是由債權人提供；二是由投資人提供。既然企業債權人和投資人為企業提供了資產，就應該對企業的資產享有要求權。會計上，將企業資產的提供者對企業資產享有的要求權，總稱為權益。其中，屬於債權人的部分，稱為債權人權益或者負債；屬於投資人的部分，稱為投資人權益或者所有者權益。需要指出的是，債權人權益和投資人權益，雖然都是對企業資產的要求權，但兩者並非是兩種平等的權益，債權人權益優於投資人權益，即當企業因某些原因解散清算時，其變現的資產首先應該用於償還負債，償清全部負債后余下的淨資產再在企業投資人之間進行分配。

事實上，資產表明企業擁有或控制什麼樣的經濟資源，價值多少；權益表明企業擁有或控制的經濟資源由誰提供，誰對這些經濟資源享有要求權，要求權是多少。也就是說，資產和權益是從兩個不同角度對企業同一經濟資源考察的結果，它們之間是相互依存的關係，沒有無權益的資產，也沒有無資產的權益。從數量上看，有一定數額的資產，就必定有一定數額的權益；反之，有一定數額的權益，也必然有一定數額的資產。也就是說，一個企業的資產總額與權益（負債和所有者權益）總額必定彼此相等。從任何一個特定時點（如期初、期末）來看，企業的資產與權益（負債和所有者權益）之間必然保持著一種數量上的平衡關係，用公式表示為：

資產 = 權益
　　 = 債權人權益 + 投資人權益
　　 = 負債 + 所有者權益

這一等式是會計的基本等式。它反應了某一特定時點企業資產、負債和所有者權益三者之間的平衡關係，一般稱為靜態會計等式。它是編製資產負債表的理論基礎。

下面我們用一個例子來說明會計等式的這種平衡關係。

王某與張某兩人於20××年1月1日出資成立國興實業有限責任公司（以下簡稱國興公司）。其中，王某投資資金50,000元，已存入該公司銀行帳戶，實物商品20,000元；張某投入房屋一棟做辦公和生產之用，評估作價110,000元（王某與張某協商80,000元計入實收資本，多余的30,000元計入資本公積），已辦理相關資產手續。該公司除了接受上述投資以外，還向銀行借入償還期為6個月的短期借款30,000元，款項已存入公司銀行帳戶；向東方公司賒購原材料10,000元；則公司的資產、負債和

所有者權益的平衡關係如表 2.1 所示。

表 2.1　資產負債表

編製單位：國興公司　　　　　20××年 1 月 1 日　　　　　　　單位：元

資　　產	金　　額	負債和所有者權益	金　　額
銀行存款	80,000	短期借款	30,000
原材料	10,000	應付帳款	10,000
庫存商品	20,000	實收資本	150,000
固定資產	110,000	資本公積	30,000
合　　計	220,000	合　　計	220,000

由此可以看出，該公司的資產、負債及所有者權益的這種數量平衡關係為：

資產（220,000 元）＝負債（40,000 元）＋所有者權益（180,000）元

(二) 收入、費用和利潤之間的關係

企業是以盈利為目的的，企業要獲取利潤，就必須經過日常經營活動而獲得收入。企業在取得收入的同時，也必然要發生相應的費用。同時，企業在非日常經營過程中還會發生直接計入當期利潤的利得和損失。如果收入與直接計入當期利潤的利得總額大於費用和直接計入當期利潤的損失之和，則企業就能盈利；相反，如果收入與直接計入當期利潤的利得總額小於費用和直接計入當期利潤的損失之和，那麼企業將面臨虧損。收入、費用、利得、損失和利潤之間也必然保持一定數量上的平衡關係，用公式表達為：

收入－費用＋利得－損失＝利潤

如果將收入和費用視為是廣義的定義，那麼，上述表達式可以簡化為：

收入－費用＝利潤

這一等式反應了企業某一時期收入、費用、利得、損失和利潤的等量關係，一般稱為動態會計等式，它是編製利潤表的理論基礎。

(三) 資產、負債、所有者權益、收入、費用、利潤之間的關係

由於企業所獲得的利潤歸企業的所有者，所發生的虧損由所有者承擔，因此，從本質上講，利潤是所有者權益的增加，虧損則是所有者權益的減少。按照收入、費用、利得、損失與利潤（或虧損）之間的關係，即收入或利得的增加會增加利潤（或減少虧損），則可以視同所有者權益的增加；費用或損失的增加會減少利潤（或增加虧損），則可以視同所有者權益的減少。因此，企業在經營中所獲得的收入和利得與發生的費用和損失，可以視同所有者權益的增加或減少。企業在生產經營活動中產生收入、費用、利得、損失和利潤后，會計等式可擴展為：

資產＝負債＋所有者權益＋收入－費用＋利得－損失

如果將收入和費用視為是廣義的定義，那麼，上述表達式可以簡化為：

資產＝負債＋所有者權益＋收入－費用

到會計期末時，企業將收入與費用、利得和損失配比，計算出利潤（或虧損）后，

可將等式變換為：

　　　　資產＝負債＋所有者權益＋利潤（減虧損）

　　待期末結帳後，將一部分利潤分給投資者，退出企業；一部分形成企業的留存收益，歸入所有者權益項目，則會計等式又恢復為期初的形式，即：

　　　　資產＝負債＋所有者權益

　　從以上分析可知，會計等式的擴展形式體現了六項會計要素之間的相互聯繫，表明資產、負債、所有者權益、收入、費用和利潤無論如何轉化，最終都要回到資產、負債和所有者權益之間的平衡關係上來。

二、經濟業務和會計等式之間的關係

(一) 經濟業務對會計要素的總體影響

　　企業在其生產經營過程中，會發生各種各樣的經濟活動。這些活動有的能引起會計要素發生增減變化，如購料、領料、銷售商品、外單位結算貨款等；有的則不能引起會計要素發生增減變化，如編製預算、與外單位簽訂購銷合同、填製材料請購單等。會計上，將企業在其生產經營過程中發生的、能引起會計要素發生結果變化的經濟活動稱為經濟業務或會計事項。企業的經濟活動紛繁複雜，相應的會計事項也複雜多樣，但從它們對企業會計要素的影響結果來看，可以歸納為四大類九種基本類型：

　　第一大類：經濟業務的發生，引起資產內部項目之間有增有減。

　　第二大類：經濟業務的發生，引起權益內部項目之間有增有減。由於負債和所有者權益又統稱為權益，所以這一大類又可分為以下四種基本類型：

　　(1) 經濟業務的發生，引起負債內部項目之間有增有減。

　　(2) 經濟業務的發生，引起所有者權益內部項目之間有增有減。

　　(3) 經濟業務的發生，引起負債項目增加，所有者權益項目減少。

　　(4) 經濟業務的發生，引起所有者權益項目增加，負債項目減少。

　　第三大類：經濟業務的發生，引起資產項目與權益項目同時增加。由於負債和所有者權益又統稱為權益，所以這一大類又可分為以下兩種基本類型：

　　(1) 經濟業務的發生，引起資產項目與負債項目同時增加。

　　(2) 經濟業務的發生，引起資產項目與所有者權益項目同時增加。

　　第四大類：經濟業務的發生，引起資產項目與權益項目同時減少。由於負債和所有者權益又統稱為權益，所以這一大類又可分為以下兩種基本類型：

　　(1) 經濟業務的發生，引起資產項目與負債項目同時減少。

　　(2) 經濟業務的發生，引起資產項目與所有者權益項目同時減少。

　　但無論企業的經濟業務多麼複雜，引起會計要素的數額如何變化，都不會破壞會計基本等式的數量平衡關係。資產總額始終是負債和所有者權益總額之和。

(二) 引起靜態會計要素變動的經濟業務對會計基本等式的影響

　　「資產＝負債＋所有者權益」會計基本等式反應的是三個靜態會計要素的內在經濟聯繫和客觀存在的數量上的恒等關係，因此資產、負債和所有者權益變動的經濟業務

只會影響三個要素本身數量的變動,卻不會影響「資產＝負債＋所有者權益」會計基本等式的平衡關係。

以下仍以國興公司為例來做分析說明。

表2.1列示了國興公司20××年1月1日的資產、負債和所有者權益的狀況。該公司1月份連續發生下列經濟業務①:

業務1:10日,用銀行存款購買價值3,000元的材料。

該項經濟業務的發生,一方面導致國興公司的資產項目銀行存款減少了3,000元,另一方面導致公司的資產項目存貨中的材料增加了3,000元。「資產＝負債＋所有者權益」等式中,左邊的資產項目發生一增一減,且增減的數量是相同的,會計等式保持平衡。分析如下:

項目	資產	=	負債	+	所有者權益
影響前:	220,000	=	40,000	+	180,000
具體影響:存貨	+3,000				
銀行存款	-3,000				
影響后:	220,000	=	40,000	+	180,000

業務2:12日,向銀行借入短期借款10,000元,用於償還部分所欠綠葉商貿公司的設備款。

該項經濟業務的發生,一方面導致公司的負債項目短期借款增加了10,000元,另一方面導致公司的負債項目應付帳款減少了10,000元。「資產＝負債＋所有者權益」等式中,右邊的負債項目發生一增一減,且增減的金額相同,會計等式保持平衡。分析如下:

項目	資產	=	負債	+	所有者權益
影響前:	220,000	=	40,000	+	180,000
具體影響:短期借款			+10,000		
應付帳款			-10,000		
影響后:	220,000	=	40,000	+	180,000

業務3:17日,將資本公積10,000元按法定程序轉增為資本金。

該項經濟業務的發生,一方面導致公司的所有者權益項目資本公積減少了10,000元;另一方面導致公司的所有者權益項目實收資本增加了10,000元。「資產＝負債＋所有者權益」等式中,右邊的所有者權益項目發生一增一減,且增減的金額相同,會計等式保持平衡。分析如下:

---

① 一家公司不可能在一個月之內發生所有的九種基本業務類型,此處的舉例僅僅是為了說明九種基本經濟業務對會計等式的影響。

項目	資產	=	負債	+	所有者權益
影響前：	220,000	=	40,000	+	180,000
具體影響：實收資本					+10,000
資本公積					-10,000
影響后：	220,000	=	40,000	+	180,000

業務4：18日，向綠葉商貿公司賒購計算機、複印機、打印機及掃描儀各一臺，價值共12,000元，貨款暫未支付。

該項經濟業務的發生，一方面導致公司資產項目固定資產增加了12,000元，另一方面導致公司的負債項目應付帳款也增加了12,000元。「資產＝負債＋所有者權益」等式中，左邊的資產項目和右邊的負債項目發生同時增加，且增加的金額相同，會計等式保持平衡。分析如下：

項目	資產	=	負債	+	所有者權益
影響前：	220,000	=	40,000	+	180,000
具體影響：固定資產增加	+12,000				
應付帳款增加			+12,000		
影響后：	232,000	=	52,000	+	180,000

業務5：19日，獲得王某追加投資款10,000元，存入公司的銀行帳戶。

該項經濟業務的發生，一方面導致公司資產項目銀行存款增加了10,000元；另一方面導致公司所有者權益項目實收資本增加了10,000元。「資產＝負債＋所有者權益」等式中，左邊的資產項目和右邊的所有者權益項目發生同時增加，且增加的金額相同，會計等式保持平衡。分析如下：

項目	資產	=	負債	+	所有者權益
影響前：	232,000	=	52,000	+	180,000
具體影響：銀行存款增加	+10,000				
實收資本增加					+10,000
影響后：	242,000	=	52,000	+	190,000

業務6：23日用銀行存款償付向綠葉商貿公司賒購設備的部分款項2,000元。

該項經濟業務的發生，一方面導致公司資產項目銀行存款減少了2,000元，另一方面導致公司負債項目應付帳款也減少了2,000元。「資產＝負債＋所有者權益」等式中，左邊的資產和右邊的負債項目同時減少，且減少的金額相同，會計等式保持平衡。分析如下：

項目	資產	=	負債	+	所有者權益
影響前：	242,000	=	52,000	+	190,000
具體影響：銀行存款減少	-2,000				
應付帳款減少			-2,000		
影響后：	240,000	=	50,000	+	190,000

業務 7：25 日，公司因經營狀況不佳，經股東大會決議決定縮減個人投資者規模，按法律程序，以銀行存款 3,000 元退還王某投資款，已辦理相關資本的變更手續。

該項經濟業務的發生，一方面導致公司資產項目銀行存款減少了 3,000 元；另一方面導致公司所有者權益項目實收資本減少了 3,000 元。「資產＝負債＋所有者權益」等式中，左邊的資產和右邊的所有者權益項目同時減少，且減少的金額相同，會計等式保持平衡。分析如下：

項目	資產	=	負債	+	所有者權益
影響前：	240,000	=	50,000	+	190,000
具體影響：銀行存款減少	-3,000				
實收資本減少					-3,000
影響后：	237,000	=	50,000	+	187,000

業務 8：28 日，洪達公司代國興公司償還 6,000 元銀行借款。以此作為洪達公司對國興公司的新投資。有關手續已辦妥。

該項經濟業務的發生，一方面導致公司的負債項目短期借款減少了 6,000 元；另一方面導致公司的所有者權益項目實收資本增加了 6,000 元。「資產＝負債＋所有者權益」等式中，右邊的負債項目減少、右邊的所有者權益項目增加，且減少和增加的金額相同，會計等式保持平衡。分析如下：

項目	資產	=	負債	+	所有者權益
影響前：	237,000	=	50,000	+	187,000
具體影響：實收資本增加					+6,000
短期借款減少			-6,000		
影響后：	237,000	=	44,000	+	193,000

業務 9：30 日，公司決定再次縮減個人投資者規模，經股東大會決議，決定向張某退還投資款 10,000 元，已辦妥股本變更手續，但款項尚未支付。

這項經濟業務的發生，一方面導致公司所有者權益項目實收資本減少了 10,000 元；另一方面導致公司的負債項目其他應付帳款增加了 10,000 元。「資產＝負債＋所有者權益」等式中，右邊的負債項目增加、右邊的所有者權益項目減少，且增加和減少的金額相同，會計等式保持平衡。分析如下：

項目	資產	=	負債	+	所有者權益
影響前：	237,000	=	44,000	+	193,000
具體影響：其他應付帳款增加			+10,000		
實收資本減少					−10,000
影響后：	237,000	=	54,000	+	183,000

根據以上經濟業務分析編製20××年1月31日的資產負債表，見表2.2。

表 2.2　資產負債表

編製單位：國興公司　　　　　　20××年1月30日　　　　　　　　　單位：元

資　產	金　　額	負債和所有者權益	金　　額
銀行存款	82,000	短期借款	34,000
原材料	13,000	應付帳款	10,000
庫存商品	20,000	其他應付款	10,000
固定資產	122,000	實收資本	163,000
		資本公積	20,000
合　　計	237,000	合　　計	237,000

以上的9個經濟業務，分別代表了會計要素變化的9種情況：
(1) 資產項目此增彼減，增減金額相等，會計等式保持平衡；
(2) 負債項目此增彼減，增減金額相等，會計等式保持平衡；
(3) 所有者權益項目此增彼減，增減金額相等，會計等式保持平衡；
(4) 資產項目增加，負債項目增加，增加金額相等，會計等式保持平衡；
(5) 資產項目增加，所有者權益項目增加，增加金額相等，會計等式保持平衡；
(6) 資產項目減少，負債項目減少，減少金額相等，會計等式保持平衡；
(7) 資產項目減少，所有者權益項目減少，減少金額相等，會計等式保持平衡；
(8) 負債項目減少，所有者權益項目增加，增減金額相等，會計等式保持平衡；
(9) 負債項目增加，所有者權益項目減少，增減金額相等，會計等式保持平衡；
我們用表的形式概括以上9種情況如下（見表2.3）：

表 2.3　靜態會計要素變化的9種情況

經濟業務	資　產	負　債	+	所有者權益
1	增加、減少			
2		增加、減少		
3				增加、減少
4	增加	增加		
5	增加			增加

表2.3(續)

經濟業務	資　產	負　債　+　所有者權益
6	減少	減少
7	減少	減少
8		減少　　　　　增加
9		增加　　　　　減少

(三) 引起動態會計要素變動的經濟業務對會計基本等式的影響

上述舉例說明了涉及資產、負債和所有者權益的經濟業務，雖然不會破壞資產與負債和所有者權益之間的平衡關係，但如果發生了涉及收入、費用、利潤動態會計要素的經濟業務，以上的平衡關係是否還能成立呢？

仍以國興公司為例，說明收入、費用和利潤變動的經濟業務對會計基本等式的影響。

業務10：2月2日，國興公司收到達民公司商品款4,000元，轉帳支票當即存入銀行。

該項經濟業務的發生，一方面導致國興公司的資產項目銀行存款增加了4,000元，另一方面導致國興公司的收入項目主營業務收入增加了4,000元。由於收入的取得最終會導致所有者權益的增加，所以，這筆交易最終會導致「資產 = 負債 + 所有者權益」等式中，左邊的資產項目和右邊的所有者權益項目同額增加，會計等式仍然保持平衡。

業務11：2月7日，國興發出商品實現產品銷售收入4,000元，款項用原來預收宏達公司的訂金結清。

該項交易的發生，一方面導致國興公司的負債項目預收帳款減少了4,000元；另一方面導致公司的收入項目主營業務收入增加了4,000元。由於收入的增加最終會導致所有者權益的增加，因此，這項交易最終導致「資產 = 負債 + 所有者權益」等式中，右邊的負債項目減少和右邊的所有者權益增加，增減金額相等。會計等式仍然保持平衡。

業務12：2月12日，國興公司管理部門發生水電費用1,000元，款項尚未支付。

這項經濟業務的發生，一方面導致公司的費用項目管理費用增加了1,000元；另一方面導致公司的負債項目應付帳款增加1,000元。由於費用的增加會導致所有者權益的減少，因此，這項交易最終導致「資產 = 負債 + 所有者權益」等式中，右邊的負債項目增加和右邊的所有者權益減少，增減金額相等。會計等式仍然保持平衡。

業務13：2月15日，公司以現金支付銷售產品的運輸費用1,000元。

這項經濟業務的發生，一方面導致公司的資產項目現金減少了1,000元；另一方面導致企業的費用項目營業費用增加了1,000元。由於費用的增加會導致所有者權益的減少，因此，這項交易最終導致「資產 = 負債 + 所有者權益」等式中，左邊的資產項目減少和右邊的所有者權益減少，減少金額相等。會計等式仍然保持平衡。

通過以上經濟業務的舉例分析，說明了企業發生任何一項收入、費用和利潤變動

的經濟業務，同樣也不會改變會計等式的平衡關係。同樣，利得和損失的發生也不會破壞會計等式的平衡關係。由於企業在日常經營活動中發生直接計入當期利潤的利得和損失業務較少，在此不予介紹。也就是說，無論企業發生資產、負債和所有者權益變動的經濟業務，還是發生收入、費用和利潤變動的經濟業務都不會影響會計基本等式的平衡關係。正確掌握和運用好這一平衡原理，對掌握會計核算的方法有著相當重要的意義。

本章小結

企業的經濟業務項目繁多，在進行會計核算之前就需要對這些經濟項目進行分類，會計要素是經濟業務的大類項目，是會計用於反應會計個體財務狀況，確定經營成果的基本單位。我國《企業會計準則》將會計要素反應的經濟內容具體分為資產、負債、所有者權益、收入、費用和利潤六大會計要素。

資產是企業過去的交易或事項形成的、由企業控制的、預期會給企業帶來經濟利益的資源。資產的來源一般有兩個渠道：一是投資者投入的；二是向債權人借入的。前者構成了企業的所有者權益，而后者構成了債權人權益，即負債。資產等於負債與所有者權益之和。資產、負債、所有者權益是靜態會計要素。

企業要生存並發展壯大就需要有收入。收入主要包括主營業務收入和其他收入。收入除去企業的各種耗費，即費用，便構成了企業的利潤。收入、費用、利潤是動態會計要素。

會計等式是會計學理論的一個最基本的模型，是設置帳戶、復式記帳、編製會計報表的基礎。「資產＝負債＋所有者權益」是靜態會計等式，它是編製資產負債表的基礎。「收入－費用＋利得－損失＝利潤」是動態會計等式，它是編製利潤表的基礎。不論企業發生何種經濟業務都不會改變會計等式的平衡關係。

復習思考題

1. 什麼是會計要素？它包括哪些內容？
2. 什麼是資產？它有哪些特徵？請舉例說明。
3. 什麼是負債？它有哪些特徵？請舉例說明。
4. 什麼是所有者權益？它有哪些特徵？
5. 什麼是收入？它有哪些特徵？
6. 什麼是費用？它有哪些特徵？
7. 什麼是會計等式？試論會計等式的基本原理。
8. 經濟業務發生后，引起會計要素的增減變化有哪幾種基本類型？試舉例說明。

第三章　會計科目、會計帳戶與復式記帳

[學習目的和要求]

本章主要介紹會計科目與會計帳戶的設置、借貸復式記帳法的理論依據、記帳符號、帳戶結構、記帳規則和試算平衡。其中：會計帳戶的設置和借貸復試記帳法的內容是本章學習的重點和難點。通過本章的學習，應當：

(1) 掌握會計科目的設置和分類、帳戶及其結構；
(2) 深刻理解和熟練掌握復式記帳的原理和借貸記帳法；
(3) 瞭解和掌握帳戶的基本結構、總分類帳戶與明細分類帳戶。

第一節　會計科目

一、會計科目的設置

通過本書前兩章的學習，我們已經知道，資產、負債、所有者權益、收入、費用、利潤等會計要素是對會計對象所作的歸類。實際上，會計要素又是由許多複雜的內容所構成的。比如，企業的資產可以分為流動資產、非流動資產等，其中每一類資產項目又包含著許多更為具體的內容；在流動資產項目中，有交易性金融資產和材料，它們的存在形態和性質完全不同；負債可以分為流動負債和非流動負債，其中每一類負債同樣包含著許多更為具體的內容；在流動負債項目中，有應付供應單位款項和向銀行借入的短期借款，兩者形成的原因、償還的期限和承擔的風險都有很大的差別。正因為如此，在企業經營活動的過程中，才會表現出內容紛繁複雜、性質各不相同的各類經濟業務活動，才會表現出會計要素的具體增減變動。因此，僅以六個會計要素作為會計信息的歸類標準，不免過於籠統，難以滿足會計信息用戶對會計信息的需求。因此，需要對每個會計要素進行再歸類，並在此基礎上設置會計科目。

會計科目是對會計要素所包括的項目按經濟內容所做的歸類。它是設置帳戶的直接依據。一般來說，會計要素中的每一個項目都可以設置一個會計科目，但在實際中，會計科目的設置具有較大的靈活性。

為了保證會計信息的口徑統一，便於理解和運用，會計科目的設置應遵循以下原則：

(一) 全面性原則

每個會計要素所包含的項目應當由會計科目所涵蓋，既不能遺漏，也不能重複和交叉。比如：有庫存現金會計要素就必須開設庫存現金科目，有短期借款會計要素就必須開設短期借款科目。必要時，還可以跨要素歸並設置會計科目。例如，對於預收和預付項目不多的企業，可將負債項目的「預收帳款」歸入資產項目的「應收帳款」，只設置一個「應收帳款」科目；將資產項目的「預付帳款」歸入負債項目的「應付帳款」，只設置一個「應付帳款」科目。

(二) 統一性原則

會計科目的設置，要能提供計算標準、口徑統一的會計核算資料，保證會計主體在各個會計期間和不同會計主體之間的會計數據的可比性，使其既能滿足國民經濟綜合平衡對會計指標的需要、符合國家宏觀調控和管理的要求，又能滿足投資者、債權人進行經濟決策的需要，還能滿足企業內部加強經營管理的需要。比如，將資產中的房屋、建築物、機器設備、大型的運輸工具等具體會計要素統一設置為固定資產科目。

(三) 嚴密性原則

會計科目的設置，要科學、嚴密。科目的名稱，應當含義明確、通俗易懂。各科目反應的具體內容要有明確的界限，以分別提供不同的指標。同時，對科目要固定編碼，以適應會計電算化的需要。

(四) 靈活性原則

會計科目的設置，應當根據不同單位經濟業務的特點，本著全面核算其經濟業務全過程和結果的目的而設置相應的會計科目。行業不同其生產經營活動的內容也就不同，設置的會計科目也不同。如工業企業的主要生產經營過程是製造產品，為製造產品必然會有各種各樣的耗費，為生產產品而發生的耗費構成產品的成本，為此工業企業應設置「生產成本」會計科目，用於歸集產品的生產成本。而商業企業的主要經營活動是組織商品流通，為組織商品流通會有各種耗費，為了歸集商品流通的耗費應設置「經營費用」會計科目。此外，每個企業的生產經營活動均有其特點，設置的會計科目也不同。如同為工業企業，但如果一個企業為上市公司，會計信息披露充分，設置的會計科目可能多於非上市公司。

二、會計科目的分類

為了正確掌握和運用會計科目，可以按一定的標準將會計科目進行適當的分類。

(一) 會計科目按經濟內容分類

會計科目按經濟內容可以分為六類，即資產類、負債類、所有者權益類、共同類、成本類和損益類。

（1）資產類會計科目核算企業由過去交易、事項形成並由企業擁有或控制的、預期會給企業帶來經濟利益的資源。如庫存現金、銀行存款、應收帳款、預付帳款、原

材料、長期股權投資、固定資產、在建工程、無形資產和長期待攤費用等。

(2) 負債類會計科目核算企業由過去交易、事項形成的現實義務。如應付票據、應付帳款、應付職工薪酬、長期借款、應付債券、長期應付款等。

(3) 共同類會計科目是指既有資產性質又有負債性質的共性的科目。共同類科目的特點是需要從其期末余額所在的方向來界定其科目性質。共同類多為金融、保險、投資、基金等公司使用。目前新會計準則規定的共同類會計科目有五個科目：清算資金往來、外匯買賣、衍生工具、套期工具、被套期項目。

(4) 所有者權益類會計科目核算所有者在企業淨資產中享有的權利。如實收資本(股本)、資本公積、本年利潤、利潤分配、盈余公積、未分配利潤等。

(5) 成本類會計科目核算企業在生產經營過程中發生的各種費用支出。如生產成本、製造費用、勞務成本等。

(6) 損益類會計科目核算企業在生產經營過程中取得的各種收入、費用。如主營業務收入、投資收益、管理費用等。企業的會計科目表如表3.1所示。

表3.1　會計科目表

序號	編號	會計科目名稱	會計科目適用範圍
		一、資產類	
1	1001	庫存現金	
2	1002	銀行存款	
3	1003	存放中央銀行款項	銀行專用
4	1011	存放同業	銀行專用
5	1012	其他貨幣資金	
6	1021	結算備付金	證券專用
7	1031	存出保證金	金融共用
8	1101	交易性金融資產	
9	1111	買入返售金融資產	金融共用
10	1121	應收票據	
11	1122	應收帳款	
12	1123	預付帳款	
13	1131	應收股利	
14	1132	應收利息	
15	1201	應收代位追償款	保險專用
16	1211	應收分保帳款	保險專用
17	1212	應收分保合同準備金	保險專用
18	1221	其他應收款	
19	1231	壞帳準備	
20	1301	貼現資產	
21	1302	拆出資金	金融共用

表3.1(續)

序號	編號	會計科目名稱	會計科目適用範圍
22	1303	貸款	銀行專用
23	1304	貸款損失準備	銀行和保險共用
24	1311	代理兌付證券	銀行和保險共用
25	1321	代理業務資產	銀行和保險共用
26	1401	材料採購	
27	1402	在途物資	
28	1403	原材料	
29	1404	材料成本差異	
30	1405	庫存商品	
31	1406	發出商品	
32	1407	商品進銷差價	
33	1408	委託加工物資	
34	1411	週轉材料	建造承包商專用
35	1421	消耗性生物資產	農業專用
36	1431	貴金屬	銀行專用
37	1441	抵債資產	金融共用
38	1451	損余物資	保險專用
39	1461	融資租賃資產	
40	1471	存貨跌價準備	
41	1501	持有至到期投資	
42	1502	持有至到期投資減值準備	
43	1503	可供出售金融資產	
44	1511	長期股權投資	
45	1512	長期股權投資減值準備	
46	1521	投資性房地產	
47	1531	長期應收款	
48	1532	未實現融資收益	
49	1541	存出資本保證金	保險專用
50	1601	固定資產	
51	1602	累計折舊	
52	1603	固定資產減值準備	
53	1604	在建工程	
54	1605	工程物資	
55	1606	固定資產清理	
56	1611	未擔保余值	租賃專用
57	1621	生產性生物資產	農業專用

表3.1(續)

序號	編號	會計科目名稱	會計科目適用範圍
58	1622	生產性生物資產累計折舊	農業專用
59	1623	公益性生物資產	農業專用
60	1631	油氣資產	石油天然氣開採專用
61	1632	累計折耗	石油天然氣開採專用
62	1701	無形資產	
63	1702	累計攤銷	
64	1703	無形資產減值準備	
65	1711	商譽	
66	1801	長期待攤費用	
67	1811	遞延所得稅資產	
68	1821	獨立帳戶資產	保險專用
69	1901	待處理財產損溢	
二、負債類			
70	2001	短期借款	
71	2002	存入保證金	金融共用
72	2003	拆入資金	金融共用
73	2004	向中央銀行借款	銀行專用
74	2011	吸收存款	銀行專用
75	2012	同業存放	銀行專用
76	2021	貼現負債	銀行專用
77	2101	交易性金融負債	
78	2111	賣出回購金融資產款	金融共用
79	2201	應付票據	
80	2202	應付帳款	
81	2203	預收帳款	
82	2211	應付職工薪酬	
83	2221	應交稅費	
84	2231	應付利息	
85	2232	應付股利	
86	2241	其他應付款	
87	2251	應付保單紅利	保險專用
88	2261	應付分保帳款	保險專用
89	2311	代理買賣證券款	證券專用
90	2312	代理承銷證券款	證券和銀行共用
91	2313	代理兌付證券款	證券和銀行共用
92	2314	代理業務負債	

表3.1(續)

序號	編號	會計科目名稱	會計科目適用範圍
93	2401	遞延收益	
94	2501	長期借款	
95	2502	應付債券	
96	2601	未到期責任準備金	保險專用
97	2602	保險責任準備金	保險專用
98	2611	保戶儲金	保險專用
99	2621	獨立帳戶負債	保險專用
100	2701	長期應付款	
101	2702	未確認融資費用	
102	2711	專項應付款	
103	2801	預計負債	
104	2901	遞延所得稅負債	
		三、共同類	
105	3001	清算資金往來	銀行專用
106	3002	貨幣兌換	金融共用
107	3101	衍生工具	
108	3201	套期工具	
109	3202	被套期項目	
		四、所有者權益類	
110	4001	實收資本	
111	4002	資本公積	
112	4101	盈余公積	
113	4102	一般風險準備	金融共用
114	4103	本年利潤	
115	4104	利潤分配	
116	4201	庫存股	
		五、成本類	
117	5001	生產成本	
118	5101	製造費用	
119	5201	勞務成本	
120	5301	研發支出	
121	5401	工程施工	建造承包商專用
122	5402	工程結算	建造承包商專用
123	5403	機械作業	建造承包商專用

表 3.1(續)

序號	編號	會計科目名稱	會計科目適用範圍
		六、損益類	
124	6001	主營業務收入	
125	6011	利息收入	金融共用
126	6021	手續費及佣金收入	金融共用
127	6031	保費收入	保險專用
128	6041	租賃收入	保險專用
129	6051	其他業務收入	
130	6061	匯兌損益	金融專用
131	6101	公允價值變動損益	
132	6111	投資收益	
133	6201	攤回保險責任準備金	保險專用
134	6202	攤回賠付支出	保險專用
135	6203	攤回分保費用	保險專用
136	6301	營業外收入	
137	6401	主營業務成本	
138	6402	其他業務成本	
139	6403	營業稅金及附加	
140	6411	利息支出	金融共用
141	6421	手續費及佣金支出	金融共用
142	6501	提取未到期責任準備金	保險專用
143	6502	提取保險責任準備金	保險專用
144	6511	賠付支出	保險專用
145	6521	保單紅利支出	保險專用
146	6531	退保金	保險專用
147	6541	分出保費	保險專用
148	6542	分保費用	保險專用
149	6601	銷售費用	
150	6602	管理費用	
151	6603	財務費用	
152	6604	勘探費用	
153	6701	資產減值損失	
154	6711	營業外支出	
155	6801	所得稅費用	
156	6901	以前年度損益調整	

從表 3.1 可以看出，會計科目表是按編號、名稱等順序排列的。其目的就是為了便於會計科目的分類、查找，以便於運用計算機處理會計業務，而會計科目的編號是

根據會計要素排列的，每一會計要素下的會計科目使用一組編號。例如，資產類會計科目的編號，首位用「1」，其余編號為 001～901；負債類會計科目的編碼，首位用「2」，其余編碼為 001～901；共同類會計科目的編碼，首位用「3」，其余編碼為 001～202；所有者權益類會計科目的編碼，首位用「4」，其余編碼為 001～201；成本類會計科目的編碼，首位用「5」，其余編碼為 001～403；損益類會計科目的編碼，首位用「6」，其余編碼為 001～901。

在會計科目的編號上，往往會出現跳號。例如，資產類會計科目，從 1003 跳到了 1011，中間的間隔空號是為新增科目預留的空號碼，以便於在增設會計科目時使用。

(二) 會計科目按所提供指標的詳細程度分類

我國會計科目由國家財政部統一制定，內容涉及資產類、負債類、共同類、所有者權益類、成本類和損益類六類。不同的會計科目，構成了一個完整的會計科目體系，它包括科目的內容和科目的級次。會計科目的內容，反應科目之間的橫向聯繫，每個會計科目都有其特定的內容和範圍，各個會計科目之間也存在著密切的聯繫，共同形成會計科目的級次。會計科目的級次是會計科目內部的縱向聯繫，它是為滿足會計信息使用者對會計信息詳細程度的要求而設立的。比如，在「材料」這個科目下可以按照材料的品種、規格和名稱設置明細科目，在「應收帳款」科目下可以按照購買單位名稱或個人設置明細科目，這便形成了會計科目的級次。會計科目的級次，一般分為一級科目、二級科目和明細科目三個層次。按照會計要素的具體內容設置的總括反應會計信息的項目為總分類帳科目，又稱一級科目或總帳科目，是設置總分類帳的依據。對某一類總分類科目進一步分類的詳細反應會計信息的項目為明細分類帳科目，又稱明細分類科目，是設置明細帳的依據。介於總分類科目和明細科目之間，核算資料比總帳科目詳細、比明細科目概括的會計科目為二級科目，又稱子目。如在「原材料」總帳科目和「甲」「乙」「丙」明細科目之間設置的「原料」「輔助材」「燃料」等均屬於二級科目。各級科目之間的關係如表 3.2 所示。

表 3.2　各級科目之間的關係

一級會計科目（總帳科目）	二級會計科目（子目）	明細會計科目（細目）
原材料	原料	甲材料 乙材料 丙材料
	燃料	…… ……
	輔助材料	…… ……

第二節　會計帳戶

一、會計帳戶設置的必要性

會計科目的設置將會計要素所反應的經濟內容進行了歸類。但是，如何將經濟業所引起的會計要素的各個具體類別的變化連續不斷地記錄下來，並集中反應它們在一定時期內的變動情況及其結果，這就必須借助於會計帳戶。會計帳戶是依據會計科目設置，對會計要素的具體類別，分類進行核算和監督，提供動態指標和靜態指標的工具。企業任何一項經濟業務發生後，都會引起會計要素的各個具體內容發生數量上的增減變動。為了反應經濟業務發生後所引起的各個會計要素在數量方面的增減變動情況，實現對經濟活動過程和結果的反應與控制，就需要設置帳戶，通過帳戶記錄來全面、系統、完整地反應各要素變動過程和結果，提供會計信息用戶所需的會計信息。設置帳戶是會計核算的一種專門方法，帳戶是根據會計科目設置的，根據總分類科目可以設置總分類帳戶，根據明細科目可以設置明細分類帳戶。例如，根據「庫存現金」「銀行存款」科目，可以設置「庫存現金」帳戶、「銀行存款」帳戶，用以分別記錄現金和銀行存款的收款、付款和結存數據；根據「原材料」科目，可以設置「原材料」帳戶，用以分別記錄材料的收入、發出和結存數據。可見，只有設置帳戶，才能按照會計科目分門別類地記錄有關分類數據，以便進一步加工后處理，形成更全面、更系統的會計信息，滿足會計信息用戶的需要。

二、會計科目和會計帳戶的關係

會計科目是設置會計帳戶的依據，它對會計帳戶核算的內容，從理論上進行了規範。因此，各個企業應按會計準則規定的會計科目設置帳戶，原則上，有一個會計科目就應設置一個帳戶，並按會計科目規定的內容進行核算，以便提供口徑一致的會計信息。

會計科目和會計帳戶是兩個既有區別又有聯繫的不同概念。它們之間的聯繫在於：名稱和反應的經濟內容相同。會計科目是帳戶的名稱，帳戶是根據會計科目設置的；它們反應的經濟內容都是會計要素的具體內容。它們之間的區別在於：會計科目是對會計要素按經濟內容進行分類的標誌，沒有具體的格式，只是說明各經濟業務的內容；會計帳戶既有名稱又有專門的格式，可以具體記錄經濟業務，反應會計要素各具體項目的增減變動情況及其結果。設置和運用會計帳戶是會計核算的一個專門方法。在會計實務中，會計科目和會計帳戶未嚴格區分，往往是互相通用。

三、會計帳戶的結構

會計帳戶是根據會計科目設置的，用以記錄會計要素各個項目增減變動的工具。那麼會計帳戶怎樣記錄這些變動呢？這就必須借助於帳戶的結構。

帳戶的結構是指用來記錄經濟業務的帳戶的具體格式，即帳戶應由哪幾部分組成，以及如何記錄經濟業務所引起的各項會計要素的增減變動情況及結果。因此，每一個

帳戶必不可少的都應當具備的要素是帳戶的名稱和左右兩個部分。通常使用會計科目作為帳戶的名稱，來表明該帳戶是記錄哪一類型的會計數據的。由於企業經濟業務的發生必然會引起會計要素發生變動，而這種變動從數量上看，不外乎是增加和減少兩種情況。帳戶劃分為左右兩個部分之后，就可以分別登記數據的增加、減少，並可以據此計算增加合計數、減少合計數以及它們的差額。

帳戶表現在帳頁上，而且有一定的名稱。帳戶的名稱規定了帳戶所要記錄的經濟內容。其基本結構設計一般包括如下內容：

（1）帳戶的名稱（即會計科目）。
（2）日期和摘要（記錄經濟業務的日期和說明經濟業務的內容）。
（3）增加和減少的金額及余額。
（4）憑證號數（說明帳戶記錄的依據）。

帳戶的一般格式如表3.3所示。

表3.3　銀行存款帳戶

左方							右方
20××年		摘要	金額	20××年		摘要	金額
月	日			月	日		
8	5	存入	2,000	8	16	取現	400
	20	存入	1,000		22	支付	1,000
	31	增加發生額	3,000			減少發生額	1,400
	31	期末余額	1,600				
9	4	存入	1,200	9	10	取現	600
	18	存入	800		21	支付	1,600
	30	增加發生額	2,000			減少發生額	2,200
		期末余額	1,400				

為了敘述的方便，教學中通常將上列帳戶格式簡化為「丁」字型帳戶或「T」型帳戶，如表3.4所示。

表3.4　「丁」字形帳戶示意

左方	銀行存款帳戶		右方
5/8	2,000	16/8	400
20/8	1,000	22/8	1,000
發生額	3,000	發生額	1,400
余額	1,600		

左方	銀行存款帳戶		右方
期初余額	1,600	16/8	600
4/9	1,200	22/8	1,600
18/9	800		
發生額	2,000	發生額	2,200
余額	1,400		

上列「銀行存款」帳戶中，每月增加（收入）合計，減少（付出）合計叫做發生額，增加發生額和減少發生額的差額叫做餘額，結存在記錄增加的那一方。由於在帳戶中可以連續記錄，上期期末餘額就是下期的期初餘額。所以，發生額和餘額之間存在著以下數量關係：

期初餘額 + 增加發生額 − 減少發生額 = 期末餘額

四、帳戶的基本分類

帳戶可以採用不同的標誌進行分類，運用不同的標誌對帳戶進行分類，可以從不同的角度全方位觀察帳戶體系的全貌。

（一）以會計要素為分類標誌

帳戶以會計要素作為分類標誌，是帳戶最基本的分類標誌。帳戶按會計要素可以分為六大類：資產類、負債類、所有者權益類、收入類、費用類和利潤類。資產類帳戶是用來反應企業資產的增減變動及結存情況的帳戶，它包括庫存現金、銀行存款、應收帳款、其他應收款、原材料、長期股權投資、固定資產和無形資產等。負債類帳戶是用來反應負債的增減變化及其實有數額情況的帳戶，它包括短期借款、應付帳款、長期借款、長期應付款等。所有者權益類帳戶是用來反應投資者的投入資本和留存收益增減變動及結存情況的帳戶，它包括實收資本、盈餘公積、資本公積等。收入類帳戶是用來核算企業在生產經營過程中所取得的各種經濟利益的帳戶，它包括主營業務收入、其他業務收入等。費用（成本）類帳戶是用來核算企業在生產經營過程中發生的各種費用支出的帳戶，它包括生產成本、製造費用、銷售費用、管理費用、財務費用等。利潤類帳戶是用來核算利潤的形成和分配情況的帳戶，它包括本年利潤、利潤分配等。

（二）以經濟內容為分類標誌

帳戶的經濟內容是指帳戶所反應的會計對象的具體內容。帳戶按經濟內容可分為以下六類：資產類、負債類、所有者權益類、共同類、成本類和損益類。資產類帳戶是用來核算企業由過去交易、事項形成並由企業擁有或控制的，預期會給企業帶來經濟利益的資源。如庫存現金、銀行存款、應收帳款、預付帳款、原材料、長期股權投資、固定資產、在建工程、無形資產和長期待攤費用等。負債類帳戶是用來核算企業由過去交易、事項形成的現實義務。如應付票據、應付帳款、應付職工薪酬、長期借款、應付債券、長期應付款等。共同類帳戶是指既有資產性質又有負債性質的共性的帳戶。共同類帳戶的特點是：需要從其期末餘額所在的方向來界定其帳戶性質。如清算資金往來、外匯買賣、衍生工具、套期工具、被套期項目等。所有者權益類帳戶是用來核算所有者在企業淨資產中享有的權利。如實收資本（股本）、資本公積、本年利潤、利潤分配、盈餘公積等。成本類帳戶是用來核算企業在生產經營過程中發生的各種費用支出。如生產成本、製造費用、勞務成本等。損益類帳戶是用來核算企業在生產經營過程中取得的各種收入、費用。如主營業務收入、投資收益、管理費用等。

（三）以帳戶所提供核算指標的詳細程度為分類標誌

按帳戶所提供核算指標的詳細程度進行分類，可將帳戶分為總分類帳戶和明細分類帳戶。對於明細科目較多的帳戶，可以根據管理需要在總分類帳戶和明細分類帳戶之間增設二級明細分類帳戶。總分類帳戶所提供的是總括的核算資料，對所屬的明細分類帳戶起統馭和控制作用；明細分類帳戶所提供的則是詳細的核算資料，對總分類帳戶起補充說明作用。

（四）以帳戶與會計報表的關係為分類標誌

按帳戶與會計報表的關係為標誌進行分類，可以分為資產負債表帳戶和利潤表帳戶兩類。這種分類方法以會計要素分類為基礎，把反應資產、負債和所有者權益的三類帳戶構成一組，稱為資產負債表帳戶或實帳戶或永久性帳戶，主要反應企業在某一時點的財務狀況，能隨時反應企業資產負債表的各個項目（資產、負債和所有者權益）實有數額；把反應收入、費用和利潤的三類帳戶構成為一組，稱為利潤表帳戶或虛帳戶或臨時帳戶，主要反應企業在一定期間的經營成果。資產負債表帳戶的特點是：期末一般有餘額，期末餘額是編製資產負債表的資料來源。同時，以後各期都要連續登記，期末餘額還需要結轉到下一個會計期間，作為下一期的期初餘額。利潤表帳戶的特點是：發生額反應企業已經實現的收入或已經發生的成本、費用和支出，在每一會計期間末了，都要轉至「本年利潤」帳戶。因此，利潤表帳戶一般無期末餘額，下期期初需另行開設，所以也稱臨時性帳戶。

第三節　復式記帳法

設置帳戶解決了會計要素具體類別的歸類問題。但是，當經濟業務發生時，怎樣在有關帳戶上記錄其變化，以便完整、準確地提供會計信息，這個問題就必須由記帳方法來解決。所謂記帳方法，指對經濟業務所產生的數據，將其記錄在帳戶中的方法。記帳方法按其同一記錄所涉及的帳戶數量，可以分為單式記帳法和復式記帳法兩大類。

一、單式記帳法

單式記帳法是指對經濟業務引起的變化，只在一個帳戶中進行記錄的一種方法。它是一種比較簡單的、不完整的記帳方法。在單式記帳法下，帳戶的設置是不完整的，一般只對貨幣資金的收付、債權債務的結算在有關帳戶中進行登記，並且只在一個帳戶中進行單方面的記錄，帳戶之間的記錄沒有聯繫，也沒有相互平衡關係。例如，以現金800元支付某項費用。這筆經濟業務的發生，只記錄現金減少800元，至於費用發生的情況，則不進行記錄。這種方法手續簡單，但不能全面、系統地記錄經濟業務以及帳戶之間的相互關係。

二、復式記帳法

復式記帳法是指對經濟業務引起的變化，按相等的金額在兩個或兩個以上的帳戶中，全面地、相互聯繫地記錄經濟業務的一種方法。復式記帳法的特點是：①對所有的會計要素都要設置帳戶，以全面反應會計對象；②對發生的每項經濟業務，都要在其所涉及的相互關聯的兩個或兩個以上的帳戶中進行登記，以全面反應會計要素的變動；③對每項經濟業務所涉及的具有相互聯繫的兩個或兩個以上帳戶中，所登記的金額相等，根據各類帳戶之間的平衡關係，可以檢查帳戶記錄的正確性。例如，以現金800元支付某項費用。這筆經濟業務的發生，既要在「庫存現金」帳戶上記錄現金減少，又要在「費用」帳戶上記錄費用增加，表明現金的去向，並且要使現金減少的金額和費用增加的金額相等。

為了更清楚地說明這兩類記帳方法的區別，舉例說明如下：

（1）用庫存現金支付職工工資2,000元。

該筆業務引起變化的會計要素項目是：庫存現金減少2,000元，應付職工薪酬減少2,000元。

（2）出售產品一批，價款500元，收到庫存現金300元，其餘200元購買人暫欠。

該筆業務引起變化的會計要素項目是：主營業務收入增加500元，庫存現金增加300元，應收帳款增加200元。

（3）收到購買人欠款200元。

該筆業務引起變化的會計要素項目是：庫存現金增加200元，應收帳款減少200元。

（4）生產A產品，車間領用甲材料1,000元。

該筆業務引起變化的會計要素項目是：生產成本增加1,000元，甲材料減少1,000元。

用單式記帳法和復式記帳法記錄經濟業務如表3.5所示。

表3.5　單式記帳法和復式記帳法比較

經濟業務	單式記帳法	復式記帳法
（1）	「庫存現金」帳戶記錄減少2,000元。	「庫存現金」帳戶減少2,000元，同時「應付職工薪酬」帳戶減少2,000元。
（2）	「庫存現金」帳戶記錄增加300元，人欠增加200元做備忘記錄。	「庫存現金」帳戶記錄增加300元，「應收帳款」帳戶記錄增加200元，同時，「主營業務收入」帳戶記錄增加500元。
（3）	「庫存現金」帳戶記錄增加200元，人欠減少200元做備忘記錄。	「庫存現金」帳戶記錄增加200元，同時，「應收帳款」帳戶記錄減少200元。
（4）	不做記錄。	「生產成本」帳戶記錄增加1,000元，同時，「材料帳戶」記錄減少1,000元。

復式記帳法是經過長期的會計實踐逐步形成的，作為一種科學的記帳方法一直得到廣泛的運用。復式記帳法的產生和應用，是記帳方法的一個具有劃時代意義的進步，它推動了現代會計方法體系的形成，是「會計學科史上的偉大建築」。復式記帳法一般可分為增減記帳法、收付記帳法和借貸記帳法。我國已經明確規定企業採用借貸記帳法。

第四節　借貸記帳法

一、借貸記帳法的由來

　　借貸記帳法起源於13世紀的義大利。最初主要是運用於錢莊行業記錄債權、債務的變化，到15世紀已逐步形成比較完整的記帳方法，並流行於義大利的各沿海城市。在這一時期，值得大書特書的是1494年，義大利數學家盧卡·巴其阿勒（Luca Pacioli）在威尼斯出版了《算術、幾何與比例概要》一書，第一次系統地闡述了借貸記帳法的基本原理，從而開創了近代會計的歷史。它的出現突破了單式記帳的局限，改變了傳統的記錄方式。對每一項經濟業務都同時在兩個或兩個以上的相互聯繫的帳戶中，分別在借方、貸方以相等的金額進行記錄。這種記錄方式，清晰地反應了經濟業務的來龍去脈，並且在有關帳戶之間產生了明確的帳戶對應關係和數字勾稽關係。伴隨著資本主義商品經濟的發展，借貸記帳法日益完善，並推廣應用到各國。19世紀末期，借貸記帳法傳入我國，對我國的會計核算產生了重大的影響。

二、借貸記帳法的基本原理

　　借貸記帳法是以會計等式為依據，以「借」「貸」為記帳符號，採用「有借必有貸，借貸必相等」的記帳規則，在兩個或兩個以上的帳戶中用相等的金額，全面地、相互聯繫地記錄經濟業務的一種方法。借貸記帳法的基本原理，包括理論依據、記帳符號、帳戶分類和結構、記帳規則和試算平衡五個方面的內容。現分述如下：

(一) 理論依據

　　在第二章中，我們已經瞭解了資金運動在相對靜止狀態下表現為資產、負債、所有者權益三個要素，它們在數量上存在著恒等關係，其內在聯繫用會計等式表示為：資產＝負債＋所有者權益。借貸記帳法正是以「資產＝負債＋所有者權益」這一會計等式作為建立其方法的理論基礎。從第二章第三節中的經濟業務對會計要素的影響分析，我們可以看出，企業無論發生多少經濟業務，歸納起來不外乎4大類9種具體類型，這些經濟業務引起會計要素的變動最多9種情況：①等式左邊的資產要素以相同金額此增彼減；②等式右邊的負債要素以相同金額此增彼減；③等式右邊的所有者權益要素以相同金額此增彼減；④等式左邊的資產要素增加，右邊的負債要素以相同金

額同時增加；⑤等式左邊的資產要素增加，右邊的所有者權益要素以相同金額同時增加；⑥等式左邊的資產要素減少，右邊的負債要素以相同金額同時減少；⑦等式左邊的資產要素減少，右邊的所有者權益要素以相同金額同時減少；⑧等式右邊的負債要素增加，右邊的所有者權益要素以相同金額同時減少；⑨等式右邊的負債要素減少，右邊的所有者權益要素以相同金額同時增加。這九種情況均不會破壞會計等式。因此，當每一筆經濟業務引起的會計要素變動時，均應根據會計等式的要求來進行帳務處理，並檢查帳戶記錄的正確性。

(二) 記帳符號

記帳符號是經濟業務記錄入帳方向的標誌。在借貸記帳法下，以「借」和「貸」作為記帳符號。

「借」「貸」二字最初是有其特殊含義的，「借」表示借出款項，是一種債權，「貸」表示貸入款項，是一種債務。早在13世紀，義大利經營錢莊的業主在辦理借貸業務時，為了便於記錄借出與貸入款項，對於借出的款項記在借款人名下（借方），表示自己的一筆債權。對於從別人處吸收的存款記在貸款人的名下（貸方），表示是一筆債務，歸還時記入各自相反的方向。隨著商品經濟的發展，由於經濟活動日益複雜，記帳對象除債權、債務外，還涉及到現金、商品、以及銷售盈虧的計算等，因此，在會計帳戶中需要用兩個固定的字來標明記帳的方向，以記錄會計對象的變化。由於債權、債務使用「借」「貸」二字記錄，因此人們仍沿用「借」「貸」二字來標明帳戶左右兩個方向。在借貸記帳法中，記帳符號「借」表示帳戶左方的金額記錄，僅僅代表帳戶的左邊方位，不再具有「借出」的原始含義；記帳符號「貸」表示帳戶右方的金額記錄，僅僅代表帳戶的右邊方位，不再具有「貸入」的原始含義。顯然，「借」「貸」二字已由單純地表示債權、債務關係演變成了專門的記帳符號。

由於借貸記帳法在國際上的廣泛流行，借（Debit 簡寫為 Dr.）和貸（Credit 簡寫為 Cr.）二字已成為通用的國際商業語言。帳戶借方和貸方分別歸集不同會計要素增加或減少的數據，代表著不同會計要素的增減變化及其結果。但是，一個帳戶中究竟是借方記錄表示增加還是貸方記錄表示增加，或者說，一個帳戶中究竟是借方記錄減少還是貸方記錄表示減少，這得由帳戶的模式來決定。

(三) 帳戶分類和結構

在借貸記帳法下，帳戶按照會計要素分設成資產、負債、所有者權益、收入、費用、利潤六大類基本帳戶，各類帳戶的左方統一稱為「借方」，右方統一稱為「貸方」。不同性質的帳戶使用方法也不相同。

1. 資產類帳戶

資產處於會計恆等式的左端。其帳戶的結構是：借方登記資產的增加額，貸方登記資產的減少額。在一定會計期間內（月、季、年），借方登記的增加數額的合計數稱為借方發生額，貸方登記的減少數額的合計數稱為貸方發生額，在每一會計期末，將

借方發生額和貸方發生額相比較，其差額稱為期末餘額，本期的期末餘額結轉下期，即為下期的期初餘額。資產類帳戶的期末餘額一般在借方。其計算公式如下：

資產類帳戶期末借方餘額＝期初借方餘額＋本期借方發生額－本期貸方發生額

2. 負債類帳戶

負債處於會計恒等式的右端。其帳戶的結構與資產類帳戶正好相反，即：貸方登記負債的增加額，借方登記負債的減少額。在一定會計期間內（月、季、年），貸方登記的增加數額的合計數稱為貸方發生額，借方登記的減少數額的合計數稱為借方發生額，在每一會計期末，將貸方發生額和借方發生額相比，其差額稱為期末餘額，本期的期末餘額結轉到下期，即為下期的期初餘額。負債類帳戶的期末餘額一般在貸方。其計算公式如下：

負債類帳戶期末貸方餘額＝期初貸方餘額＋本期貸方發生額－本期借方發生額

3. 所有者權益類帳戶

所有者權益處於會計恒等式的右端。其帳戶的結構與負債類帳戶相同，即：貸方登記所有者權益的增加額，借方登記所有者權益的減少額。在一定會計期間內（月、季、年），貸方登記的增加數額的合計數稱為貸方發生額，借方登記的減少數額的合計數稱為借方發生額，在每一會計期末，將貸方發生額、借方發生額相比，其差額稱為期末餘額，本期的期末餘額結轉到下期，即為下期的期初餘額。所有者權益類類帳戶的期末餘額一般在貸方，其計算公式如下：

所有者權益類帳戶期末貸方餘額＝期初貸方餘額＋本期貸方發生額－本期借方發生額

4. 收入類帳戶

收入是所有者權益的增加因素。其帳戶的結構與所有者權益類帳戶的結構基本相同，即：貸方登記收入的增加額，借方登記收入的轉出額（減少額）。由於貸方登記的收入增加額期末一般都是從借方轉出，以便確定一定期間的利潤，因此，該類帳戶通常沒有期末餘額。

5. 費用類帳戶

費用是所有者權益的減少因素。其帳戶的結構與所有者權益類帳戶的結構相反，即：借方登記費用支出的增加額，貸方登記費用支出的轉出額（減少額）。由於借方登記的費用支出增加額期末一般都要從貸方轉出，以便確定一定期間的利潤，因此，該類帳戶通常也沒有期末餘額。

6. 利潤類帳戶

利潤是所有者權益的組成部分。其帳戶的結構則與所有者權益類帳戶的結構基本相同，即：貸方登記利潤的增加額，借方登記利潤的減少（轉出）額，平時餘額在貸方。

概括起來，以上六種類型的帳戶模式如表3.6所示。

會計學原理

表 3.6　六種類型的帳戶模式

借方	資產類帳戶	貸方	借方	負債類帳戶	貸方
期初余額 本期增加額	本期減少額		本期減少額	期初余額 本期增加額	
本期發生額 期末余額	本期發生額		本期發生額	本期發生額 期末余額	

借方	所有者權益類帳戶	貸方	借方	收入類帳戶	貸方
本期減少額	期初余額 本期增加額		本期減少額	本期增加額	
本期發生額	本期發生額 期末余額		本期發生額	本期發生額	

借方	費用類帳戶	貸方	借方	利潤類帳戶	貸方
本期增加額	本期減少額		本期減少額	期初余額 本期增加額	
本期發生額	本期發生額		本期發生額	本期發生額 期末余額	

現以「原材料」帳戶為例，說明資產類帳戶的登記方法，見表3.7。

表 3.7　總分類帳戶

帳戶名稱：原材料　　　　　　　　　　　　　　　　　　　金額單位：元

20××年		憑證號數	摘　要	借方	貸方	借或貸	余額
月	日						
8	1	（略）	月初余額			借	78,000
	2		① 購入材料	13,000		借	91,000
	8		② 購入材料	1,000		借	92,000
	10		③ 發出生產用材料		53,500	借	38,500
	31		本月合計	14,000	53,500	借	38,500

表3.7是一個完整的帳戶，若用「T」型帳戶表示，則如表3.8所示。

表 3.8

借方		原材料		貸方
期初余額：	78,000	③		53,500
①	13,000			
②	1,000			
本期發生額	14,000	本期發生額		53,500
期末余額：	38,500			

64

現以「應付帳款」帳戶為例，說明負債及所有者權益類帳戶的登記方法，見表3.9。

表3.9　總分類帳戶

帳戶名稱：應付帳款　　　　　　　　　　　　　　　　　　　　　　　　金額單位：元

20××年		憑證號數	摘　要	借方	貸方	借或貸	余額
月	日						
8	1	（略）	月初余額			貸	9,500
	2		① 購料欠款		13,000	貸	22,500
	4		② 償還貨款	3,000		貸	19,500
	8		③ 購料欠款		1,000	貸	20,500
	31		本月合計	3,000	14,000	貸	20,500

表3.9是一個完整的帳戶，若用「T」型帳戶表示，則如表3.10所示。

表3.10

借方	應付帳款	貸方
		期初余額：　　　　9,500
②　　　　　　3,000	①　　　　　　13,000
	③　　　　　　1,000
本期發生額：　　3,000	本期發生額：　　14,000
	期末余額：　　　20,500

　　綜合以上對各類帳戶結構的說明，將全部帳戶借方和貸方所記錄的經濟內容加以歸納，如表3.11所示。「借」「貸」這對符號具有雙重含義，它既不完全表示增加，也不完全表示減少。在帳戶的發生額中，借方既表示資產的增加又表示負債和所有者權益的減少，貸方既表示資產的減少又表示負債和所有者權益的增加。在帳戶的結余額中，借方表示資產類帳戶，貸方表示負債和所有者權益類帳戶。因此，在識別借、貸符號時，必須根據帳戶的性質來判明它們記錄的內容。

表3.11　帳戶總模式

借方	貸方
1. 資產增加	1. 資產減少
2. 負債減少	2. 負債增加
3. 所有者權益減少	3. 所有者權益增加
4. 收入減少或結轉	4. 收入增加
5. 費用增加	5. 費用減少或結轉
6. 利潤減少	6. 利潤增加
期末余額：資產或成本的余額	期末余額：負債、所有者權益的余額

　　可見，在借貸記帳法下，「借」「貸」這對記帳符號具有雙重含義，「借」表示帳戶的左方，它既可以記錄增加，也可以記錄減少。「貸」表示帳戶的右方，同樣，它既

可以記錄增加，也可以記錄減少。因此，識別「借」「貸」記帳符號到底是記錄增加還是記錄減少，必須根據帳戶的性質來判斷。

在帳戶的發生額中，借方表示：資產和費用的增加，負債、所有者權益和收入的減少；貸方表示：資產和費用減少，負債、所有者權益和收入的增加。在帳戶的結餘額中，如存在借方餘額，表示該帳戶一般是資產類帳戶，如存在貸方餘額，表示該帳戶一般是負債或所有者權益類帳戶。一般來說，帳戶期末餘額的方位與帳戶記錄增加額的方位在同一方向。即資產類帳戶借方記錄增加額，其帳戶的期末餘額一般在借方；負債及所有者權益類帳戶貸方記錄增加額，其帳戶的期末餘額一般在貸方。因此，根據帳戶餘額所在的方向來判定帳戶性質，成為借貸記帳法的一個重要特點。

> 注意：以上只是介紹了常用帳戶的記錄方法和帳戶結構，還有很多特殊帳戶，如「累計折舊」「壞帳準備」「本年利潤」「利潤分配」等，其記錄方法有其特殊性，我們在具體環境下再進行介紹。借貸記帳法下各類帳戶的結構，務必要求學生熟練掌握，記憶清楚。這是學好會計的基礎。

(四) 記帳規則

記帳規則是對帳戶中記錄經濟業務規律性的概括和總結。它是根據不同性質帳戶的結構和不同類型經濟業務在帳戶中登記的方法總結而成的。

借貸記帳法的記帳規則是：「有借必有貸，借貸必相等」。「有借必有貸」是指發生任何一項經濟業務都必須在兩個或兩個以上的帳戶中進行記錄，即在一個（或一個以上）帳戶中作借方記錄，同時必須在另一個（或一個以上）帳戶中作貸方記錄。「借貸必相等」是指同一項經濟業務在有關帳戶歸類記錄時，記入借方帳戶的金額必須等於記入貸方帳戶的金額。

在第二章我們已說明，企業開展經營活動發生的經濟業務可以概括為九種經濟業務類型。這些經濟業務無論怎麼變化，都不會破壞「資產＝負債＋所有者權益」這一會計恆等式。我們將這九種經濟業務類型，結合帳戶模式進行記錄，通過會計恆等式，重點理解記錄增加或減少的方向，可以得出記帳規則「有借必有貸，借貸必相等」。見表3.12。

通過表3.12我們可以看出：

（1）任何一項經濟業務，都必須在兩個或兩個以上的帳戶中同時做出兩種記錄：一是在一個（或一個以上）帳戶的借方記錄，二是在另一個（或一個以上）帳戶的貸方記錄。

（2）任何一項經濟業務，記入借方帳戶的金額和記入貸方帳戶的金額總是相等的。由此可見，經濟業務的變化是有規律的，記錄這種變化的借貸記帳法也有其規律。「有借必有貸，借貸必相等」，既如實地反應了經濟業務的變化，又符合「資產＝負債＋所有者權益」的要求。

表 3.12

經濟業務類型	各類帳戶應記方向			記入金額	記帳規則
	資產類	負債類	所有者權益類		
1. 資產一增一減	借、貸			一增一減	有借必有貸 借貸必相等
2. 負債一增一減		借、貸		一增一減	
3. 所有者權益一增一減			借、貸	一增一減	
4. 資產負債同時增加	借	貸		等量增加	
5. 資產所有者權益同時增加	借		貸	等量增加	
6. 資產負債同時減少	貸	借		等量減少	
7. 資產所有者權益同時減少	貸		借	等量減少	
8. 所有者權益增加負債減少		借	貸	一增一減	
9. 所有者權益減少負債增加		貸	借	一增一減	

下面以 A 公司的部分經濟業務舉例，分析說明借貸記帳法的記帳規則。

【例 3-1】20××年 2 月 3 日，以銀行存款購進不需要安裝的機器設備 25,000 元。

這項經濟業務的發生，一方面使 A 公司的固定資產這一資產要素增加了 25,000 元，另一方面使 A 公司的銀行存款這一資產要素減少了 25,000 元。因此，這項經濟業務應開設「固定資產」和「銀行存款」這兩個帳戶來核算，資產的增加，應記在「固定資產」帳戶的借方，資產的減少，應記在「銀行存款」帳戶的貸方。這項經濟業務登帳的結果如表 3.13 所示。

表 3.13

借方	銀行存款	貸方	借方	固定資產	貸方
期初餘額	150,000		期初餘額	250,000	
		(1) 25,000	(1)	25,000	

【例 3-2】20××年 2 月 10 日，A 公司向銀行借入短期借款 100,000 元，償還前欠某一企業貨款。

這項經濟業務的發生，一方面使 A 公司的銀行借款這一負債要素增加了 100,000 元，另一方面使 A 公司的應付帳款這一負債要素減少了 100,000 元。因此，這項經濟業務應開設「短期借款」和「應付帳款」這兩個負債帳戶來核算，負債的增加，應記在「短期借款」帳戶的貸方，負債的減少，應記在「應付帳款」帳戶的借方。這項經濟業務登帳的結果如表 3.14 所示。

表 3.14

借方	短期借款	貸方	借方	應付帳款	貸方
	期初餘額	100,000		期初餘額	150,000
	(2)	100,000	(2)	100,000	

【例3-3】20××年2月13日，A公司從C公司賒購一項專利，金額為20,000元。

這項經濟業務的發生，一方面使A公司的無形資產這一資產要素增加了20,000元，另一方面使A公司的應付帳款這一負債要素也相應地增加了20,000元。因此，這項經濟業務應開設「無形資產」和「應付帳款」這兩個帳戶來核算，資產的增加，應記在「無形資產」帳戶的借方，負債的增加，應記在「應付帳款」帳戶的貸方。這項經濟業務登帳的結果如表3.15所示。

表3.15

借方	應付帳款	貸方	借方	無形資產	貸方
	期初余額	150,000		期初余額	250,000
	(3)	20,000	(3)	20,000	

【例3-4】20××年2月20日，A公司以銀行存款償還銀行短期借款80,000元。

這項經濟業務的發生，一方面使A公司的銀行存款這一資產要素減少了80,000元，另一方面使A公司的短期借款這一負債要素減少了80,000元。因此，這項經濟業務應開設「銀行存款」和「短期借款」這兩個帳戶來核算，資產的減少，應記在「銀行存款」帳戶的貸方，負債的減少，應記在「短期借款」帳戶的借方。這項經濟業務登帳的結果如表3.16所示。

表3.16

借方	銀行存款	貸方	借方	短期借款	貸方
期初余額	150,000			期初余額	100,000
	(4)	80,000	(4)	80,000	

從以上四種類型的經濟業務舉例可以看出，在借貸記帳法下，每一項經濟業務發生后，都要以相等的金額同時記入有關的帳戶，一個帳戶記借方，另一個帳戶記貸方。第二章的內容講過，收入、費用變動的經濟業務對會計等式的影響也不外乎四種類型，用借貸記帳法對其進行記錄的規則也是相同的。這樣，我們可以從中歸納概括出借貸記帳法的記帳規則：有借必有貸，借貸必相等。對有些複雜的經濟業務，在運用借貸記帳法記帳時，則需要將其登記在一個帳戶的借方和幾個帳戶的貸方，或者登記在一個帳戶的貸方和幾個帳戶的借方。借、貸雙方的金額也必須相等。

(五) 試算平衡

試算平衡就是根據復式記帳的基本原理，檢查和驗證帳戶記錄是否正確。按照借貸記帳法的基本原理，在有關帳戶中記錄的結果必然出現下面兩組平衡公式：

1. 發生額平衡公式

在借貸記帳法下，由於每筆經濟業務的記錄，都應遵循「有借必有貸，借貸必相等」的記帳規則。所以，這就必然使借、貸雙方金額相等、相互平衡，而且在一定時

期的全部經濟業務都記入有關帳戶后，仍然保持相等。由此，我們可以得出借貸記帳法的發生額試算平衡公式，即：

$$\Sigma\ 帳戶借方發生額 = \Sigma\ 帳戶貸方發生額$$

2. 余額平衡公式

各種類型的經濟業務，按照借貸記帳法下各類帳戶的模式進行記錄后，其期末余額必然是：資產類帳戶的余額在借方，表示會計主體在特定實點上所擁有的經濟資源；負債類帳戶和所有者權益類帳戶的余額在貸方，表示會計主體特定實點上經濟資源的來源。收入和費用類帳戶的本期發生額期末應結轉入「本年利潤」帳戶，並在結轉后，這兩類帳戶沒有余額。「本年利潤」帳戶的期末余額在貸方，它是所有者權益的組成部分。這樣，根據會計等式「資產＝負債＋所有者權益」的基本原理，帳戶的借方余額之和必然等於帳戶的貸方余額之和，即：

$$\Sigma 帳戶的借方余額 = \Sigma\ 帳戶的貸方余額$$

在一定時期，按以上兩組平衡公式將全部帳戶發生額、余額編製試算平衡表，可以檢查記帳過程中是否產生差錯，從而有利於及時查明更正，確保帳務記錄的正確性。比如：M公司20××年5月帳戶本期發生額及期末余額試算平衡表，見表3.17。

表3.17 帳戶本期發生額及期末余額試算平衡表

單位：M公司　　　　　　　　　　20××年5月　　　　　　　　　　金額：元

帳戶名稱	期初余額 借方	期初余額 貸方	本期余額 借方	本期余額 貸方	期末余額 借方	期末余額 貸方
庫存現金	500		2,000	900	1,600	
銀行存款	100,000		220,000	59,00	260,300	
應收帳款	20,000			11,500	8,500	
預付帳款			900	300	600	
原材料	80,000		40,000		120,000	
固定資產	480,000				480,000	
累計折舊		40,000		500		40,500
短期借款		120,000		50,000		170,000
應付帳款		120,500	75,500	10,000		55,000
應交稅費				1,000		1,000
應付利息				1,500		1,500
實收資本		400,000		200,000		600,000
主營營業收入			20,000	20,000		
主營營業成本			11,500	11,500		
營業稅金及附加			1,000	1,000		

表3.17(續)

帳戶名稱	期初余額 借方	期初余額 貸方	本期余額 借方	本期余額 貸方	期末余額 借方	期末余額 貸方
營業費用			1,000	1,000		
管理費用			2,000	2,000		
財務費用			1,500	1,500		
本年利潤			17,000	20,000		
合計	680,500	680,500	392,400	392,400	871,000	871,000

編製好的本期發生額及期末余額試算平衡表中，見表3.17合計數欄，會出現三組對等關係。其中：期初余額借方合計數680,500元等於期初余額貸方合計數680,500元，本期發生額借方合計數392,400元等於本期發生額貸方合計數392,400元，期末余額借方合計數871,000元等於期末余額貸方合計數871,000元。只有出現三組對等關係才表明本月所完成的經濟業務的帳戶記錄是正確的。當然，這並不能檢查出漏記經濟業務、重複記帳，或帳戶的記帳方向剛好借貸方向相反的一些錯誤情況。

三、會計分錄及其帳戶之間的對應關係

(一) 會計分錄的概念

為了保證帳戶記錄的正確性，對於發生的經濟業務，在記入帳戶之前，應先對每項經濟業務進行分析，確定應記入哪個或哪些帳戶的哪一方，這就需要編製會計分錄。會計分錄又稱為記帳公式，是指按照復式記帳原理，對每筆經濟業務集中、簡明、完整地指出應借、應貸帳戶的名稱、方向和金額的一種記錄。每一筆會計分錄應包括三個基本要素：應記帳戶的名稱（會計科目）、記帳符號、金額。編製會計分錄是會計工作的第一步。在實際工作中，它是根據經濟業務的原始憑證在日記帳或記帳憑證中編製的。正確的會計分錄應當符合記帳規則的要求。對初學者來說，一般可以按以下幾個步驟進行會計分錄的編製：

(1) 分析經濟業務的內容，確定哪些會計要素發生了變化。

(2) 根據已變化的會計要素，確定應使用的帳戶名稱。

(3) 根據帳戶經濟內容的變化，確定記帳符號；對於有些初學者一時難於確定是記借方還是記貸方的業務，根據記帳規則，只要能確定一方帳戶記借方或記貸方，另一方帳戶就是記記入相反方向了。

(4) 按照一筆業務一個會計分錄，借上貸下各寫一行、借靠邊線、貸退二字、金額相等、彼此錯開的書寫要求，寫出會計分錄；在一借多貸或一貸多借的情況下，要求借方或貸方的文字和金額數字必須對齊。

(5) 按照記帳規則檢查借、貸雙方帳戶及其金額是否正確。

(二) 會計分錄的種類

通常以一個帳戶的借方與另一個帳戶的貸方相對應組成的會計分錄稱為簡單會計

分錄,即「一借一貸」的會計分錄。如果一個帳戶的借方同幾個帳戶的貸方相對應組成的會計分錄,或者相反,一個帳戶的貸方同幾個帳戶的借方相對應組成的會計分錄,即「一借多貸」或者「多借一貸」的會計分錄,稱為複合會計分錄。還有一種是幾個帳戶的借方同幾個帳戶的貸方發生對應關係的會計分錄,也就是「多借多貸」的會計分錄,即是說複合會計分錄既包括「一借多貸」和「多借一貸」,也包括「多借多貸」的會計分錄。

(三) 會計分錄編製實例

下面以國興公司20××年5月發生的部分交易事項舉例舉例編製會計分錄:
國興公司本期發生的交易事項如下:

【例3-5】收到投資人投入的貨幣資金50,000元。

這筆業務引起資產和所有者權益兩個要素發生了變化,其中資產增加了50,000元,記入「銀行存款」帳戶的借方,所有者權益也增加了50,000元,記入「實收資本」帳戶的貸方。編製會計分錄如下:

  借:銀行存款   50,000
   貸:實收資本   50,000

【例3-6】從銀行取得短期借款100,000元,已存入銀行。

這筆業務引起資產和負債兩個要素發生了變化,其中資產增加了100,000元,記入「銀行存款」帳戶的借方,負債也增加了100,000元,記入「短期借款」帳戶的貸方。編製會計分錄如下:

  借:銀行存款   100,000
   貸:短期借款   100,000

【例3-7】從銀行提現金20,000元備用。

這筆業務引起資產要素內部有關項目此增彼減的變化,其中一個資產項目增加了2,000元,記入「庫存現金」帳戶的借方,另一個資產項目減少了2,000元,記入「銀行存款」帳戶的貸方。編製會計分錄如下:

  借:庫存現金   2,000
   貸:銀行存款   2,000

【例3-8】購進材料一批,價值60,000元,以銀行存款30,000元支付部分貨款,余款暫欠。

這筆業務既涉及資產和負債兩個要素發生的變化,又涉及資產要素內部此增彼減的變化,其中資產增加了60,000元,記入「原材料」帳戶的借方。以存款支付部分貨款,則表示資產減少了30,000元,記入銀行存款帳戶的貸方,部分貨款暫欠,負債增加了30,000元,記入應付帳款的貸方。編製會計分錄如下:

  借:原材料   60,000
   貸:應付帳款   30,000
     銀行存款   30,000

【例3-9】收到M公司上月所欠貨款41,500元。其中,銀行存款41,000元,現

金 500 元。

這筆業務引起資產要素內部有關項目此增彼減的變化,其中資產增加了 41,500 元,分別記入「銀行存款」和「庫存現金」帳戶的借方,資產減少了 41,500 元,記入「應收帳款」帳戶的貸方。編製會計分錄如下:

借:銀行存款　　　　　　　　　　　　　　　　　　　　　　　41,000
　　庫存現金　　　　　　　　　　　　　　　　　　　　　　　　　500
　　貸:應收帳款　　　　　　　　　　　　　　　　　　　　　　41,500

由以上五筆會計分錄,我們可以看出,每筆經濟業務的記錄都會涉及「借方」與「貸方」有關帳戶,而且計入借方帳戶的金額和計入貸方帳戶的金額相等。

上述【例3-5】~【例3-7】發生的經濟業務編製的會計分錄,只涉及兩個會計帳戶,我們把這種由兩個帳戶(即一個借方帳戶和一個貸方帳戶)組成的會計分錄稱為簡單分錄。【例3-8】~【例3-9】發生的經濟業務編製的會計分錄涉及三個帳戶,我們把這種由三個或三個以上的帳戶組成的會計分錄稱為複合會計分錄。複合會計分錄可以由一個借方帳戶和若干個貸方帳戶(即一借多貸)組成,也可由若干個借方帳戶和一個貸方帳戶(即多借一貸)組成。有時,一筆經濟業務會涉及眾多帳戶,出現若干個借方帳戶和若干個貸方帳戶(即多借多貸)的情況,這種複合分錄是在經濟業務比較複雜的情況下編製的,會在《中級財務會計》和《高級財務會計》中出現。

(四) 帳戶的對應關係

運用借貸記帳法記帳後,在同一筆經濟業務記錄的有關帳戶之間會形成應借、應貸的相互關係,這種在同一筆會計分錄中帳戶之間的應借、應貸的相互關係稱為帳戶的對應關係,發生對應關係的帳戶叫對應帳戶。通過帳戶的對應關係,可以明確地判斷經濟業務的來龍去脈和起因結果,有利於瞭解經濟業務活動的全貌及其合法性。特別注意,必須是同一筆會計分錄中處於借方和貸方的帳戶才可以互稱對應帳戶,同處於借方或同處於貸方的帳戶則不能互稱對應帳戶。以前面所舉業務為例,在簡單會計分錄中,【例3-5】中銀行存款的對應帳戶是實收資本;【例3-6】中銀行存款的對應帳戶是短期借款;【例3-7】中現金的對應帳戶是銀行存款。在複合會計分錄中,【例3-8】的對應帳戶是銀行存款和應付帳款,銀行存款的對應帳戶是材料,應付帳款的對應帳戶是材料,但銀行存款與應付帳款不是對應帳戶;【例3-9】中應收帳款的對應帳戶是銀行存款和庫存現金,銀行存款的對應帳戶是應收帳款,庫存現金的對應帳戶是應收帳款,但銀行存款與庫存現金不是對應帳戶。

綜上所述,借貸記帳法的特點是用「借」「貸」兩個高度抽象化的記帳符號,依據「有借必有貸,借貸必相等」的記帳規則,來分別反應每項經濟業務所涉及的資金增減變化的內在聯繫,在各類帳戶裡,完整地體現各項資金活動的來龍去脈和對應平衡關係。因此,借貸記帳法具有嚴謹的科學性和廣泛的使用性,記帳規則易於掌握,確實是一種科學的記帳方法。

本章小結

　　會計科目是對會計要素所包括的項目按經濟內容所做的歸類。它是設置帳戶的直接依據。會計科目按經濟內容可以分為六類，即資產類、負債類、所有者權益類、成本類、損益類、共同類。會計科目按所提供指標的詳細程度可以分為兩類，即總分類科目、明細科目。

　　帳戶是指根據會計科目設置的，具有一定格式和結構，用來連續、系統、分類記錄和反應會計要素變動情況的一種專門工具。每一個帳戶必不可少的都應當具備的要素是帳戶的名稱和左右兩個部分。通常使用會計科目作為帳戶的名稱，來表明該帳戶是記錄哪一種類型的會計數據的。

　　所謂記帳方法，就是在帳戶中記錄各項經濟業務的方法。記帳方法按其記帳方式的不同，分為單式記帳法和復式記帳法兩大類。復式記帳法是指對發生的每一筆經濟業務按照相等的金額在相互關聯的兩個或兩個以上帳戶中全面地、相互聯繫地記錄的記帳方法。

　　復式記帳法的理論依據是會計恒等式，即資產＝負債＋所有者權益。

復習思考題

1. 什麼是會計科目？什麼是帳戶？會計科目與帳戶有什麼區別與聯繫？
2. 經濟業務發生后，引起會計要素的增減變化有哪幾種基本類型？
3. 試述帳戶的基本結構。
4. 簡述復式記帳的理論依據和意義。
5. 試述借貸記帳法的帳戶結構、記帳規則和試算平衡。
6. 什麼是帳戶對應關係？什麼是對應帳戶？
7. 什麼是會計分錄？會計分錄有哪幾種類型？試舉例說明。

第四章　帳戶和復式記帳的應用

[**學習目的和要求**]

本章以工業企業為例，著重介紹會計循環的第一步驟——分析經濟業務，編製會計分錄，較為詳細地闡述帳戶和復式記帳法的原理及應用。其中：運用借貸記帳法在各個帳戶中記錄、計算、歸集、分配和結轉有關數據，完成對各項經濟業務的帳務處理是本章的重點和難點。通過本章的學習，應當：

(1) 熟悉工業企業主要經濟業務；
(2) 掌握每一項經濟業務需要設置的帳戶；
(3) 掌握帳戶的性質、用途、結構及主要帳戶的對應關係；
(4) 理解並熟練掌握每項經濟業務的帳務處理。

第一節　主要經濟業務及其成本計算的內容

一、工業企業的主要經濟業務

工業企業是從事生產經營活動的主體，其主要經濟業務內容包括：資金籌集業務、購買過程業務、產品生產業務、銷售業務、利潤形成與分配業務和資金退出業務。這些業務分別體現了工業企業資本價值的來源、儲備、增值、實現和計量等多方面內容。見圖 4.1。

為了全面、連續、系統地反應和監督工業企業經營過程中資金運動的具體內容，企業會計核算部門必須根據經濟業務的具體內容和管理的要求，相應地設置各種帳戶，並運用借貸記帳法，對企業經營過程中發生的具體經濟業務進行相關帳務處理。本章以下部分內容將圍繞工業企業在經營過程中所發生的上述各種類型的經濟業務的處理進行闡述。

二、成本計算的內容

(一) 成本計算的意義

成本是指為了生產一定種類、數量的產品而發生的各種耗費。成本計算是會計核算的一種專門方法。企業在生產經營活動中經常要發生各種人力、物力和財力的耗費，這些耗費的貨幣表現是企業經濟利益的流出，即費用。費用要按照一定對象（產品）

第四章　帳戶和復式記帳的應用

價值來源

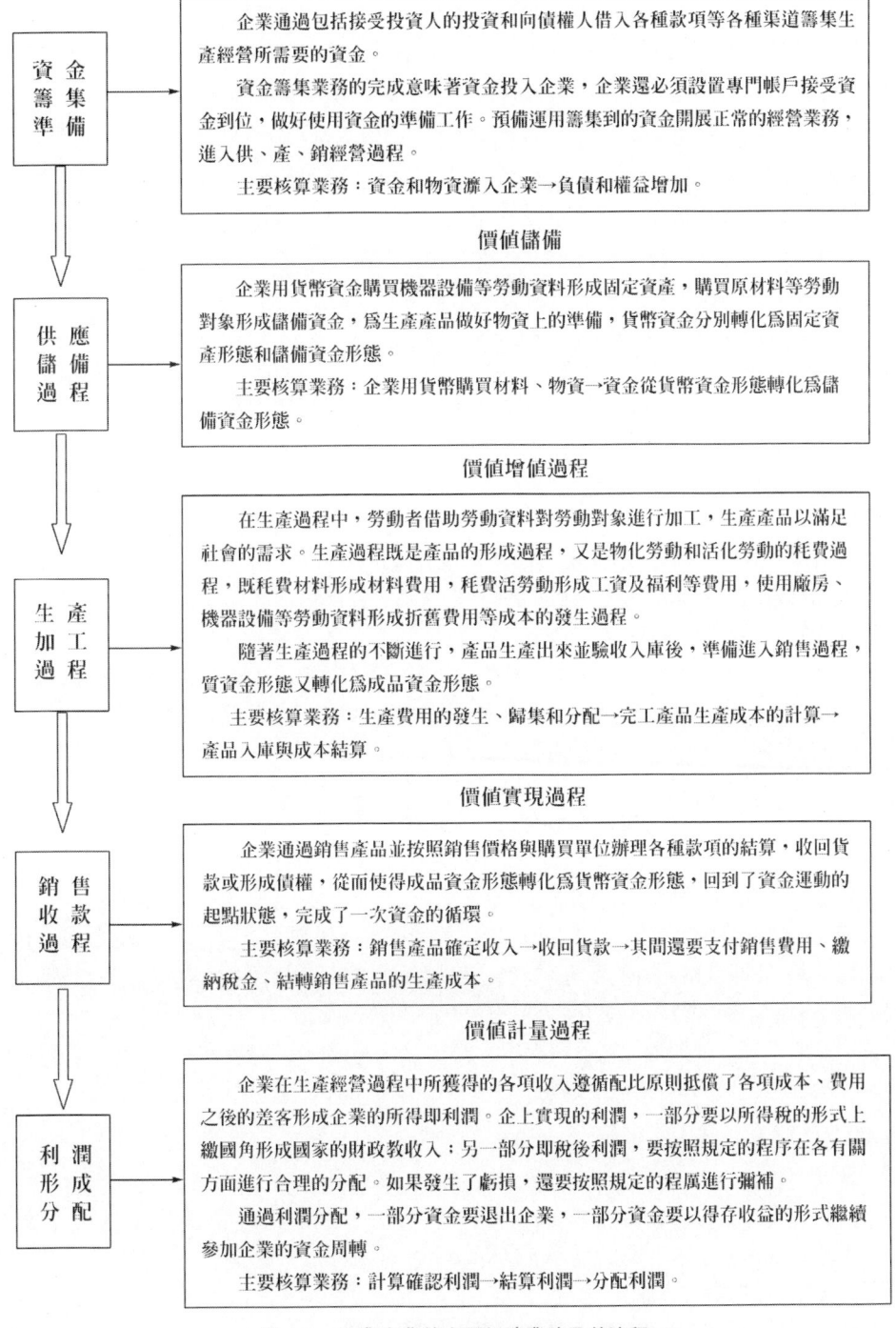

資金籌集準備 → 企業通過包括接受投資人的投資和向債權人借入各種款項等各種渠道籌集生產經營所需要的資金。

資金籌集業務的完成意味著資金投入企業，企業還必須設置專門帳戶接受資金到位，做好使用資金的準備工作。預備運用籌集到的資金開展正常的經營業務，進入供、產、銷經營過程。

主要核算業務：資金和物資灌入企業→負債和權益增加。

價值儲備

供應儲備過程 → 企業用貨幣資金購買機器設備等勞動資料形成固定資產，購買原材料等勞動對象形成儲備資金，為生產產品做好物資上的準備，貨幣資金分別轉化為固定資產形態和儲備資金形態。

主要核算業務：企業用貨幣購買材料、物資→資金從貨幣資金形態轉化為儲備資金形態。

價值增值過程

生產加工過程 → 在生產過程中，勞動者借助勞動資料對勞動對象進行加工，生產產品以滿足社會的需求。生產過程既是產品的形成過程，又是物化勞動和活化勞動的耗費過程，既耗費材料形成材料費用，耗費活勞動形成工資及福利等費用，使用廠房、機器設備等勞動資料形成折舊費用等成本的發生過程。

隨著生產過程的不斷進行，產品生產出來並驗收入庫後，準備進入銷售過程，儲資金形態又轉化為成品資金形態。

主要核算業務：生產費用的發生、歸集和分配→完工產品生產成本的計算→產品入庫與成本結算。

價值實現過程

銷售收款過程 → 企業通過銷售產品並按照銷售價格與購買單位辦理各種款項的結算，收回貨款或形成債權，從而使得成品資金形態轉化為貨幣資金形態，回到了資金運動的起點狀態，完成了一次資金的循環。

主要核算業務：銷售產品確定收入→收回貨款→其間還要支付銷售費用、繳納稅金、結轉銷售產品的生產成本。

價值計量過程

利潤形成分配 → 企業在生產經營過程中所獲得的各項收入遵循配比原則抵償了各項成本、費用之後的差客形成企業的所得即利潤。企上實現的利潤，一部分要以所得稅的形式上繳國角形成國家的財政教收入；另一部分即稅後利潤，要按照規定的程序在各有關方面進行合理的分配。如果發生了虧損，還要按照規定的程屬進行彌補。

通過利潤分配，一部分資金要退出企業，一部分資金要以得存收益的形式繼續參加企業的資金周轉。

主要核算業務：計算確認利潤→結算利潤→分配利潤。

圖4.1　工業企業的主要經濟業務及其流程

進行歸集和分配，構成該對象的成本。

通過成本計算，可以取得產品實際成本資料，並據以確定實際成本與計劃成本的差異；分析成本升降的原因，挖掘降低成本的潛力，可以有效地控制各項費用支出，達到預期的成本目標；並為預測、規劃下期成本目標以及制訂產品價格提供參考資料。

(二) 成本計算的基本要求

成本計算貫穿於整個工業企業的主要業務流程，其中資金籌集過程要計算籌資成本，購買過程要計算材料採購成本，生產過程要計算產品生產成本，銷售過程要計算產品銷售成本。成本計算過程實際上是費用的歸集和分配過程。要做好成本計算工作，必須準確歸集和分配各種費用。一般要求做到以下三點：

1. 按規定的成本內容進行確認和計量

《企業會計準則》規定，企業對會計要素的計量一般應採用歷史成本，按照實際支付的現金或現金等價物的金額進行計量。企業對成本的計算應根據規定的成本內容和費用開支範圍確認和計量，不得隨意改變費用、成本的確認標準或者計量方法，不得虛報、多報、不列或者少列費用、成本，以保持成本的真實性和計算口徑的一致性。

2. 劃清支出與費用、費用與成本的界限

(1) 支出和費用的界限。支出與費用的概念是不同的。支出是企業現金的流出，是一種支付行為。費用是一定會計期間企業為銷售商品、提供勞務而發生的現金的流出、資產的耗用或債務的承擔（或兼而有之）。企業日常發生的支出，有的屬於收益性支出，有的屬於資本性支出。其中，資本性支出不屬於費用範疇。比如購買機器設備發生的買價屬於資本性支出計入固定資產成本，而使用固定資產發生的折舊耗費計入費用，但折舊費用卻不會產生現金流出。

(2) 費用與成本的界限。費用與成本的概念也是不同的。成本是對象化了的費用，並不是所有的費用都可以轉化為成本。費用的範圍要廣些，包括期間費用和能夠對象化為成本的費用。

3. 按權責發生制進行成本計算

權責發生制即應收應付制，是以應收和應付作為標準來確立本期的收益和費用，凡是屬於本期的收益和費用，不論是否已經收入或支出，都作為本期的收益和費用處理；而不屬於本期的收益和費用，即使已經實際收入或支出，都不能作為本期的收益和費用。要準確、合理地計算各期成本，必須按照權責發生制的原則，準確劃分費用的歸屬期，由各期成本合理地分擔。

(三) 成本計算的內容和程序

在企業生產經營的各個階段，成本計算和生產費用核算是同時進行的。各種費用發生後，先按各種成本對象在有關帳戶中進行歸集、分配和登記，然後計算出各個對象的總成本和單位成本。歸納起來主要有以下幾個方面：

1. 確定成本計算對象

成本計算對象即生產費用歸屬的對象。在進行成本計算時，首先要確定成本計算的對象，才能按成本計算對象歸集費用。一般來說，成本計算的對象應為勞動耗費的

受益物。例如，購買過程為採購材料發生的採購費用，應以各種材料為成本計算對象進行歸集，並計算各種材料的採購總成本和單位成本；生產過程為生產各種產品所發生的生產費用，應以各種產品為計算對象進行歸集，並計算各種產品的生產總成本和單位成本；銷售過程為銷售產品所發生的生產成本，應以各種產品為計算對象進行歸集，並計算各種產品的銷售總成本和單位成本。

2. 劃分成本計算期

成本計算期是指多少時間計算一次成本。一般來說，成本計算期應與產品的生產週期相一致，但這要取決於企業生產組織的特點。如果是單件、小批量生產，那就按產品的生產週期確定成本計算期；如果是反覆不斷地大量生產同一種產品或幾種產品，那就只能按月計算成本。

3. 確定成本項目

各種能對象化為成本的費用按其經濟用途分類，就是成本項目。企業在進行成本計算時，必須確定成本項目，通過成本項目的分析，可以瞭解費用的經濟用途和成本的經濟構成，查明成本升降的原因，以便挖掘降低成本的潛力。產品成本項目必須按照國家財政部門和上級主管部門制定的成本計算規則的有關規定並結合本單位具體情況加以確定。一般分為直接材料費用、直接人工費用和製造費用等項目。

4. 準確歸集和分配各種費用

成本計算的過程，實際上是生產費用按一定成本對象進行歸集和分配的過程。有些生產費用的發生只同某一個成本計算對象有關，應直接計入該成本計算對象，這些直接計入成本計算對象的費用，稱為直接費用；有些費用的發生同幾個成本計算對象有關，就要按一定的標準在幾個成本計算對象之間進行分配，這些經過分配才能計入成本計算對象的生產費用，稱為間接費用。分配間接費用的標準對成本計算的準確性影響很大。因此，對費用分配標準的選用必須慎重，一經選定，不能隨意變動，以保持各期成本計算口徑的一致性。

5. 進行成本計算

各個成本計算對象的成本是通過成本帳戶核算完成的，企業應設置成本總帳和成本明細分類帳戶。對材料耗用、工時消耗、生產費用分配、產品入庫都要有健全的原始記錄，據以進行費用、成本的明細分類核算，取得必要的成本計算資料，編製材料採購成本、產品生產成本計算表。

第二節　資金籌集的核算

資金的有效籌集是企業生產經營活動正常進行的首要條件，是資金運動全過程的起點。企業資金籌集的對象主要是企業的所有者和企業的債權人。從企業所有者處籌集的資金，即所有者投資，通常稱之為實收資本；從企業債權人處籌集的資金，則屬於企業的負債，如短期借款、長期借款、應付債券等。為了進行企業資金籌集業務的核算，需要設立「實收資本（股本）」「資本公積」「短期借款」「長期借款」等帳戶。

一、投入資本的核算

(一) 實收資本（或股本）的核算

根據《中華人民共和國公司法》規定，設立企業必須有法定的資本，這是保證企業正常經營的必要條件。實收資本也稱投入資本，是指投資者投入到企業的資本，註冊資本是指企業在工商行政管理部門登記的註冊資金。我國實行註冊資本制度，所以，實收資本與註冊資本在數量上一般要相等。按照投資主體的不同，實收資本可分為國家資本、企業資本、個人資本和外商資本。它們反應了不同的產權關係，表明不同所有者對企業應享有的權利和應承擔的義務。企業籌集資本金應根據國家有關法規的規定，採用多種方式進行，可以吸收貨幣資金，也可以採用吸收實物、無形資產（專利權、商標權、非專利技術）等形式。

實收資本應當以實際投資數額入帳。以貨幣資金投資的，應按實際收到款項作為投資者的投資入帳；以實物或無形資產形式投資的，按照雙方商定的協議價或合同價作為投資者投資額入帳，協議價或合同價不公允的除外。投資者投入企業的資本金應當保全，在生產經營期間內，除法律法規另有規定外，一般不得以任何方式抽出投入資本。

1. 帳戶設置

為了核算和監督企業實收資本的增加變動情況及其結果，應該設置「實收資本」或「股本」帳戶。該帳戶是所有者權益類帳戶。該帳戶的貸方反應企業實際收到的投資人投入的資本或發行股票的面值；借方反應投入資本或股本的減少額；餘額在貸方，表示期末這個特定時點上投資者投資的實際數額。該帳戶應根據投資者的名稱設立明細帳，進行明細分類核算。

2. 核算

(1) 接受貨幣資金投資

企業接受貨幣資金投資，相關手續辦妥后，應按實際收到款項作為投資者的投資入帳。

【例4-1】國興公司收到投資者張山投入資本 500,000 元，款項存入銀行。

這筆經濟業務的發生，涉及「銀行存款」與「實收資本」兩個帳戶。由於接受投資，一方面使國興公司的銀行存款增加 500,000 元，另一方面由於投資者對公司的投資而使實收資本也增加了 500,000 元。根據這筆經濟業務編製會計分錄如下：

借：銀行存款　　　　　　　　　　　　　　　　　　　　　　　500,000
　　貸：實收資本——張山　　　　　　　　　　　　　　　　　　　500,000

(2) 接受實物投資

企業接受實物投資，在辦妥實物轉移手續后，按照雙方協商價或合同價作為投資者投入數額入帳。

【例4-2】國興公司收到 A 企業投入的房屋一棟，A 企業的帳面記載該房屋價值 400,000 元，雙方最終確認其價值 500,000 元。

這筆經濟業務的發生，按雙方確認的價值，一方面使國興公司的固定資產增加 500,000 元；另一方面使國興公司的實收資本也增加了 500,000 元。編製會計分錄如下：

借：固定資產 500,000
　　貸：實收資本——A 企業 500,000

（3）接受無形資產投資

企業收到無形資產投資，按照合同協議在辦理了有關手續之後，按照雙方確定的無形資產的價值入帳，借記「無形資產」帳戶，貸記「實收資本」帳戶。

【例 4-3】國興公司收到 B 企業的專利投資，協議價值為 150,000 元。

這筆經濟業務的發生，一方面使國興公司的無形資產增加 150,000 元；另一方面使國興公司的實收資本增加 150,000 元。編製會計分錄如下：

借：無形資產 150,000
　　貸：實收資本——B 企業 150,000

(二) 資本公積的核算

資本公積是企業收到投資者的超出其在企業註冊資本（或股本）中所占份額的投資。資本公積包括資本溢價、股本溢價和其他資本公積。由資本溢價（或股本溢價）產生的資本公積按規定可以轉增資本。

1. 帳戶設置

為了核算和監督資本公積的增減變動及其結果，需要設置「資本公積」帳戶。該帳戶屬於所有者權益類帳戶。當形成資本公積時，記入該帳戶的貸方；當按規定將資本公積轉增資本時，應從該帳戶的借方轉記到「實收資本」帳戶的貸方，期末余額一般在貸方。

2. 核算

（1）資本或股本溢價的形成

一般情況下，有限責任公司初次進行籌集資金時，出資者認繳的出資額全部計入「實收資本」科目。而企業再次進行籌集資金時，為了維護原有的投資者的利益，新加入的投資者的出資額往往要高於原投資者擁有同樣比例的出資額。超過的部分形成資本溢價。

【例 4-4】M 有限責任公司由 A、B 兩位股東各出資 150 萬元建立，註冊資本為 300 萬元。經過三年經營，該公司實現留存收益 200 萬元。此時 C 投資者有意加入該公司，並表示願出資 250 萬元而僅占該公司 1/3 股份。該公司已收到投資款。

該筆經紀業務的發生，一方面使 M 公司收到出資人 C 的出資，導致銀行存款增加，記入「銀行存款」帳戶的借方，同時導致 M 公司實收資本的增加，記入「實收資本」帳戶的貸方，另外，投資者 C 高於原投資者擁有同樣比例的出資額形成 M 公司的資本溢價，記入「資本公積」的貸方。編製會計分錄如下：

借：銀行存款 2,500,000
　　貸：實收資本——C 投資者 1,500,000

　　　　資本公積——資本溢價　　　　　　　　　　　　　　　　1,000,000

　　股份公司以發行股票的方式籌集資金，股票可以以面值等值發行，也可以以超過面值的溢價發行，溢價發行股票形成的溢價收入，扣除相關的手續費和佣金後計入資本公積。

　　【例4－5】國興公司委託中華證券公司代理發行普通股1,000,000股，每股面值1元，每股發行價格2元。雙發約定，中華證券公司按照發行總額的3%收取手續費，從發行收入中扣除。假如國興公司收到的淨股款全部存入銀行。

　　國興公司收到的股款淨額＝1,000,000×2×（1－3%）＝1,940,000（元）

　　國興公司應計入股本的數額＝1,000,000×1＝1,000,000（元）

　　國興公司應計入資本公積的金額＝1,940,000－1,000,000＝940,000（元）

　　編製會計分錄如下：

　　借：銀行存款　　　　　　　　　　　　　　　　　　　　1,940,000
　　　　貸：股本　　　　　　　　　　　　　　　　　　　　　1,000,000
　　　　　　資本公積——股本溢價　　　　　　　　　　　　　　940,000

　（2）資本公積轉增資本

　　經過股東大會和類似機構決議，企業可以用資本公積轉增資本。資本公積轉增資本時，應減少資本公積，同時將轉增的金額記入「實收資本」（或股本）科目。

　　【例4－6】20××年5月16日，國興公司經過股東大會決議，同意用資本公積80,000元轉增資本。股本相關變更手續已辦妥。H公司的編製會計分錄如下：

　　借：資本公積　　　　　　　　　　　　　　　　　　　　　80,000
　　　　貸：實收資本　　　　　　　　　　　　　　　　　　　　80,000

二、借入資本的核算

　　借入資本是指企業向銀行或其他金融機構借入的資金。借入資本按償還期限的不同，可以分為「短期借款」和「長期借款」。

（一）帳戶設置

　　為了核算和監督各項借款的增減變動情況，企業應設置「短期借款」「長期借款」「應付利息」和「財務費用」等帳戶。

　　1.「短期借款」帳戶

　　該帳戶屬於負債類帳戶，用來核算企業向銀行或其他金融機構借入的期限在一年以下（含一年）的各種借款。該帳戶借方登記歸還的借款，貸方登記借入的各種借款；期末餘額在貸方，表示期末尚未歸還的短期借款。本帳戶應按借款種類、貸款人和幣種設置分類明細帳，進行明細分類核算。

　　2.「長期借款」帳戶

　　該帳戶屬於負債類帳戶，用來核算企業向銀行或其他金融機構借入的期限在一年以上（不含一年）的各種借款。該帳戶借方登記歸還的本金和利息，貸方登記借入的長期借款本金和利息；餘額在貸方，表示尚未歸還的長期借款。本帳戶應按貸款單位

和貸款種類分別設置「本金」「利息調整」明細帳，進行明細分類核算。

3.「財務費用」帳戶

該帳戶屬於損益類帳戶，用來核算企業為籌集生產經營所需要資金而發生的各項費用，包括企業生產經營期間發生的利息支出（減利息收入）、匯兌損益和相關的手續費，以及為籌資而發生的其他費用等。該帳戶借方登記為籌集資金而發生的各種費用，貸方登記發生的應衝減財務費用的利息收入、匯兌損益，期末將財務費用淨額結轉入「本年利潤」帳戶，結轉后該帳戶后無余額。該帳戶按費用項目進行明細核算。

(二) 核算

1. 短期借款核算

【例4-7】國興公司20××年1月1日向銀行借款90,000元，並存入銀行，年利率為8%，6個月後一次還本付息。

這筆經濟業務的發生，一方面引起短期借款（負債）增加，記入「短期借款」帳戶的貸方；另一方面使銀行存款也同時增加，記入「銀行存款」帳戶借方。根據此項經濟業務編製會計分錄如下：

借：銀行存款　　　　　　　　　　　　　　　　　　　　90,000
　　貸：短期借款　　　　　　　　　　　　　　　　　　　　90,000

【例4-8】國興公司20××年1月31日按權責發生制的要求計提短期借款利息600元（90,000×8%×1÷12）。此項經濟業務的發生，一方面使公司當期財務費用增加，應記入「財務費用」帳戶的借方；另一方面使公司的短期負債增加，應記入「應付利息」帳戶的貸方。根據此項經濟業務編製會計分錄如下：

借：財務費用　　　　　　　　　　　　　　　　　　　　　600
　　貸：應付利息　　　　　　　　　　　　　　　　　　　　600

以后2~5月份計提短期借款利息的會計處理同上。

【例4-9】20××年6月30日借款到期，國興公司用銀行存款還本付息共計93,600元。

此項經濟業務涉及「銀行存款」「應付利息」「短期借款」和「財務費用」四個帳戶。由於歸還本金，企業的負債減少，記入「短期借款」帳戶的借方；利息共3,600元，其中：其中1~5月份在「應付利息」帳戶的貸方累計了3,000元，現支付衝減負債，記入「應付利息」帳戶的借方，至於6月份計算的利息600元應由6月份承擔，計入「財務費用」帳戶的借方；本金與利息是用銀行存款支付的，所以企業的銀行存款減少93,600元，記入銀行存款帳戶的貸方。根據此項經濟業務編製會計分錄如下：

借：短期借款　　　　　　　　　　　　　　　　　　　　90,000
　　應付利息　　　　　　　　　　　　　　　　　　　　 3,000
　　財務費用　　　　　　　　　　　　　　　　　　　　　600
　　貸：銀行存款　　　　　　　　　　　　　　　　　　　93,600

2. 長期借款核算

【例4-10】國興公司20××年1月1日為了購買設備向銀行借入資金600,000元，

存入銀行。期限為3年,年利率為12%,利息按單利計算,借款利息隨本金到期一次歸還。

此項經濟業務的發生,涉及「長期借款」與「銀行存款」兩個帳戶。一方面由於借款使企業的長期負債增加,記入「長期借款」帳戶的貸方;另一方面借入的款項存入銀行使企業的存款增加,記入「銀行存款」帳戶的借方。根據此項經濟業務編製會計分錄如下:

借:銀行存款　　　　　　　　　　　　　　　　　　　　　　　600,000
　　貸:長期借款——本金　　　　　　　　　　　　　　　　　　600,000

【例4-11】國興公司20××年1月31日按照權責發生制原則計提長期借款利息。

按照《企業會計準則第17號——借款費用》規定,為購建固定資產的專門借款所發生的借款費用,符合條件的情況下應予以資本化,計入所購建固定資產的成本。在此例中為了簡化核算,假設其借款費用均計入財務費用。因此,這項經濟業務的發生,一方面公司當期財務費用增加,應記入「財務費用」帳戶的借方;另一方面公司的長期借款增加,應記入「長期借款——利息調整」帳戶的貸方。根據此項經濟業務編製會計分錄如下:

借:財務費用　　　　　　　　　　　(600,000×12%÷12) 6,000
　　貸:應付利息　　　　　　　　　　　　　　　　　　　　　6,000

如果借款協議規定長期借款是分期付息,到期還本,那麼,國興公司20××年1月31日按照權責發生制原則計提長期借款利息暫未支付的話,一方面使公司當期財務費用增加,應記入「財務費用」帳戶的借方;另一方面使公司的短期債務增加,應記入「應付利息」帳戶的貸方。編製會計分錄如下:

借:財務費用　　　　　　　　　　　(600,000×12%/12) 6,000
　　貸:應付利息　　　　　　　　　　　　　　　　　　　　　6,000

可見,因短期借款而形成的尚未支付的短期利息債務,是記入「應付利息」這一流動負債類帳戶的貸方;因長期借款而形成的尚未支付的利息債務,如果是分期付息,因利息短期將支付,那麼一樣記入「應付利息」這一流動負債類帳戶的貸方,如果是到期一次還本付息,因利息長期后才支付,那麼就記入「長期借款——利息調整」這一長期負債類帳戶的貸方。

長期借款本金和利息的歸還將在本章第七節資金退出的核算業務中講述。

第三節　購買過程的核算

一、購買過程的主要經濟業務

工業企業購買過程是指企業為進行產品生產而採購材料、購建廠房、購買機器設備的過程。因此,購買過程的主要經濟業務包括材料採購業務和固定資產購建業務。企業購入材料會導致企業材料的增加,同時導致支付貨款或形成付款的義務。購建廠

房、設備將導致企業固定資產增加，同時也要支付貨款或形成付款義務。反應材料採購業務和固定資產購建業務所導致的會計要素的變化構成了工業企業購買過程業務的具體核算內容。

二、購買過程設置的主要帳戶

1. 「固定資產」帳戶

固定資產是指同時具有下列兩個特徵的有形資產：①為生產商品、提供勞務、出租或經營管理而持有的。②使用壽命超過一個會計期間。該帳戶屬於資產類帳戶，用來核算企業固定資產原價的增減變化。該帳戶的借方登記企業固定資產增加的原價，貸方登記因出售、報廢、毀損而減少的固定資產的原價；期末借方餘額，反應企業期末固定資產的帳面原價。在企業購入的機器設備中，有的不需要安裝即可投入生產使用，應按實際支付的買價加上支付的運輸費、包裝費、稅金等作為固定資產的入帳價值；有的需要安裝后才能投入生產使用，應按實際支付的買價加上支付的運輸費、包裝費、安裝成本、不能抵扣稅金等作為固定資產的入帳價值。本帳戶應按固定資產類別和項目設置明細帳，進行明細分類核算。

2. 「工程物資」帳戶

工程物資是指用於固定資產建造的建築材料（如鋼材、水泥、玻璃等）、企業（民用航空運輸）的高價週轉件（如飛機的引擎）等。「工程物資」帳戶是資產類帳戶，該帳戶用來核算企業為基建工程、更新改造工程和大修理工程準備的各種物資的實際成本，包括為工程準備的材料、尚未交付安裝的需要安裝設備的實際成本等。該帳戶借方登記入庫增加的工程物資，貸方登記發出減少的工程物資，期末餘額在借方，表示工程物資的期末庫存實有數額。企業購入不需要安裝的設備，應當在「固定資產」帳戶核算，不在本帳戶核算。

3. 「在建工程」帳戶

該帳戶屬於資產類帳戶，用來核算企業基建、更新改造等在建工程發生的支出。該帳戶的借方登記企業自營建造、安裝工程所發生的各項支出以及預付、補付出包工程的價款等，貸方登記已經驗收交付使用的固定資產的實際成本；餘額在借方，表示尚未完工工程的實際成本。本帳戶可按「建築工程」「安裝工程」「在安裝設備」「待攤支出」以及單項工程等設置明細帳，進行明細分類核算。

4. 「材料採購」帳戶

該帳戶屬於資產類帳戶，用來核算企業採用計劃成本進行材料日常核算而購入材料的採購成本。該帳戶的借方登記購入材料的買價及相關費用，如採購費用、保險費用、運費、運輸途中的合理損耗、入庫前的挑選整理費等，即登記採購材料的各項支出；貸方登記入庫材料的成本。採購的材料全部驗收入庫，期末一般無餘額，如有餘額在借方，表示尚未驗收入庫的在途材料的採購成本。為了具體地核算各種材料的實際採購成本，本帳戶還應按供應單位和材料品種設置明細帳，進行明細分類核算。

5. 「原材料」帳戶

該帳戶屬於資產類帳戶，用來核算企業庫存材料的增加、減少和結存情況。借方

登記由「材料採購」帳戶轉入的、已經驗收入庫材料的成本,貸方登記生產領用發出材料的成本;期末余額一般在借方,表示庫存材料的計劃成本或實際成本。為了詳細地核算和監督庫存材料的增減變動和結存情況,本帳戶可按材料的保管地點(倉庫)、材料的類別、品種、規格等設置明細帳,進行明細分類核算。

6.「應付帳款」帳戶

該帳戶屬於負債類帳戶,用來核算和監督企業因採購材料、商品或接受勞務等經營活動應支付的款項。該帳戶的借方登記償還的貨款,貸方登記購入材料、商品、接受勞務應付的款項;期末余額一般在貸方,表示尚未償還的貨款。本帳戶應按供應單位設置明細帳,進行明細分類核算。

7.「應付票據」帳戶

該帳戶屬於負債類帳戶,用來核算企業對外發生債務時所開出的商業匯票,包括銀行承兌匯票和商業承兌匯票。該帳戶的借方登記已支付的到期匯票金額,貸方登記企業開出、承兌匯票或以承兌匯票抵付貨款的金額;期末余額一般在貸方,反應企業尚未到期的商業匯票的金額。

8.「預付帳款」帳戶

該帳戶屬於資產類帳戶,用來核算企業按供貨合同預付給供應單位的貨款。該帳戶的借方登記預付或補付的貨款,貸方登記所購貨物數結清數額及退回的多付貨款;期末余額如果在借方,反應已預付的尚未收到貨物的款項;期末余額如果在貸方,反應企業已收到貨物尚未補付的款項。該帳戶按照供應單位的名稱設置明細帳,進行明細分類核算。

9.「應交稅費(應交增值稅——進項稅額)」帳戶

「應交稅費」是負債類帳戶,借方登記已交納的稅費,貸方登記應交納的稅費,期末余額一般在貸方,表示尚未交納的稅費。增值稅是以商品生產、流通和勞務服務各環節的增值額為依據而徵收的一種稅金。它是一種價外稅,由銷售方按不含稅銷售額的一定百分比計算,並作為不含稅銷售額之外的金額向購貨方收取,銷售方在規定的期限內扣除採購環節允許抵扣的進項稅額后集中向稅務機關繳納。按照《中華人民共和國增值稅暫行條例》規定,一般納稅人企業購入材料、取得銷售方開具的增值稅專用發票,發票上註明的增值稅額經稅務機關認證,可以抵扣,不進入採購成本。所以,購貨方採購材料等物資,已向銷售方支付和承諾支付的增值稅進項稅額,使企業的負債減少,記入「應交稅費(應交增值稅——進項稅額)」帳戶的借方。採購物資的採購成本,記入「材料採購」「在途物資」或「原材料」「庫存商品」等帳戶的借方。按應付或實際支付的金額,記入「應付帳款」「應付票據」「銀行存款」等帳戶的貸方。購入物資發生退貨做相反的會計分錄。

三、購買過程的核算舉例

(一)固定資產的核算

【例4-12】國興公司購入不需要安裝的機器設備一臺,買價16,000元,增值稅進

項稅額 2,720 元，運雜費 1,700 元，包裝費 300 元，全部款項已用銀行存款支付。

此項經濟業務的發生，一方面使國興公司固定資產增加，應記入「固定資產」帳戶的借方，另一方面支付款項使國興公司銀行存款減少，應記入「銀行存款」帳戶的貸方。從 2009 年 1 月 1 日開始，企業購置機器設備的增值稅進項稅額可以抵扣，不計入固定資產的成本，記入「應交稅費——應交增值稅（進項稅額）」帳戶。編製會計分錄如下：

借：固定資產　　　　　　　　　　　　　　　　　　　　　18,000
　　應交稅費——應交增值稅（進項稅額）　　　　　　　　　2,720
　貸：銀行存款　　　　　　　　　　　　　　　　　　　　　20,720

【例 4-13】20××年 4 月初國興公司購入需要安裝的機器設備一臺，買價 70,000 元，增值稅進項稅額 11,900 元，包裝費和運雜費 2,200 元，全部款項以銀行存款支付。4 月中旬開始安裝該機器設備，安裝過程中耗用材料 5,200 元，應支付安裝工人工資 2,600 元。

20××年 4 月初，購入需要安裝的機器設備，一方面企業的工程物資支出增加了 72,200（70,000+2,200）元，記入「工程物資」帳戶的借方；另一方面購置機器設備的價、稅、費均用銀行存款支付，銀行存款減少 84,100（70,000+11,900+2,200）元，記入「銀行存款」帳戶的貸方。編製會計分錄如下：

借：工程物資　　　　　　　　　　　　　　　　　　　　　72,200
　　應交稅費——應交增值稅（進項稅額）　　　　　　　　　11,900
　貸：銀行存款　　　　　　　　　　　　　　　　　　　　　84,100

在 20××年 4 月中旬，安裝業務發生，使國興公司待安裝的機器設備由待安裝狀態進入安裝工程狀態，待安裝工程物資減少記入「工程物資」帳戶的貸方，安裝工程領用庫存材料，庫存材料減少記入「原材料」帳戶的貸方，安裝工人工資增加尚未支付，記入「應付職工薪酬」帳戶的貸方。同時，所有與機器設備安裝發生的在建工程支出增加 80,000（70,000+2,200+5,200+2,600）元，記入「在建工程」帳戶的借方。編製的會計分錄如下：

借：在建工程　　　　　　　　　　　　　　　　　　　　　80,000
　貸：工程物資　　　　　　　　　　　　　　　　　　　　　72,200
　　　原材料　　　　　　　　　　　　　　　　　　　　　　5,200
　　　應付職工薪酬　　　　　　　　　　　　　　　　　　　2,600

【例 4-14】當上例中的安裝工程完畢，經驗收合格交付使用，需要結轉安裝工程成本。

這項經濟業務說明，安裝工程完工交付使用，使企業固定資產增加，應按實際成本記入「固定資產」帳戶的借方，結轉完工工程成本記入「在建工程」帳戶的貸方。編製會計分錄如下：

借：固定資產　　　　　　　　　　　　　　　　　　　　　80,000
　貸：在建工程　　　　　　　　　　　　　　　　　　　　　80,000

(二) 材料採購業務的核算

材料的買價、增值稅和各項採購費用的發生和結算，以及材料採購成本的計算，構成了購買過程材料採購業務核算的主要內容。

增值稅一般納稅人企業國興公司20××年6月份發生以下材料採購業務：

【例4-15】6月3日，國興公司向F工廠購進A材料1,000千克，價款50,000元，增值稅8,500元，以銀行存款付訖。

這項經濟業務說明，一方面使國興公司發生材料買價50,000元，構成材料採購成本，應記入「材料採購」帳戶的借方，同時支付因購買材料發生的可抵扣增值稅進項稅額8,500元，應記入「應交稅費」帳戶的借方；另一方面有關款項均由銀行存款支付，應記入「銀行存款」帳戶的貸方。因此，這項經濟業務涉及「材料採購」「應交稅費」和「銀行存款」三個帳戶。編製會計分錄如下：

借：材料採購——A材料　　　　　　　　　　　　　　　　50,000
　　應交稅費——應交增值稅（進項稅額）　　　　　　　　 8,500
　貸：銀行存款　　　　　　　　　　　　　　　　　　　　58,500

【例4-16】6月8日，向E工廠購入B材料500千克，價款20,000元，增值稅3,400元，貨款尚未支付。

此項經濟業務的發生，一方面使國興公司發生材料買價20,000元，構成材料採購成本，應記入「材料採購」帳戶的借方。同時支付因購買材料發生了可抵扣的增值稅進項稅額3,400元，應記入「應交稅費」帳戶的借方。另一方面，有關價稅款項均未支付，應記入「應付帳款」帳戶的貸方。編製會計分錄如下：

借：材料採購——B材料　　　　　　　　　　　　　　　　20,000
　　應交稅費——應交增值稅（進項稅額）　　　　　　　　 3,400
　貸：應付帳款——E工廠　　　　　　　　　　　　　　　 23,400

【例4-17】假設上例國興公司開出一張三個月到期的金額為23,400元的商業承兌匯票，則應記入「應付票據」帳戶的貸方。編製會計分錄如下：

借：材料採購——B材料　　　　　　　　　　　　　　　　20,000
　　應交稅費——應交增值稅（進項稅額）　　　　　　　　 3,400
　貸：應付票據——E工廠　　　　　　　　　　　　　　　 23,400

待三個月後國興工廠承兌到期的商業匯票時，編製會計分錄如下：

借：應付票據——E工廠　　　　　　　　　　　　　　　　23,400
　貸：銀行存款　　　　　　　　　　　　　　　　　　　　23,400

【例4-18】6月20日，以銀行存款23,400元支付前欠B工廠材料款。

這項經濟業務，使應付帳款減少了23,400元，應記入「應付帳款」帳戶的借方；同時，銀行存款也減少了23,400元，應記入「銀行存款」帳戶的貸方。編製會計分錄如下：

借：應付帳款——E工廠　　　　　　　　　　　　　　　　23,400
　貸：銀行存款　　　　　　　　　　　　　　　　　　　　23,400

四、採購成本的計算

材料採購成本的計算就是以各種外購材料的品種作為成本計算對象，把企業在材料採購過程中所支付的材料買價和採購費用，按材料的品種加以歸集分攤，並按成本項目計算出每種材料的採購總成本和單位成本。材料採購成本包括：①材料的買價。②採購費用。一是運雜費（運輸費、裝卸費、保險費、包裝費、倉儲費等）；二是運輸途中的合理損耗；三是入庫前的挑選整理費用（挑選整理中發生的工費支出和必要的損耗，並減去回收的下腳廢料價值）；四是購入物資負擔的稅金（如關稅等）和其他費用。

企業購入兩種或兩種以上的材料所發生的運雜費等各項採購費用，凡是能夠分清成本計算對象的，可直接計入各種材料的採購成本；凡是不能分清成本計算對象的間接費用，應先按一定的標準在有關成本計算對象之間進行分配，然后再據以記入有關材料採購明細分類帳戶的借方。間接費用的分配標準，應根據採購貨物的不同情況來確定。如運雜費用，常用的分配標準有採購材料的買價比例和所採購材料的重量比例。而採購機構經費，常用的分配標準僅是採購材料的買價比例。

$$採購費用分配率 = \frac{應分配的採購費用數額}{採購材料的重量、體積或買價總和}$$

某種材料應分擔的採購費用＝該材料的重量、體積或買價×採購費用分配率

$$採購機構經費分配率 = \frac{共同發生的採購機構經費}{購入材料總買價}$$

【例4-19】6月25日，國興公司以銀行存款支付A、B兩種材料的運輸費用計1,500元（按採購材料重量的比例分配）；支付專設採購機構經費3,500元（按採購材料買價的比例分配）。為簡化核算，假設運輸費用不計算抵扣進項稅。

①運輸費用分配。

運輸費用分配標準：採購材料的重量分配。

運輸費的分攤率＝應分配的採購費用數額÷材料的重量總和

$$= 1,500 \div (1,000 + 500) = 1$$

各材料應分攤運輸費：

A材料應分攤運輸費：1×1,000＝1,000（元）

B材料應分攤運輸費：1×500＝500（元）

②採購機構經費分配。

採購機構經費分配標準：採購材料的買價比例

採購機構經費分配率＝應分配的採購機構經費總額÷採購材料的買價總和

採購機構經費分配率＝3,500÷(50,000＋20,000)＝0.05

各材料應分攤採購機構經費：

A材料應分攤採購經費：0.05×50,000＝2,500（元）

B材料應分攤採購經費：0.05×20,000＝1,000（元）

綜合運輸費和採購經費的分配數額，A材料應負擔採購費用3,500（1,000＋2,500）元，B材料應負擔採購費用1,500（500＋1,000）元，編製會計分錄如下：

借：材料採購——A材料　　　　　　　　　　　　　　　3,500
　　　　　　——B材料　　　　　　　　　　　　　　　1,500
　貸：銀行存款　　　　　　　　　　　　　　　　　　　5,000

【例4-20】6月28日，A、B材料驗收入庫，國興公司計算並結轉本月A、B兩種材料的實際採購成本。

A材料採購成本＝50,000（買價）＋1,000（運費）＋2,500（採購機構經費）
　　　　　　　＝53,500（元）

B材料採購成本＝20,000（買價）＋500（運費）＋1,000（採購機構經費）
　　　　　　　＝21,500（元）

此項經濟業務的發生，涉及「原材料」和「材料採購」兩個帳戶。原材料驗收入庫使原材料增加，記入「原材料」帳戶的借方；採購過程結束，結轉採購成本記入「材料採購」帳戶的貸方。編製會計分錄如下：

借：原材料——A材料　　　　　　　　　　　　　　　　53,500
　　　　　——B材料　　　　　　　　　　　　　　　　21,500
　貸：材料採購——A材料　　　　　　　　　　　　　　53,500
　　　　　　　——B材料　　　　　　　　　　　　　　21,500

根據各材料採購明細帳的資料，計算各材料的採購成本及單位成本。見表4.1。

表4.1　材料採購成本計算表

材料名稱	計量單位	數量	單價	買價	運費	其他	實際採購成本	
							總成本	單位成本
A材料	千克	1,000	50	50,000	1,000	2,500	53,500	53.50
B材料	千克	500	40	20,000	500	1,000	21,500	43.00
合計	—	—	—	70,000	1,500	3,500	75,000	—

第四節　生產過程的核算

產品的生產過程是工業企業生產經營活動的中心環節。企業為了生產產品，要消耗各種材料物資，發生固定資產磨損，支付職工薪酬和其他費用等。產品生產過程所發生的各種費用，叫做生產費用。企業的生產費用不論發生在何處，都要歸集、分配到一定種類的產品上，形成各種產品成本，即產品的生產成本或製造成本。處在生產過程的某個階段未最後完工的產品，稱為在產品或在製品。隨著產品完工入庫，企業的在產品就轉化為產成品。此外，在生產費用發生的過程中還會引起企業與其他單位、與內部職能部門、與企業職工的結算關係。因此，在企業生產過程中，生產費用的發

生、歸集和分配，產品成本的形成，以及有關方面的結算業務是製造業務核算的主要內容。

一、生產過程應設置的帳戶

企業在生產過程中發生的各種生產費用分為直接費用和間接費用。直接費用是指企業在生產產品過程中所發生的與某種產品直接相關的材料費用、人工費用和其他直接費用。這類費用在發生時將直接歸集到某一產品的生產成本中。間接費用是指企業在生產產品過程中所發生的與多種產品共同相關的材料費用、人工費用和其他間接費用，這類費用發生后平時先歸集到製造費用，在會計期末再按照一定標準分配到各種產品的生產成本中去。企業在生產經營過程中，除了發生生產費用以外，還會發生行政管理部門為組織和管理生產的管理費用為籌集生產週轉資金而發生的財務費用，為了銷售商品而發生的銷售費用。這些費用將作為期間費用衝減當期損益，不得計入產品成本。

為了正確地記錄和反應製造企業生產過程中發生的生產費用和其他費用，以便於計算產品生產成本，應設置下列有關帳戶：

(一)「生產成本」帳戶

該帳戶屬於成本類帳戶，用來核算企業進行工業性生產發生的各項生產成本，包括生產產品的直接費用和間接費用。該帳戶的借方登記產品生產過程中所發生的直接材料費用、直接人工費用以及從「製造費用」帳戶轉入的間接費用，貸方登記已完工驗收入庫產品的實際生產成本；期末餘額在借方，反應企業尚未加工完成的在產品成本。本帳戶可按基本生產成本和輔助生產成本設置明細帳，進行明細分類核算。

(二)「製造費用」帳戶

該帳戶屬於成本類帳戶，用來核算企業生產車間（部門）為生產產品和提供勞務而發生的各項間接費用。該帳戶的借方歸集企業在產品生產過程中發生的各種間接費用；貸方反應按一定標準分配結轉計入各種產品成本的間接費用；除季節性的生產性企業外，期末分配完間接費用後，該帳戶應無餘額。本帳戶可按不同的生產車間、部門和費用項目進行明細核算。

(三)「管理費用」帳戶

該帳戶屬於損益類帳戶，用來反應和控制企業行政管理部門為組織和管理企業生產經營所發生的管理費用，包括：行政管理人員薪酬、差旅費、業務招待費、技術轉讓費、諮詢費、訴訟費、開辦費攤銷、聘請仲介機構費、礦產資源補償費、無形資產研究費、勞動保險費、待業保險費、董事會會費以及其他管理費用。該帳戶的借方登記發生的各項管理費用，貸方登記期末轉入「本年利潤」的管理費用，期末結轉后，該帳戶應無餘額。該帳戶可按費用項目進行明細核算。

(四)「應付職工薪酬」帳戶

該帳戶屬於負債類帳戶，用來反應和控制企業應付給職工的薪酬總額。該帳戶的

借方登記實發職工薪酬數，貸方登記應付職工薪酬數。該帳戶一般出現貸方余額，表示應付未付的職工薪酬數，但如出現借方余額則表示多支付的職工薪酬數額。該帳戶可按「工資」「職工福利」「社會保險費」「住房公積金」「工會經費」「職工教育經費」「非貨幣性福利」「辭退福利」「股份支付」等設置明細帳，進行明細分類核算。

(五)「累計折舊」帳戶

該帳戶屬於資產類帳戶，而且是資產的抵減帳戶，用來核算企業擁有或控制的固定資產由於有形損耗和無形損耗而產生的累計折舊。該帳戶的借方登記折舊的減少數，貸方登記固定資產損耗的增加，即按月提取的折舊數；期末余額在貸方，反應企業固定資產的累計折舊額。該帳戶可按固定資產的類別或項目設置明細帳，進行明細分類核算。

(六)「累計攤銷」帳戶

該帳戶屬於資產類帳戶，而且是資產的抵減帳戶，用來核算企業擁有或控制的無形資產由於有形損耗和無形損耗而產生的累計攤銷。該帳戶借方登記攤銷的減少數；貸方登記無形資產損耗價值的增加，即按月提取的攤銷數；期末余額在貸方，反應企業無形資產的累計折舊攤銷額。該帳戶可按無形資產的類別或項目進行明細核算。

二、生產過程主要經濟業務的核算

在製造企業中，生產費用歸集的程序如圖4.2所示。

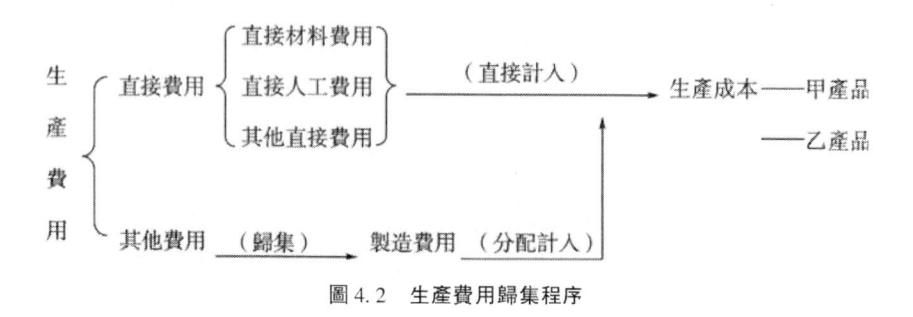

圖4.2　生產費用歸集程序

(一) 材料費用的核算

企業在生產經營過程中耗用材料，形成企業的材料費用。出於正確計算產品成本、控制材料費用等的需要，企業對其經營中所領用的材料，應分清領料部門和領料用途。屬於產品直接耗用的，形成生產費用中的直接材料費用；屬於生產車間一般消耗的，形成間接材料費用；屬於企業行政管理部門等耗用的，形成管理費用。其中所涉及的材料耗用金額，《企業會計準則第1號——存貨》規定企業應當採用先進先出法、加權平均法或者個別計價法確定發出存貨的實際成本。這些方法在后續章節將詳細介紹。

【例4-21】國興公司20××年11月份生產甲、乙兩種產品，本月倉庫發出材料情況匯總如表4.2所示。

表 4.2　國興公司發料匯總表

20××年 11 月 30 日

用　　途	A 材料 數量(噸)	A 材料 單位成本	A 材料 金額(元)	B 材料 數量(噸)	B 材料 單位成本	B 材料 金額(元)	C 材料 數量(噸)	C 材料 單位成本	C 材料 金額(元)	合計
生產產品耗用：										
甲產品耗用	500	100	50,000	3,000	50	150,000	150	20	3,000	203,000
乙產品耗用	400	100	40,000	2,000	50	100,000	200	20	4,000	144,000
甲、乙產品共同耗用							100	20	2,000	2,000
小　　計	900	—	90,000	5,000	—	250,000	450	—	9,000	349,000
車間一般耗用							300	20	6,000	6,000
管理部門一般耗用							100	20	2,000	2,000
合　　計	900		90,000	5,000		250,000	850	—	17,000	357,000

從表 4.2 可以看出，甲、乙產品生產中還共同耗用 C 材料 100 噸，計 2,000 元，這是一項共同性生產費用，需選擇適當的分配標準在甲、乙產品之間進行分配。常用的分配標準有生產產品的重量、體積、材料的定額耗用量或定額費用等。

假設國興公司以定額耗用量比例分配共同性材料費用。甲、乙產品耗用 C 材料的定額耗用量分別為 180 噸、220 噸，則甲、乙產品共同耗用 100 噸 C 材料的材料耗用量分配率可計算如下：

C 材料耗用量分配率 = 100 ÷（180 + 220）= 0.25

甲產品應負擔的 C 材料數量 = 180 × 0.25 = 45（噸）

乙產品應負擔的 C 材料數量 = 220 × 0.25 = 55（噸）

甲產品應分配的 C 材料費用 = 20 × 45 = 900（元）

乙產品應分配的 C 材料費用 = 20 × 55 = 1,100（元）

根據表 4.2，同時結合上述分配結果，編製材料費用分配表如表 4.3 所示。

表 4.3　材料費用分配表

20××年 11 月 30 日

分配對象		費用項目	直接計入	分配計入	費用合計
生產成本	甲產品	直接材料	203,000	900	203,900
	乙產品	直接材料	144,000	1,100	145,100
製造費用	基本生產車間	物料消耗	6,000		6,000
管理費用	行政管理部門	物料消耗	2,000		2,000

根據表 4.2 和表 4.3，編製會計分錄如下：

借：生產成本——甲產品　　　　　　　　　　　　　　203,900

　　　　　　——乙產品　　　　　　　　　　　　　　145,100

製造費用	6,000
管理費用	2,000
貸：原材料——A 材料	90,000
——B 材料	250,000
——C 材料	17,000

　　上述會計分錄除登記「生產成本」「製造費用」「管理費用」「原材料」總分類帳外，還應在「生產成本——甲產品」「生產成本——乙產品」兩個明細帳的「直接材料」成本項目欄內分別登記203,900元和145,100元，見表4.7和表4.8。同時還應登記「原材料——A材料」「原材料——B材料」「原材料——C材料」明細分類帳。

(二) 人工費用的核算

　　應付職工薪酬是企業尚未支付給職工的勞動報酬。每月末，企業要根據每一個職工的出勤記錄或產量記錄計算出應付給每位職工的薪酬，從而確定企業應付職工薪酬總額。由於職工所在的部門及崗位的不同，其人工費用的用途也各不相同。其中，生產工人直接從事產品生產，其工資為直接生產費用，可直接計入產品生產成本。如同時生產幾種產品的生產工人，其工資屬於共同性直接生產費用，在會計期末按產品的生產工時或直接生產工人的工資比例在不同產品之間進行分配，分配後分別計入各種產品生產成本。車間的管理人員、技術人員不直接參與產品的製造過程，主要從事產品生產的組織和管理工作，其人工費用屬於間接生產費用，應通過「製造費用」帳戶歸集；企業行政管理人員的工資，屬於期間費用，不計入產品成本，發生時應記入「管理費用」帳戶的借方。

　　【例4-22】根據國興公司20××年12月份的考勤記錄和產量記錄，結算本月應付職工薪酬為360,000元。其中：

生產工人工資：	
生產甲產品的工人工資	100,000 元
生產乙產品的工人工資	70,000 元
生產甲、乙產品的工人工資	30,000 元
小計	200,000 元
車間技術人員的工資	60,000 元
行政管理人員的工資	100,000 元
合計	360,000 元

　　上述工資30,000元的共同性直接人工費用應先按所生產產品的生產工時的比例分配。假設甲產品的生產工時為1,200小時，乙產品的生產工時為800小時，則其分配可列表計算如表4.4所示。

表 4.4　直接人工費用分配表

20××年 11 月 30 日

分配對象		成本項目	生產工時	分配率 (每一工時工資費用)	工資費用
生產成本	甲產品	直接人工	1,200	3,000/2,000 = 15	15 × 1200 = 18,000
	乙產品	直接人工	800	3,000/2,000 = 15	15 × 800 = 12,000
合　　計			2,000	——	30,000

根據以上資料匯總編製工資費用分配匯總表如表 4.5 所示。

表 4.5　工資費用分配匯總表

20××年 11 月 30 日

分配對象		成本或費用項目	應付職工薪酬
生產成本	甲產品	直接人工	100,000 + 18,000 = 118,000
	乙產品	直接人工	70,000 + 12,000 = 82,000
	小　　計		200,000
製造費用	生產車間	工資	60,000
管理費用	行政管理部門	工資	100,000
合　　計			360,000

結算本月應付職工工資共計 360,000 元。這筆經濟業務，一方面應確認企業實際應負擔的人工費用，按職工的工作崗位性質不同分別記入「生產成本」「製造費用」「管理費用」帳戶的借方；另一方面，在尚未向職工支付薪酬之前，形成企業對職工的一項流動負債，記入「應付職工薪酬」帳戶的貸方。根據上述工資費用分配匯總表，編製如下會計分錄：

借：生產成本——甲產品　　　　　　　　　　　　　　　118,000
　　　　　　——乙產品　　　　　　　　　　　　　　　 82,000
　　製造費用　　　　　　　　　　　　　　　　　　　　 60,000
　　管理費用　　　　　　　　　　　　　　　　　　　　100,000
　貸：應付職工薪酬　　　　　　　　　　　　　　　　　360,000

根據這筆會計分錄，除登記有關總分類帳外，還需要在「生產成本——甲產品」「生產成本——乙產品」兩個明細帳的「直接人工」成本項目欄分別登記 118,000 元和 82,000 元。見表 4.7 和表 4.8。

【例 4-23】月末國興公司開出現金支票從銀行提取現金 360,000 元，以備發工資。

這項經濟業務的發生，一方面使庫存現金增加；另一方面減少了存在銀行的款項。庫存現金的增加記入「庫存現金」帳戶的借方，存入款項的減少記入「銀行存款」帳戶的貸方。編製會計分錄如下：

借：庫存現金　　　　　　　　　　　　　　　　　　　360,000
　貸：銀行存款　　　　　　　　　　　　　　　　　　360,000

【例4-24】國興公司以庫存現金360,000元支付職工的工資。

這項經濟業務的發生，一方面使公司的庫存現金減少；另一方面用現金支付公司職工的工資，表明公司的一項負債減少。現金的減少記入「庫存現金」帳戶的貸方，負債的減少記入「應付工資」帳戶的借方。編製會計分錄如下：

借：應付職工薪酬　　　　　　　　　　　　　　　　　360,000
　　貸：庫存現金　　　　　　　　　　　　　　　　　　　360,000

如果是銀行代發工資，可直接編製會計分錄如下：

借：應付職工薪酬　　　　　　　　　　　　　　　　　360,000
　　貸：銀行存款　　　　　　　　　　　　　　　　　　　360,000

(三) 折舊費的核算

固定資產折舊是固定資產在生產過程中由於有形或無形損耗而逐漸損耗的價值。企業生產車間使用的機器設備等固定資產所計提的折舊額構成產品成本的組成部分，應作為間接費用，記入「製造費用」帳戶的借方；企業行政管理部門使用的房屋建築物等固定資產計提的折舊，應作為期間費用，記入「管理費用」帳戶的借方。

【例4-25】按規定計提2008年11月份固定資產折舊6,000元。其中，生產車間使用固定資產應提折舊4,000元，行政管理部門使用固定資產應提折舊2,000元。

這項經濟業務的發生，一方面表明由於使用了固定資產，使企業的成本費用增加了6,000元，其中生產車間的固定資產折舊應作為間接費用，記入「製造費用」帳戶的借方，行政管理部門的固定資產折舊應作為期間費用，記入「管理費用」帳戶的借方；另一方面固定資產因使用產生的損耗價值6,000元應記入「累計折舊」帳戶的貸方。編製會計分錄如下：

借：製造費用　　　　　　　　　　　　　　　　　　　4,000
　　管理費用　　　　　　　　　　　　　　　　　　　　2,000
　　貸：累計折舊　　　　　　　　　　　　　　　　　　　6,000

(四) 製造費用的核算

製造費用是企業產品製造過程中發生的、為組織管理生產和為生產服務而發生的間接生產費用。它主要包括車間用於一般消耗的原材料、燃料、動力費、車間管理人員工資以及發生在車間範圍內的辦公費、水電費、勞動保護費、固定資產折舊費等。如果企業只生產一種產品，則一切生產費用均屬直接費用，通過「生產成本」帳戶核算；如果企業生產兩種以上產品，為了正確計算每種產品的生產成本，需選擇一定的分配標準，將所歸集的製造費用在各種產品之間進行分配。常用的分配標準有：生產工人工資、生產工時、機器工時等。

【例4-26】國興公司以銀行存款支付20××年11月份車間水電費15,800元。

生產車間所發生的水電費，是一項間接生產費用。發生時費用增加，記入「製造費用」帳戶的借方，同時因支付費用使銀行存款減少，記入「銀行存款」帳戶的貸方。編製會計分錄如下：

借：製造費用　　　　　　　　　　　　　　　　　　　15,800

貸：銀行存款 15,800

【例4-27】20××年11月份，國興公司鑄造車間用現金購入辦公用品900元，直接交付有關人員使用。

對於消耗性的物品，在數額不大且購入當時直接領用的情況下，通常在購入時就直接作為費用處理，以示簡化。該筆費用是鑄造車間發生的間接生產費用，發生時費用增加，記入「製造費用」帳戶的借方，同時因支付費用使現金減少，記入「庫存現金」帳戶的貸方。編製會計分錄如下：

借：製造費用 900
貸：庫存現金 900

將上述會計分錄，登記在「製造費用」總分類帳及其按車間部門設置的製造費用明細分類帳的相關費用專欄。

在將本期所發生的製造費用均歸集在「製造費用」帳戶及其明細帳後，企業還需在月末根據製造費用明細帳，編製製造費用分配表，見表4.6。

【例4-28】假設國興公司2008年11月製造費用發生僅為【例4-21】【例4-22】【例4-24】【例4-26】【例4-27】中列舉的情況。根據這些經濟業務編製的會計分錄，歸集「製造費用」帳戶的借方總額為86,700（6,000 + 60,000 + 4,000 + 15,800 + 900）元，按甲、乙產品生產工時的比例分配結轉製造費用。

編製製造費用分配表分配確認甲、乙產品應負擔的製造費用。製造費用分配表如表4.6所示。

表4.6　製造費用分配表

2008年11月30日

分配對象		生產工時	分配率	分配金額
生產成本	甲產品	1,200	1,200/2,000 = 0.6	86,700 × 0.6 = 52,020
	乙產品	800	800/2,000 = 0.4	86,700 × 0.4 = 34,680
合　計		2,000	—	86,700

根據上述製造費用分配表，編製會計分錄如下：

借：生產成本——甲產品 52,020
　　　　——乙產品 34,680
貸：製造費用 86,700

將上述會計分錄記入「生產成本」「製造費用」總分類帳的同時，還應在「生產成本——甲產品」「生產成本——乙產品」兩個明細帳的「製造費用」成本項目欄，分別登記52,020元和34,680元，見表6.7和表6.8。

三、產品成本的核算

將原材料投入生產，經過一定的加工製造，即成為企業可供銷售的產成品，而將處在生產過程中尚未製造完成的產品稱為在產品。月末應計算確定本月完工產品的製

造成本，並將其從「生產成本」帳戶轉入「庫存商品」帳戶，以反應本期完工並驗收入庫的產成品成本。

我們已經將直接對象化的費用，如直接材料費用、直接人工費用等，分別計入了「生產成本」總帳和明細帳，期末又將製造費用按照一定的標準分配計入到了有關產品成本的「製造費用」專欄。這樣，在「生產成本」明細帳上就收集了本期進行產品生產所發生的一切費用，包括直接費用和間接費用。如果本期沒有在產品，則歸集到某一產品上的生產費用就是該完工產品的總成本；如果本期沒有完工產品，則歸集到該產品上的生產費用就是本期在產品的總成本；如果本期既有完工產品又有在產品，則應將歸集到該產品上的生產費用在完工產品和在產品之間進行合理分配，分別計算出完工產品成本和在產品成本。它們之間的關係如下：

本月完工產品的製造成本總額 = 月初在產品成本 + 本月的生產費用 − 月末在產品成本

$$完工產品的單位成本 = \frac{本月完工產品的製造成本總額}{本月完工產品的數量}$$

公式中的「月初在產品成本」就是「生產成本」明細帳上中有關產品的期初余額，「本月的生產費用」就是「生產成本」明細帳中的本期借方發生額。企業在實際生產過程中，各種產品不一定都能在每月末全部完成，往往會有部分產品還處於生產過程中，因此應將歸集到該產品上的生產費用在完工產品和在產品之間進行分配。對於如何確定月末在產品成本涉及成本會計的有關知識，在本書中不予詳細說明，暫時將其作為已知條件來處理。

產品完工驗收入庫意味著生產資金轉化為成品資金。為了反應成品資金增減變化及結存情況，應當設置「庫存商品」帳戶。該帳戶是資產類帳戶，借方登記已經完工驗收入庫的各種產品的實際成本，貸方登記已經出售的各種產品的實際成本。期末余額一般在借方，反應期末庫存成品的實際總成本。該帳戶應按庫存商品的種類、品種和規格設置明細帳，進行明細分類核算。明細帳的格式採用數量金額式，以分別提供數量和金額的指標。

【例 4-29】國興公司本月生產甲產品 2,000 件，全部完工，計算並結轉完工產品的生產成本。公司本月生產甲、乙兩種產品。這兩種產品的相關費用已經歸集在甲、乙產品的「生產成本」明細帳戶中。見表 4.7、表 4.8。

表 4.7　產品生產成本明細帳

一級科目：生產成本

二級或明細科目：甲產品

2008 年		憑　證		摘　要	借　方				貸　方
月	日	種類	號數		直接材料	直接人工	製造費用	合計	
11	1			期初余額	10,000	4,100	4,350	18,450	
			(18)	耗用材料	203,900			203,900	
			(19)	分配工資		118,000		118,000	

表4.7(續)

2008年		憑證		摘　要	借　方				貸方
月	日	種類	號數		直接材料	直接人工	製造費用	合計	
			(20)	分配結轉製造費用			52,020	52,020	
				結轉完工產品成本					392,370
11	30			本期發生額	203,900	118,000	52,020	373,920	
				期末余額	—	—	—	—	—

表4.8　產品生產成本明細帳

一級科目：生產成本
二級或明細科目：乙產品

2008年		憑證		摘　要	借　方				貸方
月	日	種類	號數		直接材料	直接人工	製造費用	合計	
11			(18)	耗用材料	145,100			145,100	
			(19)	分配工資		82,000		82,000	
			(20)	分配結轉製造費用			34,680	34,680	
11	30			本期發生額	145,100	82,000	34,680	261,780	
				期末余額	145,100	82,000	34,680	261,780	

　　在實際工作中，根據生產成本明細帳提供的資料，通過編製產品成本計算單，完成本期完工產品總成本和單位成本的計算工作。表4.9就是根據甲產品生產成本明細帳編製的甲產品成本計算單。「期初在產品成本」行各欄金額根據甲產品「生產成本」明細帳「期初余額」行借方各成本項目欄直接填列，「本期生產費用」行各欄金額根據甲產品「生產成本」明細帳本期借方各成本項目欄直接填列。因甲產品本月全部完工，期末無在產品，故成本計算單「期末在產品成本」行空置不填。「完工產品總成本」「完工產品單位成本」行，則根據產品成本計算公式，分項目計算填列。甲產品成本計算單見表4.9。

表4.9　甲產品成本計算單

產品名稱：甲產品　　　　2008年11月30日　　　　完工數量：2,000件

	直接材料	直接人工	製造費用	合　計
期初在產品成本	10,000	4,100	4,350	18,450
本期生產費用	203,900	118,000	52,020	373,920
期末在產品成本				
完工產品總成本	213,900	122,100	56,370	392,370
完工產品單位成本	111.95	61.05	28.185	196.185

本月完工產品總成本 = 18,450 + 373,920 = 392,370（元）

本月完工產品單位成本 = $\frac{392,370}{2,000}$ = 196.185（元/件）

根據計算結果編製結轉完工產品的會計分錄如下：

借：庫存商品——甲產品　　　　　　　　　　　　　　　392,370
　貸：生產成本——甲產品　　　　　　　　　　　　　　　392,370

根據結轉分錄應分別記入「庫存商品」和「生產成本」總帳及其所屬的明細帳。甲產品全部完工，期末沒有餘額。乙產品全部未完工，則乙產品明細帳的期末餘額全部為乙產品月末在產品的成本總額。

第五節　銷售過程的核算

銷售過程是企業耗費得到補償並實現累積的過程。在銷售過程中，企業一方面由於出售產品而獲得產品銷售收入，另一方面為了銷售產品還要發生各種銷售費用，如產品的包裝費、運輸費、廣告宣傳費等。它們同產品生產成本一樣要從銷售產品收入中得到補償。同時，企業銷售產品還應根據國家稅法的規定，按照銷售額和適用的稅率計算並向購買方收取增值稅銷項稅額，對消費稅的應稅產品計繳消費稅，以及由此應交的城市維護建設稅和教育費附加等。

一、銷售過程核算應設置的帳戶

(一)「主營業務收入」帳戶

該帳戶屬於損益類帳戶，用來核算企業確認的銷售商品、提供勞務等主營業務的收入。該帳戶的借方登記銷售退回、銷售折讓等衝減的主營業務收入，貸方登記本期實現的主營業務收入；期末借方登記轉入「本年利潤」帳戶的金額，結轉后應無餘額。該帳戶可按主營業務的種類設置明細帳，進行明細分類核算。

(二)「應收帳款」帳戶

該帳戶屬於資產類帳戶，用來核算企業因銷售商品、提供勞務等經營活動應收取的款項。該帳戶的借方登記應向有關單位收取的款項，貸方登記已收回的款項；期末借方餘額反應企業尚未收回的應收帳款，貸方余額反應企業預收的帳款。該帳戶可按債務人設置明細帳，進行明細分類核算。

(三)「應收票據」帳戶

該帳戶屬於資產類帳戶，用來核算企業因銷售商品、提供勞務等而收到的商業匯票。該帳戶的借方登記收到的商業匯票，貸方登記已收到的商業匯票款項或已辦理貼現的商業匯票；期末借方余額表示企業持有的商業匯票的票面金額。該帳戶可按開出、承兌商業匯票的單位設置明細帳，進行明細分類核算。

(四)「預收帳款」帳戶

該帳戶屬於負債類帳戶,用來核算企業按照合同規定預收的款項。該帳戶的借方登記發出商品后,已轉為收入的款項,貸方登記企業向購貨單位預收的款項;期末貸方余額反應企業預收的款項,是負債,如為借方余額則反應企業尚未收回的款項是資產。該帳戶可按購貨單位設置明細帳,進行明細分類核算。

(五)「應交稅費——應交增值稅(銷項稅額)」帳戶

該帳戶屬於負債類帳戶,借方登記已交納的稅費,貸方登記應交納的稅費,期末余額一般在貸方,表示尚未交納的稅費。增值稅是以商品生產、流通和勞務服務各環節的增值額為依據而徵收的一種稅金。它是一種價外稅,由銷售方按不含稅銷售額的一定百分比計算,並作為不含稅銷售額之外的金額向購貨方收取,銷售方在規定的期限內扣除採購環節允許抵扣的進項稅額后集中向稅務機關繳納。按照《中華人民共和國增值稅暫行條例》規定,一般納稅人企業銷售產品、向購買方開具增值稅專用發票,發票上註明的增值稅額稱為銷項稅額。該銷項稅額抵扣稅務機關認可的進項稅額后,向稅務機關繳納增值稅。所以,銷售方銷售產品,向購買方已收取或尚未收取的的增值稅銷項稅額,只要應稅行為發生,就使企業的負債增加,記入「應交稅費(應交增值稅——銷項稅額)」帳戶的貸方。企業銷售物資或提供應稅勞務,按營業收入和應收取的增值稅額,借記「應收帳款」「應收票據」「銀行存款」等科目,按增值稅專用發票上註明的增值稅額,貸記「應交稅費——應交增值稅(銷項稅額)」,按確認的營業收入,貸記「主營業務收入」「其他業務收入」等科目。發生銷售退回做相反的會計分錄。

(六)「主營業務成本」帳戶

該帳戶屬於損益類費用帳戶,用來核算企業確認銷售商品、提供勞務等主營業務收入時應結轉的成本。該帳戶的借方登記企業已銷售的各種商品、提供的各種勞務的實際成本,貸方登記銷售退回的商品成本;期末貸方登記轉入「本年利潤」帳戶的金額,本帳戶結轉后應無余額。該帳戶可按主營業務的種類設置明細帳,進行明細分類核算。

(七)「營業稅金及附加」帳戶

該帳戶屬於損益類費用帳戶,用來核算企業日常活動發生的營業稅、消費稅、城市維護建設稅、資源稅和教育費附加等相關稅費。該帳戶的借方登記按規定計算確定的與經營活動相關的稅費,貸方登記期末轉入「本年利潤」帳戶的金額,本帳戶結轉后應無余額。

(八)「銷售費用」帳戶

該帳戶屬於損益類帳戶,用來核算企業銷售商品和材料、提供勞務的過程中發生的各種費用。包括保險費、包裝費、展覽費和廣告費、商品維修費、運輸費、裝卸費等以及為銷售本企業商品而專設的銷售機構(含銷售網點、售后服務網點等)的職工薪酬、業務費、折舊費等費用。該帳戶的借方登記銷售費用的發生額,貸方登記期末轉入「本年利潤」帳戶的金額,本帳戶結轉后應無余額。該帳戶可按費用項目設置明

細帳，進行明細分類核算。

二、銷售收入的確認

收入是指企業在日常活動中形成的、會導致所有者權益增加的、與所有者投入資本無關的經濟利益的總流入。所謂日常活動，是指銷售商品、提供勞務和讓渡資產使用權等經濟活動。投資者投入資本可以導致所有者權益增加，但是不屬於收入。收入可分為主營業務收入和其他業務收入兩種。主營業務收入是指企業為完成其經營目標而從事的日常活動中的主要活動所得的收入。主營業務是企業的重要業務，是企業收入的主要來源，應重點加以核算。其他業務收入則是指主營業務以外的、企業附帶經營的業務所取得的收入，如工業企業銷售材料、出租固定資產、提供非工業性勞務等取得的收入。

合理地確認銷售收入的實現，是銷售收入核算的關鍵環節。根據《企業會計準則第14號——收入》規定，銷售商品只有同時滿足以下五個條件時，才能確認為收入：

（1）企業已將商品所有權上的主要風險和報酬轉移給購貨方。
（2）企業既沒有保留通常與所有權相聯繫的繼續管理權，也沒有對已售出的商品實施有效控制。
（3）收入的金額能夠可靠地計量。
（4）相關的經濟利益很可能流入企業。
（5）相關的已發生或將發生的成本能夠可靠地計量。

根據收入和費用的配比，與同一項銷售有關的收入和成本應在同一會計期間予以確認。成本不能可靠計量，相關的收入也不能確認。即使已經收到價款，收到的價款也應確認為一項負債。

三、存貨流轉假設、發出與結存的計價方法

（一）存貨流轉假設

企業進行生產經營，需要不斷購進或生產存貨、耗用或出售存貨，形成了存貨的流轉。一般情況下，存貨的實物流轉和成本流轉是一致的。但由於企業的存貨進出量很大，存貨的品種多，存貨的單位成本多變，難以保證各種存貨的成本流轉與實物流轉相一致，因此，便出現了存貨流轉假設，即存貨的成本流轉和實物流轉可以分離。因為同一種存貨儘管單位成本不同，但均能滿足銷售或生產的需要。在存貨被銷售或耗用後，毋需逐一辨別哪一批實物被發出，哪一批實物留作存貨，成本的流轉順序和實物的流轉順序可以分離，只要按照不同的成本流轉程序確認已發出存貨的成本和庫存存貨的成本即可。這樣，就出現了存貨成本的流轉假設。存貨流轉假設就是對存貨的成本流轉可以事先做出合乎邏輯的假設，並以此作為依據選擇期末發出存貨成本和期末結存存貨成本的方法。

（二）存貨發出和結存數量的確定（存貨的盤存制度）

存貨核算的關鍵是如何正確確定存貨的數量和合理選擇存貨的計價方法。在這二

者之中，正確確定存貨數量往往又顯得更為重要，因為存貨數量一經確定，只要計價方法得當，就能正確確定存貨價值。確定存貨數量的基本公式如下：

期初結存數量＋本期收入數量＝本期發出數量＋期末結存數量

在會計期末，期初結存數量和本期收入數量都可以根據有關帳簿（或憑證）資料取得。那麼，確定本期發出數量和期末結存數量的公式可變為以下兩個計算式：

期初結存數量＋本期收入數量－期末結存數量＝本期發出數量

期初結存數量＋本期收入數量－本期發出數量＝期末結存數量

兩個計算式，帶來兩種不同的存貨盤存制度

1. 實地盤存制

實地盤存制又稱「定期盤存制」，是指會計期末通過對全部存貨進行實地盤點，以確定期末存貨的結存數量，然後分別乘以各項存貨的期末單價，計算出期末存貨總金額，最后倒算出當期發出存貨成本的一種方法。計算基本公式為：本期發出數量＝期初結存數量＋本期收入數量－期末結存數量。

採用實地盤存制，在會計工作中平時對於存貨的領用或出售都不做記錄，即只記存貨的收入，只有在期末，通過實地盤點存貨的數量，據以確定期末存貨的成本。具體格式見表4.11。

實地盤存制的優點是簡化存貨的日常核算工作，期末存貨不會出現帳實不符；其缺點是由於企業銷售或耗用存貨的成本是倒算出來的，這樣就容易把在計量、收發、保管中產生的差錯，甚至任意揮霍浪費、非法盜用等，全部計入銷售成本或耗用成本，同時也由於缺乏經常性資料，不便於對存貨進行計劃和控制。所以，實地盤存制的實用性較差，僅適用於那些價小、量大的存貨。

2. 永續盤存制

永續盤存制又稱「帳面盤存制」，指對企業的存貨設置完整的庫存記錄，即分品名規格設置存貨明細帳，逐日逐筆地記錄存貨的收入與領用發出，並隨時結出存貨餘額的一種方法。計算基本公式為：期末結存數量＝期初結存數量＋本期收入數量－本期發出數量。

在永續盤存制下，要以帳面記錄為依據，計算本期發出成本和期末結存成本。見表4.12。

採用這種方法，也會由於記錄不當或保管不善等原因，使帳面期末餘額和存貨的實際期末結存額有差異，因而也要對存貨進行實地盤點，進行帳實核對，如出現不一致時要調整。

永續盤存制的優點是有利於加強對存貨的管理，也為正確計算銷售和經營成本提供了保證；其缺點是核算工作量大，且期末對存貨進行實地盤點時，有時會出現帳實不符。在實際工作中除特殊情況外，企業均採用永續盤存制。

(三) 存貨發出和結存的計價方法

產品完工入庫后帳面所記的金額，即本期完工產品的成本。銷售發出的產成品，可能是本期完工入庫的，也可能是上期或以前期間完工入庫的，而每批完工入庫的產

品的單位生產成本不同，所以，銷售發出的產品的成本，也要採用一定的計價方法計算確定。企業購入的存貨，哪怕是同樣規格型號的存貨，由於購買時間不同、運輸距離的遠近、不同供貨商等原因，形成不同的單位成本。我國《企業會計準則》規定存貨發出可以採用個別計價法、加權平均法（包括移動加權平均法）、先進先出法。

1. 個別計價法

個別計價法又稱分批實際法、具體辨認法，是指對每批發出的存貨和期末庫存存貨都逐一加以辨認，分別按各自的成本計價的方法。採用這種方法的前提條件是應建立健全能提供確認各批產成品入庫的詳細記錄。計算公式如下：

採用個別計價法時，本期發出存貨和期末庫存存貨的成本可根據下面的公式計算：

發出存貨的實際成本 = Σ各批(次)存貨發出數量 × 該批次存貨實際進貨單位成本

期末庫存存貨成本 = Σ各批(次)存貨期末數量 × 該批存貨實際單位成本

個別計價法，從理論上講最能準確確定存貨銷售成本和期末庫存成本，是一種最合理、最科學的方法，在實地盤存制和永續盤存制下均可使用（永續盤存制和實地盤存制將在第七章第三節闡述）。但是，這種計算方法工作量大，且容易被用來人為調節當前利潤。因此，該方法一般適用於品種、數量不多，單位價值較大，容易識別的產成品發出的計價。如大型設備、船舶、商品房、珠寶等。

【例 4-30】國興公司丙產品明細帳如表 4.10 所示，經查發出記錄，20××年 8 月發出的丙產品共計 3,500 件，其中期初 8 月 1 日的發出了 500 件，8 月 5 日驗收入庫的發出了 1,500 件，8 月 15 日驗收入庫的發出了 1,500 件。用個別計價法計算國興公司丙產品的發出產品和期末庫存產品的成本。

表 4.10　　　　　　　　　　國興公司丙產品明細帳

產品名稱：丙產品　　　　　　　20××年 8 月　　　　　　　計量單位：元

日期	摘要	收入 數量	收入 單價	收入 金額	發出 數量	發出 單價	發出 金額	結存 數量	結存 單價	結存 金額
8.1	期初							1,000	100	100,000
8.5	入庫	2,000	110	220,000						
8.10	銷售				2,000					
8.15	入庫	3,000	120	360,000						
8.25	銷售				1,500					
8.31	期末							2,500		

國興公司丙產品的發出成本和期末庫存成本用個別計價法計算如下：

發出丙產品的實際成本 = Σ各批(次)存貨發出數量 × 該批次存貨實際進貨單位成本

$\qquad = 500 \times 100 + 1,500 \times 110 + 1,500 \times 120$

$\qquad = 50,000 + 165,000 + 180,000$

$\qquad = 395,000$（元）

期末庫存丙產品的成本 = Σ各批（次）存貨期末數量×該批存貨實際單位成本
$$= 500 \times 100 + 500 \times 110 + 1,500 \times 120$$
$$= 50,000 + 55,000 + 180,000$$
$$= 285,000 （元）$$

2. 加權平均法

加權平均法是指以本期入庫存貨數量和期初結存存貨數量之和為權數，去除全部入庫存貨成本和期初結存存貨成本之和，計算出存貨的加權平均單位成本，以此確定存貨的本期發出成本和期末結存成本的方法。計算公式如下：

加權平均單位成本 = $\dfrac{期初存貨成本 + 本期收入的存貨成本}{期初存貨數量 + 本期收入的存貨數量}$

期末庫存存貨成本 = 庫存存貨數量 × 加權平均單位成本

本期發出存貨成本 = 本期發出存貨的數量 × 存貨加權平均單位成本

或　　　　　　　　 = 期初存貨成本 + 本期收入存貨成本 – 期末存貨成本

加權平均法計算較為簡單，按此方法分攤的成本比較折中，但是該法不能隨時提供存貨的帳面記錄，不利於存貨管理。它是平均法在實地盤存制下的具體運用。

仍然使用【例4-30】國興公司丙產品明細帳，如表4.10所示。我們用加權平均法計算丙產品本期發出成本和期末庫存成本見表4.11。

丙產品加權平均單位成本

$= (1,000 \times 100 + 2,000 \times 110 + 3,000 \times 120) \div (1,000 + 2,000 + 3,000)$

$= 680,000 \div 6,000$

$\approx 113.33 （元）$

丙產品期末結存存貨成本 = $2,500 \times 113.33 = 283,325$（元）

本期發出丙產品成本 = $100,000 + (220,000 + 360,000) - 283,325 = 396,675$（元）

表4.11　　　　　　　國興公司丙產品明細帳（實地盤存制）

產品名稱：丙產品　　　　　　20××年8月　　　　　　計量單位：元

日期	摘要	收入			發出			結存		
		數量	單價	金額	數量	單價	金額	數量	單價	金額
8.1	期初							1,000	100	100,000
8.5	入庫	2,000	110	220,000						
8.10	銷售				2,000					
8.15	入庫	3,000	120	360,000						
8.25	銷售				1,500					
8.31	期末合計	5,000		580,000	3,500		396,675	2,500	113.33	283,325

3. 移動平均法（移動加權平均法）

移動加權平均法是指以每次進貨的成本加上原有庫存存貨的成本，除以每次進貨

數量與原有庫存存貨的數量之和，據以計算加權平均單位成本，以此為基礎計算當月發出存貨的成本和期末存貨的成本的一種方法。其計算公式如下：

移動加權平均成本＝（本次收入前存貨成本＋本次收入存貨金額）/（本次收入前結存存貨數量＋本次收入存貨數量）

移動加權平均法計算出來的存貨成本比較均衡和準確，並能隨時提供存貨的收、發、存情況，滿足管理的需要。但是該法每收入一次存貨均要計算單位成本，計算起來的工作量大，一般適用於經營品種不多或者前后入庫存貨的單價相差幅度較大的企業。它是平均法在永續盤存制下的具體運用。

仍然使用【例4-30】國興公司丙產品明細帳，如表4.10所示。我們用移動加權平均法計算丙產品本期發出成本和期末庫存成本見表4.12。

8月5日購進後丙產品的單位成本＝（1,000×100＋2,000×110）/（1,000＋2000）

＝320,000/3,000

≈106.67（元/件）

8月10日發出丙產品的成本＝2,000×106.67＝213,340（元）

8月15日購進後丙產品的單位成本＝（320,000－213,340＋3,000×120）/（1,000＋3,000）

＝466,660/4,000

＝116.665（元/件）

8月25日發出丙產品的成本＝1,500×116.665＝174,997.50（元）

本期發出丙產品的總成本＝213,340＋174,997.5＝388,337.5（元）

期末結存丙產品的成本＝680,000－21,3340－174,997.5＝291,662.5（元）

表4.12　　　　　　　國興公司丙產品明細帳（永續盤存制）

產品名稱：丙產品　　　　　　　　20××年8月　　　　　　　　計量單位：元

日期	摘要	收入			發出			結存		
		數量	單價	金額	數量	單價	金額	數量	單價	金額
8.1	期初							1,000	100	100,000
8.5	入庫	2,000	110	220,000				3,000	106.67	320,010
8.10	銷售				2,000	106.67	213340	1000	106.67	106,670
8.15	入庫	3,000	120	360,000				4000	116.665	466,660
8.25	銷售				1,500	116.665	174,997.50	2,500	116.665	291,662.50
8.31	期末合計	5,000		580,000	3,500		396,675	2,500	113.33	283,325

4. 先進先出法

先進先出法是指根據先入庫先發出的原則，對於發出的存貨以先入庫存貨的單價計算發出存貨成本的方法。採用這種方法的具體做法是：先按存貨的期初余額的單價計算發出的存貨的成本，領發完畢後，再按第一批入庫的存貨的單價計算，依此從前向后類推，計算發出存貨和結轉存貨的成本。

市場經濟環境下，各種商品的價格總是有所波動的，在物價上漲的前提下，由於物價上漲，先購進的存貨其成本相對較低，而后購進的存貨成本就偏高。在先進先出法下，由於本期發出存貨成本是按照較早入庫存貨的成本進行計算的，計算的發出存貨的成本偏低，以此計算出來的利潤就偏高，形成虛增利潤。而期末存貨按照最接近目前市場的單位成本計算，相對偏高，但資產負債表可以較為真實地反應公司的存貨狀況。當然，物價下跌的情況下剛好相反。

採用先進先出法不論是實地盤存制還是永續盤存制，其計算出來的本期發出存貨成本以及期末結存存貨成本都是一樣的。

仍然使用【例4-30】國興公司丙產品明細帳，如表4-10所示。我們用先進先出法計算丙產品本期發出成本和期末庫存成本如下：

永續盤存制下，由於平時存貨的收發存已做全面的記錄，可按丙產品入庫出庫順序計算。

8月5日丙產品入庫后的期末成本 = 1,000 × 100 + 2,000 × 110 = 320,000（元）

8月10日發出丙產品的成本 = 1,000 × 100 + 1,000 × 110 = 210,000（元）

8月10日期末丙產品的成本 = 1,000 × 110 = 110,000（元）

8月15日丙產品入庫后的成本 = 1,000 × 110 + 3,000 × 120 = 470,000（元）

8月25日發出丙產品的成本 = 1,000 × 110 + 500 × 120 = 170,000（元）

8月25日丙產品后的期末成本 = 2,500 × 120 = 300,000（元）

實地盤存制下，由於平時存貨只記收入，不記發出，期末一次計算丙產品發出和期末成本。

本期發出存貨成本 = 1,000 × 100 + 1,000 × 110 + 1,000 × 110 + 500 × 120
　　　　　　　　 = 380,000（元）

期末結存存貨成本 = 100,000 + 220,000 + 360,000 - 380,000 = 300,000（元）

可見，同一個案例，由於採用了不同的存貨發出計價方法，存貨的發出成本和期末結存成本不盡相同，所以，企業應根據公司經營管理的需要結合存貨的特點，對發出存貨的計價方法進行科學和合理的選擇。

四、銷售過程核算舉例

(一) 銷售收入的核算

【例4-31】國興公司銷售商品一批，其中，甲產品180件，不含稅單價300元；乙產品100件，不含稅單價220元。總價款中的60,000元已收到並存入銀行，其餘款項尚未收到。國興公司為增值稅一般納稅人企業（以下同），增值稅稅率為17%。

該筆業務中，不含稅的貨款形成企業的主營業務收入，其稅款不管企業是否已收到款項，應全部記入「應交稅費」帳戶的貸方，形成應交增值稅的三級明細銷項稅額，對於尚未收到的款項，應記入「應收帳款」的借方，已經收到的款項記入「銀行存款」的借方。編製會計分錄如下：

借：銀行存款　　　　　　　　　　　　　　　　　　　　　　60,000

應收帳款　　　　　　　　　　　　　　　　　　　　　　　　　28,920
　　　貸：主營業務收入　　　　　　　　　　　　　　　　　　　　　　76,000
　　　　　應交稅費——應交增值稅（銷項稅額）　　　　　　　　　　　12,920

【例4-32】如果上例中的其余款項，是以商業匯票結算時，編製會計分錄如下：
　　借：銀行存款　　　　　　　　　　　　　　　　　　　　　　　　60,000
　　　　應收票據　　　　　　　　　　　　　　　　　　　　　　　　28,920
　　　貸：主營業務收入　　　　　　　　　　　　　　　　　　　　　　76,000
　　　　　應交稅費——應交增值稅（銷項稅額）　　　　　　　　　　　12,920
當匯票到期收到款項時，再記入「應收票據」帳戶的貸方和「銀行存款」帳戶的借方。

【例4-33】如果【例4-31】為預收款業務，在收到預收款項60,000元時，編製會計分錄如下：
　　借：銀行存款　　　　　　　　　　　　　　　　　　　　　　　　60,000
　　　貸：預收帳款　　　　　　　　　　　　　　　　　　　　　　　　60,000
按照合同發出商品后，編製會計分錄如下：
　　借：預收帳款　　　　　　　　　　　　　　　　　　　　　　　　88,920
　　　貸：主營業務收入　　　　　　　　　　　　　　　　　　　　　　76,000
　　　　　應交稅費——應交增值稅（銷項稅額）　　　　　　　　　　　12,920
當收到購貨單位補付的購貨款28,920元時，應記入「預收帳款」的貸方和「銀行存款」帳戶的借方。

（二）銷售費用、稅金的核算

【例4-34】國興公司以銀行存款支付廣告費5,000元。
廣告費屬於銷售費用的一個明細項目，編製會計分錄如下：
　　借：銷售費用　　　　　　　　　　　　　　　　　　　　　　　　5,000
　　　貸：銀行存款　　　　　　　　　　　　　　　　　　　　　　　　5,000

【例4-35】國興公司匯總本月銷售產品的成本，其中，甲產品2,000件，單位製造成本為194.985元；銷售乙產品1,000件，單位製造成本為80元。月末結轉已銷售產品成本。

　　甲產品銷售成本 = 194.985 × 2,000 = 389,970（元）
　　乙產品銷售成本 = 80 × 1,000 = 80,000（元）

銷售甲、乙產品后，庫存商品的減少應記入「庫存商品」帳戶的貸方，同時減少的庫存商品的生產成本，又是取得主營業務收入的銷售成本，所以應記入「主營業務成本」帳戶的借方。編製會計分錄如下：
　　借：主營業務成本　　　　　　　　　　　　　　　　　　　　　　469,970
　　　貸：庫存商品——甲產品　　　　　　　　　　　　　　　　　　　389,970
　　　　　　　　　　——乙產品　　　　　　　　　　　　　　　　　　80,000

【例4-36】國興公司本月應付銷售機構人員工資3,000元。
該項業務的發生，使得公司的銷售費用增加了3,000元，應記入「銷售費用」帳

戶的借方；同時，公司的應付職工薪酬增加，應記入「應付職工薪酬」帳戶的貸方。編製會計分錄如下：

  借：銷售費用   3,000
    貸：應付職工薪酬   3,000

【例4-37】國興公司月末計算應交納消費稅4,500元，應交城市維護建設稅6,500元，應交教育費附加2,500元。

計算本月應交的城市維護建設稅和教育費附加應記入「營業稅金及附加」帳戶的借方，未交之前形成了企業對國家的負債。應交的城市維護建設稅和教育費附加記入「應交稅費」帳戶的貸方。編製會計分錄如下：

  借：營業稅金及附加   13,500
    貸：應交稅費——應交消費稅   4,500
        ——應交城市維護建設稅   6,500
        ——應交教育費附加   2,500

第六節　財務成果的核算

  財務成果是企業在會計期間進行生產經營活動產生的利潤或虧損，它是將一定期間的各項收入與各項費用支出相抵後形成的經營成果，是綜合反映企業工作質量的一個重要指標。企業在產品銷售過程中所取得的銷售成果還不能算是最終的財務成果。因為企業在生產經營活動中，由於種種原因，還會發生一些其他的收入和支出，如期間費用（管理費用、財務費用、銷售費用）、營業外收入、營業外支出等，這也是財務成果的組成部分。

一、營業利潤的核算

  營業利潤是企業利潤的主要來源，營業利潤主要由主營業務利潤和其他業務利潤構成。其計算公式如下：

  營業利潤＝營業收入－營業成本－營業稅金－管理費用－財務費用－銷售費用－資產減值損失＋公允價值變動收益(－公允價值變動損失)±投資收益

  其中：
  營業收入＝主營業務收入＋其他業務收入
  營業成本＝主營業務成本＋其他業務成本

  從營業利潤的計算公式來看，營業利潤的核算主要取決於主營業務收入等各項目的核算。

（一）主營業務收入、主營業務成本和營業稅金及附加的核算

  主營業務收入、主營業務成本的核算請參見銷售過程的核算，在此不再贅述。此處簡單介紹營業稅金及附加的核算。

營業稅金及附加反應企業經營業務應負擔的營業稅、消費稅、資源稅、城市維護建設稅和教育費附加等。其中：

(1) 營業稅是國家對提供各種應稅勞務、轉讓無形資產或者銷售不動產的單位和個人徵收的稅種。營業稅＝營業額×適用稅率。

(2) 消費稅是在對貨物普遍徵收增值稅的基礎上，選擇少數消費品（比如：菸、酒、鞭炮、焰火、化妝品、成品油、貴重首飾及珠寶玉石、高爾夫球及球具、高檔手錶、遊艇、木制一次性筷子、實木地板、摩托車、小汽車、電池、塗料等稅目）再徵收的一個稅種，主要是為了調節產品結構，引導消費方向，保證國家財政收入。消費稅實行從價定率和從量定額以及從價從量複合計徵三種方法徵稅。實行從價定率辦法計算的應納稅額＝不含增值稅的銷售額×適用稅率，實行從量定額辦法計算的應納稅額＝銷售數量×單位稅額。

(3) 資源稅是國家對在我國境內開採礦產品或者生產鹽的單位和個人徵收的稅種。資源稅按照應稅產品的課稅數量和規定的單位稅額計算。計算公式為：應納稅額＝課稅數量×單位稅額。

(4) 城市維護建設稅是為了加強城市的維護建設，擴大和穩定城市維護建設資金的來源，國家開徵了城市維護建設稅。城市維護建設稅＝（應交的增值稅＋營業稅＋消費稅）×城建稅率。

(5) 教育費附加是國家為了發展我國的教育事業，提高人民的文化素質而徵收的一項費用。教育費附加＝（應交的增值稅＋營業稅＋消費稅）×教育費附加率。

營業稅金及附加通過「營業稅金及附加」帳戶核算。該帳戶是損益類帳戶，用來核算企業與營業收入有關的，應由各項經營業務負擔的稅金及附加。企業的營業稅金及附加應按月計算，月份終了，企業按規定計算出應由各種營業收入負擔的營業稅。城市維護建設稅及教育費附加等，借記「營業稅金及附加」帳戶，貸記「應交稅費」等帳戶。期末應將「營業稅金及附加」帳戶的余額轉入「本年利潤」帳戶，結轉後「營業稅金及附加」帳戶無余額。

特別應當注意，上述「營業稅金及附加」帳戶不包括對增值稅和所得稅的核算。增值稅是價外稅，由於其特殊的核算方法，在企業的利潤表中無法反應出來。「所得稅」是在利潤總額確定後，按所得稅稅法的規定再計算，將在利潤表的底部出現，單獨開設帳戶核算。

【例4-38】增值稅一般納稅人國興公司所設銷售部對外銷售應稅消費品，不含稅銷售額為40,000元。增值稅率為17%，增值稅銷項稅額6,800元；銷售產品的價稅合計46,800已全部存入銀行。該產品銷售成本為30,000元，當初進貨產生的可抵扣的進項稅額為5,100元。假設消費稅率為10%，城市維護建設稅稅率7%，教育費附加的徵收率為3%。計算的稅金將於下個月繳納。

該筆經紀業務的發生，涉及到的稅金計算如下：

應繳增值稅＝銷項稅額－進項稅額＝6,800－5,100＝1,700（元）

應繳消費稅＝不含增值稅的銷售額×消費稅率＝40,000×10%＝4,000（元）

應繳城市維護建設稅 ＝（應繳增值稅＋消費稅＋營業稅）×城建稅率
　　　　　　　　＝（1,700＋4,000）×7%＝399（元）

應繳教育費附加＝（1,700＋4,000）×3%＝171（元）

首先，國興公司確認產品銷售收入，結轉銷售成本，編製的會計分錄如下：

借：銀行存款　　　　　　　　　　　　　　　　　　46,800
　　貸：主營業務收入　　　　　　　　　　　　　　40,000
　　　　應交稅費——應交增值稅（銷項稅額）　　　 6,800
借：主營業務成本　　　　　　　　　　　　　　　　30,000
　　貸：庫存商品　　　　　　　　　　　　　　　　30,000

其次，根據該筆經紀業務計算的稅金，一方面導致稅金和附加增加，記入「營業稅金及附加」帳戶的借方；另一方面由於稅金尚未繳納，導致公司的短期負債增加，記入「應交稅費」帳戶的貸方。編製會計分錄如下：

借：營業稅金及附加　　　　　　　　　　　　　　　 4,570
　　貸：應交稅費——應交消費稅　　　　　　　　　 4,000
　　　　　　　　——應交城市維護建設稅　　　　　　 399
　　　　　　　　——應交教育費附加　　　　　　　　 171

注意，增值稅已在採購和銷售環節通過「應交稅金——應交增值稅」的進項稅額和銷項稅額單獨核算。

(二) 其他業務收入和其他業務成本的核算

其他業務是指企業主營業務以外的其他業務。如生產企業將閒置的固定資產對外出租，將研製的非專利技術對外轉讓等。一般情況下，其他業務收入占總收入的比重相對較少，又由於市場經濟中企業經營的多元化，主營業務與其他業務已界限模糊，按大類列示，也是與國際會計準則趨同的做法。所以，在我國的利潤表上，是以營業利潤反應主營業務和其他業務利潤的，而在具體會計核算時，需要設置以下帳戶：

1.「其他業務收入」帳戶

該帳戶屬於損益類收入帳戶，用來核算企業確認的除主營業務活動以外的其他業務活動實現的收入，包括出租固定資產、出租無形資產使用權、出租包裝物和商品、銷售材料等實現的收入。該帳戶的貸方登記取得的其他業務收入，借方登記期末轉入「本年利潤」帳戶的金額；本帳戶結轉后應無餘額。該帳戶可按其他業務收入的種類設置明細帳，進行明細分類核算。

2.「其他業務成本」帳戶

該帳戶屬於損益類費用帳戶，用來核算企業確認的除主營業務活動以外的其他業務活動所發生的支出，包括銷售材料的成本、出租固定資產的折舊額、出租無形資產的攤銷額、出租包裝物的成本或攤銷額等。該帳戶的借方登記發生的其他業務成本，貸方登記期末轉入「本年利潤」帳戶的金額；本帳戶結轉后應無餘額。該帳戶可按其他業務成本的種類設置明細帳，進行明細分類核算。

【例4－39】國興公司出售積壓的甲材料取得收入2,000元，增值稅銷項稅額340

元，價稅合計 2,340 元，已存入銀行，其材料當初的購入成本為 2,500 元。

該筆經紀業務的發生，收到銷售材料價款，一方面使公司的銀行存款增加，記入「銀行存款」帳戶的借方；另一方面使公司的其他業務收入增加，按不含稅價格記入「其他業務收入」的貸方，收到的增值稅銷項稅額導致應交稅費增加，記入「應交稅費」帳戶的貸方。同時，材料發出，使公司的庫存材料減少，記入「原材料」帳戶的貸方，出售材料當初的採購成本轉化成銷售成本，記入「其業務成本」帳戶借方。編製的會計分錄如下：

收到款項時：

借：銀行存款	2,340
貸：其他業務收入	2,000
應交稅費——應交增值稅（銷項稅額）	340
同時：	
借：其他業務成本	2,500
貸：原材料	2,500

【例 4-40】 國興公司經營出租固定資產，本月取得租金 4,000 元收入存入銀行，本月出租固定資產應提折舊 600 元。

該項經濟業務的發生，收到的租金收入，導致銀行存款增加，記入「銀行存款」帳戶的借方，經營性出租業務屬於工業企業的其他業務，其收入增加記入「其他業務收入」的貸方。同時，經營性出租業務，國興公司沒有失去固定資產的所有權，其價值損耗由本公司承擔，一方面記入損耗增加「其他業務成本」的借方，另一方面累計折舊增加，記入「累計折舊」帳戶的貸方。編製會計分錄如下：

借：銀行存款	4,000
貸：其他業務收入	4,000
同時：	
借：其他業務成本	600
貸：累計折舊	600

(三) 營業利潤其他項目的核算

前面章節已經講解了關於主營業務收入、主營業務成本、其他業務收入、其他業務成本、營業外收入、營業外支出的內容。后文將介紹利潤核算過程中將發生的其他業務和使用到的另一些帳戶。

1.「資產減值損失」帳戶

該帳戶用於核算企業計提各項資產減值準備所形成的損失。資產減值損失包括企業的應收款項、存貨、長期股權投資、持有至到期投資、固定資產、無形資產、在建工程和貸款等資產發生減值所形成的損失。比如：固定資產減值從「資產是預期的未來經濟利益」的角度出發，對未來可收回金額與帳面價值進行定期比較。當可收回金額低於帳面價值時，確認固定資產發生了減值，就要計提固定資產減值準備，從而調整固定資產的帳面價值，以使帳面價值能夠真實、客觀地反應該資產在當前市場上的實際價值。

企業根據確認的減值損失，記入「資產減值損失」帳戶的借方，同時記入「壞帳準備」「存貨跌價準備」「長期股權投資減值準備」「持有至到期投資減值準備」「固定資產減值準備」「無形資產減值準備」「貸款損失減值」等帳戶的貸方。發生資產減值損失會減少企業的利潤，會計期末，將記錄的損失從「資產減值損失」帳戶的貸方轉入「本年利潤」帳戶的借方，結轉後「資產減值損失」帳戶期末沒有餘額。

【例4-41】假設國興公司本月末的固定資產帳面價值為25,000元，可收回金額為20,000元，以前未發生減值。月末計提固定資產減值準備5,000元。編製會計分錄如下：

借：資產減值損失　　　　　　　　　　　　　　　　　　　　　5,000
　貸：固定資產減值準備　　　　　　　　　　　　　　　　　　　5,000

2.「公允價值變動損益」帳戶

「公允價值變動損益」帳戶主要用來核算交易性金融資產以及其他以公允價值計量的資產和負債由於公允價值變動形成的損益。

當相關資產的公允價值高於其帳面價值時，應確認為公允價值變動收益，記入「公允價值損益」帳戶的貸方，同時記入有關資產帳戶的借方；當相關資產的公允價值低於其帳面價值時，應確認為公允價值變動損失，記入「公允價值損益」帳戶的借方，同時記入有關資產帳戶的貸方；期末時，如果「公允價值變動損益」帳戶的餘額在貸方，就由該帳戶的借方結轉至「本年利潤」帳戶的貸方，結轉後該帳戶期末沒有餘額；反之，則做相反的會計處理。

【例4-42】國興公司本月初購買的做短期交易的股票10,000股，當時買價為13元/股，月末，該股票的市價為12.8元/股。股票繼續持有。

該筆經濟業務使得股票在持有期間發生減值損失2,000元（股票的公允價值低於其帳面價值2,000元），一方面衝減資產的價值，記入「交易性金融資產」帳戶的貸方；另一方面將發生的持有損失記入「公允價值變動損益」帳戶的借方。編製會計分錄如下：

借：公允價值變動損益　　　　　　　　　　　　　　　　　　　2,000
　貸：交易性金融資產——公允價值變動　　　　　　　　　　　　2,000

如果是公允價值上升，做相反的會計分錄。

3.「投資收益」帳戶

企業為了合理、有效地運用資金，以求獲得較高資金使用效益，除了滿足生產經營資金的需要外，還會將資金投放於股票、債券和其他資產，從而形成對外投資，企業從對外投資中獲得的收益稱為「投資收益」，發生的損失被稱為「投資損失」。投資淨收益是企業投資收益與投資損失的淨額。投資收益扣除投資損失後的數額作為營業利潤的構成項目。

投資收益包括：①企業以現金、實物、無形資產等對外投資所分得的利潤，以及與其他企業聯營、合作分得的利潤。②以購買股票的形式投資分得的現金股利。③以購買債券的形式投資獲得的利息收入。④投資到期收回或者中途轉讓所取得款項高於帳面價值的差額。

投資損失包括將對外投資到期收回或者中途轉讓所取得款項低於帳面價值的差額。

【例4-43】國興公司持有D公司發行的3年期債券20,000元，年利率8%，每年

年末收到 D 公司支付的債券利息 1,600 元。當年利息 1,600 元已經收到並存入銀行。

該筆經紀業務的發生，一方面使國興公司銀行存款增加，記入「銀行存款」帳戶的借方；另一方面國興公司對外的債券投資獲得收益，記入「投資收益」帳戶的貸方。編製會計分錄如下：

借：銀行存款　　　　　　　　　　　　　　　　　1,600
　　貸：投資收益　　　　　　　　　　　　　　　　　　1,600

二、營業外收入和營業外支出的核算

企業在生產經營過程中除取得營業收入、發生各種耗費以外，還會發生一些主要經營活動以外的或偶然發生的損益，即利得和損失。

利得是指企業非日常活動所形成的、會導致所有者權益增加的、與所有者投入資本無關的經濟利益的流入。利得發生後，有些是直接計入所有者權益項目（其他綜合收益），有些是計入當期損益即營業外收入。計入營業外收入的利得主要包括：處置固定資產淨收益、捐贈利得、罰款淨收入、出售無形資產所有權淨收益等。

損失是指企業非日常活動所發生的、會導致所有者權益減少的、與向所有者分配利潤無關的經濟利益的流出。同樣道理，損益發生后，有些直接計入所有者權益項目（其他綜合收益，有些直接計入當期損益即營業外支出）。計入營業外支出的損失主要包括固定資產盤虧損失、處置固定資產淨損失、非常損失（人不可抗力造成的損失）、罰款支出（違反稅法、合同等的支出）、捐贈支出、出售無形資產所有權的淨損失等。

計入當期損益的利得和損失分別通過「營業外收入」帳戶和「營業外支出」帳戶進行核算。當營業外收入大於支出時，為淨收入；反之，則為淨支出。

「營業外收入」帳戶和「營業外支出」帳戶分別用於核算與企業生產經營無直接關係的各種收入和支出。企業取得利得時，記入「營業外收入」帳戶的貸方，期末將歸集的各項利得，由「營業外收入」的借方結轉至「本年利潤」帳戶的貸方，結轉后「營業外收入」帳戶期末沒有餘額。企業發生損失時，記入「營業外支出」帳戶的借方，期末將歸集的損失，由「營業外支出」帳戶的貸方結轉至「本年利潤」帳戶的借方，結轉后「營業外支出」帳戶期末沒有餘額。「營業外收入」和「營業外支出」帳戶可按收入和支出的種類設置明細帳，進行明細核算。

【例4-44】國興公司處置固定資產一臺，原始價值為 20,000 元，累計折舊 12,000 元，處置時發生清理費用 1,000 元，取得的處置收入 10,000 元，款項均通過銀行結算。假定不涉及稅金問題。

該項經濟業務的發生，導致國興公司的固定資產發生清理。固定資產的清理是指固定資產的報廢和出售，以及對因各種不可抗力的自然災害而遭到損壞和損失的固定資產所進行的清理工作。要求開設「固定資產清理」帳戶來核算。「固定資產清理」是資產類帳戶，用來核算企業因出售、報廢和毀損等原因轉入清理的固定資產淨值以及在清理過程中所發生的清理費用和清理收入。借方登記固定資產轉入清理的淨值和清理過程中發生的費用；貸方登記出售固定資產的取得的價款、殘料價值和變價收入。其貸方余額表示清理后的淨收益，借方余額表示清理后的淨損失。清理完畢后淨收益

轉入「營業外收入」帳戶；淨損失轉入「營業外支出」帳戶。「固定資產清理」帳戶應按被清理的固定資產設置明細帳。

上述經濟業務的發生，編製會計分錄如下：

(1) 固定資產出售轉入清理，註銷固定資產的原價，記入「固定資產」帳戶的貸方，註銷固定資產的累計折舊，記入「累計折舊」帳戶的借方，同時將固定資產的淨值轉入「固定資產清理」帳戶的借方。

借：固定資產清理　　　　　　　　　　　　　　　　　　　　　8,000
　　累計折舊　　　　　　　　　　　　　　　　　　　　　　　12,000
　貸：固定資產　　　　　　　　　　　　　　　　　　　　　　20,000

(2) 發生清理費用，記入「固定資產清理」帳戶的借方，同時衝減銀行存款，記入「銀行存款」帳戶的貸方。

借：固定資產清理　　　　　　　　　　　　　　　　　　　　　1,000
　貸：銀行存款　　　　　　　　　　　　　　　　　　　　　　1,000

(3) 取得清理收入，記入「固定資產清理」帳戶的貸方，同時增加銀行存款，記入「銀行存款」帳戶的借方。

借：銀行存款　　　　　　　　　　　　　　　　　　　　　　10,000
　貸：固定資產清理　　　　　　　　　　　　　　　　　　　　10,000

(4) 結轉固定資產清理淨收益（10,000 − 8,000 − 1,000 = 1,000），從「固定資產清理」帳戶的借方轉入「營業外收入」帳戶的貸方。

借：固定資產清理　　　　　　　　　　　　　　　　　　　　　1,000
　貸：營業外收入　　　　　　　　　　　　　　　　　　　　　1,000

三、利潤形成的核算

利潤是企業在會計期間進行生產經營活動所取得的財務成果。它集中反應了企業生產經營活動各方面的效益，也是評價企業經營效果的一項綜合性指標。諸如勞動生產率的高低、產品質量的優劣、產品成本的升降、工藝技術的改進和管理工作的加強與否等都可以通過利潤直接或間接地予以反應。利潤包括收入減去費用后的淨額、直接計入當期利潤的利得和損失等。

在實際工作中，利潤的核算一般包括四個方面的內容：①稅前利潤（利潤總額）和稅后利潤（淨利潤）形成的核算；②年末結轉實現淨利潤的核算；③利潤分配的核算；④年末利潤分配明細帳的內部結轉。這些核算需要通過「本年利潤」帳戶和「利潤分配」帳戶來進行。

「本年利潤」屬於所有者權益類帳戶，是一個匯總類型的帳戶。貸方登記企業當期所實現的各項收入和利得，包括主營業務收入、其他業務收入、投資收益、公允價值變動收益、營業外收入等；借方登記企業當期所發生的各項費用與損失，包括主營業務成本、營業稅金及附加、其他業務支出、營業費用、管理費用、財務費用、投資損失、營業外支出、所得稅等。借貸方發生額相抵后，若為貸方余額則表示企業本期經營活動實現的淨利潤，若為借方余額則表示企業本期發生的虧損。

利潤形成的核算，可以採用「帳結法」，也可以採用「表結法」。其中，「帳結法」

是指通過期末編製結帳分錄，將各收入類帳戶、費用類帳戶、利得類帳戶和損失類帳戶的余額結轉入「本年利潤」帳戶，從而結平各收入類帳戶、費用類帳戶、利得類帳戶和損失類帳戶。「表結法」是指會計年度的 1～11 月期末編製利潤表，通過編製利潤表將有關收入抵減費用、利得抵減損失，從而計算月度利潤總額，在會計年度的 12 月月末時再編製結轉分錄，將各收入類帳戶、費用類帳戶、利得類帳戶和損失類帳戶的余額結轉入「本年利潤」帳戶。

收入費用帳戶結轉和結清的基本做法如下：
（1）將收入和利得類帳戶貸方匯集的余額，從其借方結轉至「本年利潤」帳戶的貸方。
（2）將費用和損失類帳戶借方匯集的余額，從其貸方結轉至「本年利潤」帳戶的借方。
（3）結清所有收入、費用、利得和損失類過渡性帳戶。

（一）稅前利潤（利潤總額）形成的核算

企業稅前會計利潤，指一定時期內，企業還沒有扣除有關所得稅費用之前的利潤，也稱為利潤總額。期末，企業需將除「所得稅」帳戶之外的其他損益類帳戶的余額全部轉入「本年利潤」帳戶中，計算出當期的利潤或虧損。

【例 4-45】假設國興公司 20××年 12 月末轉帳前損益類帳戶的余額如表 4.13 所示。

表 4.13

| 費用、支出科目（借方余額） || 收入科目（貸方余額） ||
科目	金額	科目	金額
主營業務成本	570,000	主營業務收入	950,000
營業稅金及附加	9,000	其他業務收入	10,000
其他業務成本	7,000	公允價值變動損益	-3,000
管理費用	16,000	投資收益	1,600
銷售費用	12,000	營業外收入	2,000
財務費用	5,000		
資產減值損失	5,000		

（1）根據帳簿記錄結轉本期收入：

借：主營業務收入　　　　　　　　　　　　　　　　　　950,000
　　其他業務收入　　　　　　　　　　　　　　　　　　 10,000
　　投資收益　　　　　　　　　　　　　　　　　　　　　1,600
　　營業外收入　　　　　　　　　　　　　　　　　　　　2,000
　　貸：本年利潤　　　　　　　　　　　　　　　　　　963,600

（2）根據帳簿記錄結轉費用、成本、稅金等：

借：本年利潤　　　　　　　　　　　　　　　　　　　　627,000
　　貸：主營業務成本　　　　　　　　　　　　　　　　570,000
　　　　營業稅金及附加　　　　　　　　　　　　　　　　9,000
　　　　其他業務成本　　　　　　　　　　　　　　　　　7,000
　　　　管理費用　　　　　　　　　　　　　　　　　　 16,000

財務費用	12,000
銷售費用	5,000
公允價值變動損益	3,000
資產減值損失	5,000

本月利潤總額 = 963,600 − 627,000 = 336,600（元）

假定「本年利潤」帳戶 1～11 月借方累計發生額為 5,000,000 元，貸方累計發生額為 7,000,000 元。

以上有關收入、費用結轉的經濟業務在總分類帳戶中的記錄如表 4.14 所示。

表 4.14

主營業務成本		本年利潤		主營業務收入	
結轉前的餘額		1~11月累計發生額 5,000,000	1~11月累計發生額 7,000,000		結轉前的餘額
570,000	570,000 →	570,000	950,000 ←	950,000	950,000

營業稅金及附加				其他業務收入	
結轉前的餘額					結轉前的餘額
9,000	9,000 →	9,000	10,000 ←	10,000	10,000

其他業務成本				投資收益	
結轉前的餘額					結轉前的餘額
7,000	7,000 →	7,000	1,600 ←	1,600	1,600

管理費用				營業外收入	
結轉前的餘額					結轉前的餘額
16,000	16,000 →		2,000 ←	2,000	2,000

財務費用			
結轉前的餘額			
12,000	12,000 →	12,000	

銷售費用			
結轉前的餘額			
5,000	5,000 →	5,000	

資產減值損失			
結轉前的餘額			
5,000	5,000 →	5,000	

公允價值變動損益			
結轉前的餘額			
3,000	3,000 →	3,000	

本期借方發生額 5,627,000　　本期貸方發生額 7,963,600
　　　　　　　　　　　　　　本期貸方餘額　　2,336,600

通過對收入、費用及其他相關損益類帳戶的結轉和結清，我們可以在「本年利潤」帳戶中得到利潤總額。利潤總額是對一定會計期間企業經營成果的總和，由營業利潤加上營業外收入，減去營業外支出的金額構成，其計算公式前已述及。【例4-45】利潤總額為2,336,600（元）。

(二) 所得稅費用和淨利潤形成的核算

前面已經介紹了利潤總額的核算，但是與淨利潤還有一定的差異。從數量關係上看，淨利潤表現為利潤總額扣除所得稅費用的差額，即淨利潤＝利潤總額－所得稅費用。

企業所得稅是指對中華人民共和國境內的企業（包括居民企業及非居民企業）和其他取得收入的組織，按照企業所得稅稅法的規定，以其生產經營所得為課稅對象所徵收的一種所得稅。其計算公式為：企業應交所得稅＝當期應納稅所得額×適用稅率。其中：應納稅所得額＝收入總額－準予扣除項目金額。

企業會計準則和所得稅稅法立法原則、制定目的等不同，導致會計準則和稅法確認的收入和扣除項目不一致。企業按會計準則要求計算出來的利潤總額，還必須按稅法的規定對其進行必要的調整，從而確定應納稅所得額，所以，應納稅所得額也可以用以下公式計算，應納稅所得額＝利潤總額±納稅調整項目。關於納稅調整的問題比較複雜，將在《財務會計》中詳細講述。在《會計學原理》中，一般都假定企業沒有納稅調整事項。

為了核算企業實現的利潤按稅法規定應納的所得稅，應設置「所得稅費用」帳戶。該帳戶是損益類帳戶，其借方登記本期計算出來的所得稅費用，貸方登記結轉至「本年利潤」帳戶的所得稅費用，結轉后「所得稅費用」帳戶無餘額。

【例4-46】國興公司本年實現利潤總額為2,336,600元，按規定的稅率為25%計算，假設沒有納稅調整事項，應納所得稅為584,150（2,336,600×25%）元，明年初再繳納。

該筆經濟業務的發生，一方面使得企業的所得稅費用增加，記入「所得稅費用」帳戶的借方；另一方面，所得稅費用還沒有繳納，形成公司的短期債務記入「應交稅費」帳戶的貸方。編製會計分錄如下：

借：所得稅費用　　　　　　　　　　　　　　　　　　　　584,150
　　貸：應交稅費——應交所得稅　　　　　　　　　　　　　　584,150

年終決算時，同時將所得稅費用從「所得稅費用」帳戶的借方轉入「本年利潤」帳戶的貸方，編製會計分錄如下：

借：本年利潤　　　　　　　　　　　　　　　　　　　　　　584,150
　　貸：所得稅費用　　　　　　　　　　　　　　　　　　　　584,150

當然如果企業當年出現虧損，即利潤總額為負則不用交納所得稅。

通過以上所得稅的計算和核算，企業的淨利潤便核算出來。國興公司當年淨利潤＝利潤總額－所得稅費用＝2,336,600－584,150＝1,752,450（元）

四、利潤分配的核算

利潤分配是將企業本期所實現的淨利潤按照有關法規和投資協議所確認的比例和順序,在企業和投資者之間所進行的分配。利潤的分配過程和結果,不僅關係到所有者的合法權益是否得到保護,而且還涉及企業能否持續、穩定地發展下去。利潤分配處於會計與法律的交叉點上,這既是一個會計問題,又是一個法律問題。

(一) 利潤分配的順序

企業當年實現的淨利潤,根據《中華人民共和國公司法》等有關法規的規定,應當按照以下順序進行分配:

1. 提取法定盈余公積

公司制企業的法定盈余公積一般按淨利潤的10%提取(非公司制企業可按照超過10%的比例提取),在計算提取法定盈余公積基數時,不應包括企業年初未分配利潤。法定盈余公累積計額為公司註冊資本的50%以上,可以不再提取。

計提盈余公積的目的是:①控制向投資者分配利潤的水平,避免各年利潤分配的大幅度波動,防止企業的短期行為。②保證企業簡單再生產和擴大再生產的順利進行。企業每年都應從盈利中提取一定比例的盈余公積,一方面為企業虧損的彌補準備資金來源,另一方面為企業拓展業務奠定雄厚的資金基礎。③轉增資本。

2. 提取任意盈余公積

公司從稅后利潤中提取法定盈余公積后,經股東大會決議,還可以從稅后利潤中提取任意盈余公積。非公司制企業經類似權力機構批准,也可提取任意盈余公積。任意盈余公積的作用同法定盈余公積。

3. 向投資者分配利潤或股利

提取法定盈余公積和任意盈余公積后所余稅后利潤,可按股東出資比例或持有股份比例分配股利。企業實現的利潤在按上面順序分配後,剩餘部分即為未分配利潤,留待以後會計期間進行分配。

在市場經濟條件下,企業逐步成為自負盈虧、自主經營、自我約束、自我發展的經濟實體。國家財政不再對企業直接撥款,企業發展所需的資金主要來自企業內部的累積。為了均衡各年度的利潤分配水平,以豐補歉、留有餘地,保證正常生產經營活動所需的資金供應,企業一般不將實現的利潤全部分配完,而是留下一部分利潤待以后年度根據經營活動的需要進行分配。這部分尚未確定用途的利潤,也是企業所有者權益的組成部分。

(二) 利潤分配應設置的帳戶

企業利潤分配業務應按照分配的內容,設置「利潤分配」「盈余公積」「應付利潤或應付股利」帳戶。

為了核算企業利潤分配和每年分配後的留存餘額,應設置「利潤分配」帳戶。「利潤分配」帳戶是所有者權益類帳戶。該帳戶的借方登記各種利潤分配事項,包括提取法定盈余公積和任意盈余公積、支付投資者利潤或股利等;貸方登記抵減利潤分配事項,如用盈余公積彌補企業虧損等。年末借方餘額表示累計未彌補虧損總額,貸方餘

額表示累計未分配利潤總額。「利潤分配」帳戶應按分配項目設置「提取法定盈余」「提取任意盈余公積」「應付利潤」「應付股利」「未分配利潤」等明細帳戶，進行明細分類核算。

企業的利潤分配一般在年末進行。在辦理年終決算時，應將本年實現的利潤總額和本年的利潤分配數轉入「利潤分配——未分配利潤」明細帳戶，以便確定本年的未分配利潤。「未分配利潤」帳戶的貸方記錄轉入的本年已實現利潤總額，借方記錄轉入的本年已分配的利潤總數；貸方余額表示企業每年積存的未分配利潤總額，借方余額則表示未彌補的虧損總額。

「盈余公積」帳戶是所有者權益類帳戶。它用於核算企業按規定從淨利潤中提取的盈余公積。企業按規定提取的盈余公積記入該帳戶的貸方，用盈余公積彌補虧損或轉增資本記入該帳戶的借方；期末貸方余額反應企業提取的盈余公積的余額。「盈余公積」帳戶應按其種類設置明細帳，進行明細分類核算。

「應付利潤」或「應付股利」帳戶是負債類帳戶。它用於核算企業與投資人之間的利潤或現金股利的結算情況。應分給出資人的利潤或股利記入該帳戶的貸方，表示負債的增加；以現金或其等價物支付的利潤或現金股利，記入該帳戶的借方，表示負債的清償。其貸方余額表示應付未付的利潤或股利。

(三) 利潤分配業務的帳務處理

按照利潤分配順序，稅后利潤應先提取盈余公積作為資本累積，然后再在投資人之間進行分配；在以上分配后若有結余，則為未分配利潤，可留待以後年度分配。企業盈余公積與未分配利潤統稱為留存收益，是所有者權益的一個組成部分。

1. 提取法定盈余公積和任意盈余公積

企業在提取盈余公積時，一方面記入「利潤分配——提取盈余公積」明細帳的借方，另一方面記入「盈余公積」帳戶的貸方，表示盈余公積的增加。

2. 向投資者分配利潤或股利

當董事會擬向投資者分配利潤或現金股利時，不做會計處理，只在報表附註中作披露。在分配方案經股東大會批准時，一方面記入「利潤分配——應付利潤或應付股利」帳戶的借方，另一方面記入「應付利潤或應付股利」帳戶的貸方，表示債務的增加，待企業用銀行存款向投資者發放利潤或現金股利時，表示債務的清償。

3. 未分配利潤的確定

如前所述，未分配利潤是通過「利潤分配——未分配利潤」帳戶核算的。年末應將「本年利潤」帳戶登記的本年已實現的淨利潤轉入「利潤分配——未分配利潤」帳戶的貸方；再將「利潤分配」各明細帳戶的余額轉入「利潤分配——未分配利潤」明細帳的借方。「未分配利潤」帳戶的借方歸集了本期已分配的利潤總額，貸方歸集了本期已實現的利潤總額，借、貸方的差額即為本期未分配的利潤總額。「未分配利潤」帳戶的貸方余額反應了企業累計的未分配利潤。

【例4-47】國興公司董事會決定對本年實現利潤按以下方案進行分配：

年初未分配利潤150,000元；本年實現的淨利潤1,752,450元，按10%的比例計提法定盈余公積，按5%的比例計提任意盈余公積，向投資者分配利潤300,000元。

根據上述材料計算：
①計提法定盈余公積：
1,752,450×10% =175,245（元）
②計提任意盈余公積：
1,752,450×5% =87,622.50（元）
③應付利潤 300,000 元。
④年末未分配利潤：
150,000 +（1,752,450 -175,245 -87,622.50 -300,000）=1,339,582.50（元）
編製會計分錄：
①結轉本年實現利潤到「利潤分配——未分配利潤」明細帳。
借：本年利潤　　　　　　　　　　　　　　　　　　　　1,752,450
　　貸：利潤分配——未分配利潤　　　　　　　　　　　　　1,752,450
②提取法定盈余公積和任意盈余公積、分配利潤。
借：利潤分配——提取法定盈余公積　　　　　　　　　　　175,245
　　　　　　——提取任意盈余公積　　　　　　　　　　　87,622.50
　　貸：盈余公積——提取法定盈余公積　　　　　　　　　　175,245
　　　　　　　　——提取任意盈余公積　　　　　　　　　87,622.50
借：利潤分配——應付利潤　　　　　　　　　　　　　　　300,000
　　貸：應付利潤　　　　　　　　　　　　　　　　　　　300,000
③將「利潤分配」各明細帳的余額轉入「利潤分配——未分配利潤」明細帳。
借：利潤分配——未分配利潤　　　　　　　　　　　　　562,867.50
　　貸：利潤分配——提取法定盈余公積　　　　　　　　　175,245
　　　　　　　　——提取任意盈余公積　　　　　　　　　87,622.50
　　　　　　　　——應付利潤　　　　　　　　　　　　　300,000
企業利潤分配及利潤分配明細帳年末結轉如表 4.15 所示。

表 4.15

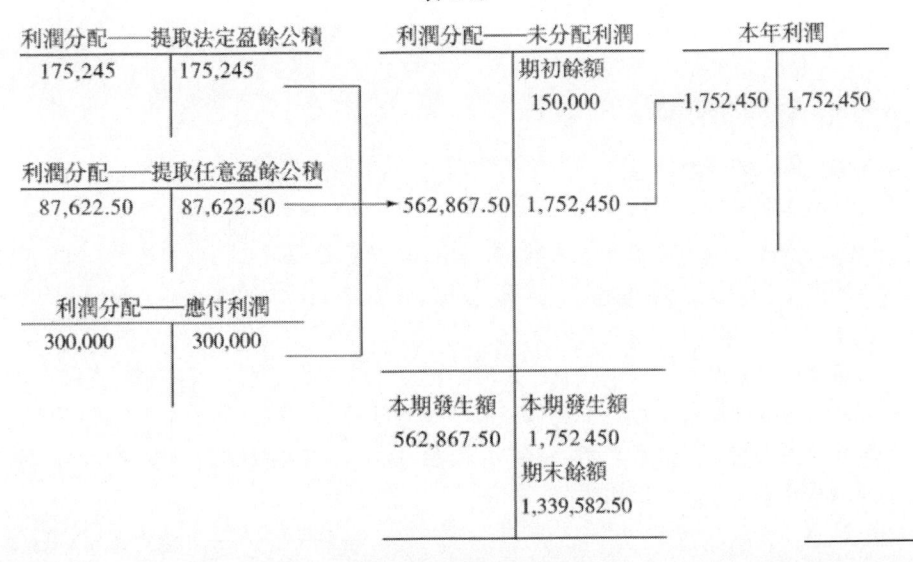

利潤分配——提取法定盈餘公積		利潤分配——未分配利潤		本年利潤	
175,245	175,245		期初餘額 150,000	1,752,450	1,752,450
利潤分配——提取任意盈餘公積					
87,622.50	87,622.50	562,867.50	1,752,450		
利潤分配——應付利潤					
300,000	300,000				
		本期發生額 562,867.50	本期發生額 1,752,450		
			期末餘額 1,339,582.50		

通過以上業務的處理，企業年度末的未分配利潤便可計算出來。年末未分配利潤＝年初未分配利潤＋本年實現的淨利潤－本年計提的法定和任意盈餘公積－分配給股東的利潤＝150,000＋（1,752,450－175,245－87,622.50－300,000）＝1,339,582.50（元）

第七節　資金退出的核算

資金投入企業后，經過一定循環和週轉，最后企業收回的貨幣資金有一部分將重新投入企業的生產經營活動中，滿足企業再生產的需要，而另一部分資金則會退出企業，如上交稅金、歸還銀行借款、向投資者支付利潤等。下面將在本章前述內容的基礎上，介紹資金退出業務的核算內容。

一、上交稅金的核算

企業在經營過程中會產生各類稅費，如消費稅、增值稅、所得稅等。企業上交的稅金是國家財政的重要來源，因此，企業是否及時上交稅金會影響國家對內、對外職能的有效行使。另外，企業及時上交稅金也是企業得以持續經營的前提。上交稅金會導致企業資產和負債同時減少。

【例4-48】國興公司用銀行存款繳納本期增值稅1,700元，消費稅4,000元，城市維護建設稅399元，教育費附加171元，所得稅584,150元。

借：應交稅費——應交增值稅（已交稅金）　　　　1,700
　　　　　　——應交消費稅　　　　　　　　　　4,000
　　　　　　——應交城市維護建設稅　　　　　　　399
　　　　　　——應交教育費附加　　　　　　　　　171
　　　　　　——應交所得稅　　　　　　　　　584,150
　　貸：銀行存款　　　　　　　　　　　　　　590,420

二、歸還銀行借款的核算

向銀行借入的資金一般具有固定的到期日。企業應按時歸還銀行借款，企業及時歸還貸款不僅可以樹立企業良好的信用形象，也為企業下次借款提供了便利。

【例4-49】20××年1月1日國興公司以銀行存款歸還3年前借入的到期一次還本付息的借款，借款本金60,000元，利息共21,600元，其中14,400元是前兩年預提的，當年預提的為7,200元。

這項經濟業務的發生，一方面使公司的銀行存款減少，應記入「銀行存款」帳戶的貸方；另一方面使公司負債中的長期借款和短期負債減少，其中本金和前兩年的利息應記入「短期借款」帳戶的借方。當年的利息計入「應付利息」帳戶的借方。根據此項經濟業務編製會計分錄如下：

借：短期借款——本金　　　　　　　　　　　　　　　60,000
　　　　　　——利息調整　　　　　　　　　　　　　14,400
　　　應付利息　　　　　　　　　　　　　　　　　　7,200
　　貸：銀行存款　　　　　　　　　　　　　　　　　81,600

三、支付給投資者利潤的核算

適當向投資者分配股利（利潤），讓投資者分享企業經營的成果，是關係到投資者的合法權益能否得到保護，企業能否長期、穩定發展的重要問題，為此，企業必須加強利潤分配的管理和核算。

【例4-50】20××年3月1日國興公司用銀行存款向投資者支付應分配利潤300,000元。

這項經濟業務的發生，一方面使公司的資產減少，應記入「銀行存款」帳戶的貸方；另一方面使公司負債中的應付利潤減少，應記入「應付利潤」帳戶的借方。根據此項經濟業務編製會計分錄如下：

借：應付利潤　　　　　　　　　　　　　　　　　　300,000
　　貸：銀行存款　　　　　　　　　　　　　　　　300,000

本章小結

本章主要介紹了如何應用復式記帳法對工業企業經營循環中的主要經濟業務進行會計處理。工業企業的生產經營活動可以分為資金籌集業務、購買過程業務、製造業務、銷售業務和財務成果核算。由於資金投入企業后，經過一定的循環和週轉，有一部分資金會退出企業，因此，對資金退出企業業務進行核算也是工業企業經營循環經濟業務會計處理的內容之一。與工業企業主要經濟業務相應的會計核算包括資金籌集的核算、供應過程業務的核算（主要核算材料的採購以及固定資產的購置）、製造過程業務的核算（主要進行生產成本、製造費用的歸集與分配和完工產品結轉的核算）、銷售業務的核算（主要進行主營業務收入及相關成本費用、稅金的確認和計量）、財務成果的核算（主要進行利潤的形成、所得稅、利潤分配的核算）、資金退出業務的核算（主要核算上交稅金、向投資者支付利潤以及歸還銀行借款）等。

復習思考題

1. 簡述工業企業生產經營過程的主要內容。
2. 什麼是成本計算？成本計算有什麼重要意義？
3. 材料採購成本包括哪些內容？材料採購成本如何計算？
4. 產品製造成本包括哪些內容？產品製造成本如何計算？
5. 什麼是成本項目？產品成本項目有哪幾項？
6. 利潤總額及淨利潤應如何計算？

第五章　會計憑證

[學習目的和要求]

本章主要介紹會計憑證的意義、種類、填製、審核、傳遞和保管。其中，會計憑證的填製和審核是本章的重點和難點。通過本章的學習，應當：

(1) 瞭解原始憑證和記帳憑證的格式與會計憑證的傳遞和保管的相關要求；
(2) 理解會計憑證的概念和作用，理解原始憑證和記帳憑證之間的關係；
(3) 掌握原始憑證和記帳憑證的填製方法與審核程序；
(4) 掌握原始憑證和記帳憑證的分類方法與內容。

第一節　會計憑證的意義和種類

一、會計憑證的概念

為了保證會計資料的客觀性、真實性和可稽核性，如實地反應各種經濟業務對企業會計要素的影響情況，經過會計確認而進入復式記帳系統的每一項經濟業務，在其發生的過程中所涉及的每個原始數據都必須有根有據，這就要求企業對內或對外發生的每一項交易和事項，都必須在其發生時具有相關的書面文件來接受這些相關數據，也就是應該由經辦人員運用這些書面文件具體地記錄每一項經濟業務涉及的業務內容、數量和準確金額，並在這些書面文件上簽名或蓋章，以便對其真實性、正確性負責。這種書面文件就稱為會計憑證。

會計憑證是用來記錄經濟業務、明確經濟責任，作為登帳依據的書面證明文件。

在實際工作中，支付貨款時由收款單位開給的收據、購買物品時由供貨單位開出的發票、財產收發時由經辦人員開出的收貨單和發貨單，以及企業內部單位開出的領料單等，都屬於會計憑證。

二、填製和審核會計憑證的意義

填製和審核會計憑證是會計核算的初始階段和基本環節，也是會計核算的一種專門方法。做好這一工作，對於保證會計資料的真實性和正確性，提高會計核算質量，加強財產物資的管理等都具有非常重要的意義。

(一) 通過填製和審核憑證，可對經濟業務初步地進行歸類記錄，為記帳提供可靠依據

　　任何單位每發生一項經濟業務，都必須由經辦人員填列在不同的會計憑證上，進行初步歸類記錄。為了保證會計帳簿記錄的正確性，會計人員應對會計憑證所記錄的經濟業務的合理性、合法性及真實性等進行審核。只有審查合格的會計憑證，才能成為登記帳簿的依據。

(二) 填製和審核會計憑證，便於分清經濟責任，加強經濟管理中的責任制

　　會計憑證載明了經濟業務發生的時間及內容，並經有關部門和經辦人員簽章，這樣就要求有關部門和有關人員對經濟活動的真實性、正確性、合法性負責，可促使有關業務人員嚴格按照有關政策、法令、制度、計劃或預算辦事。如果發生違法亂紀或經濟糾紛事件，也可借助於會計憑證確定各經辦部門和人員所負的經濟責任，並據以進行正確的裁決和處理。

(三) 填製和審核會計憑證，可以更有效地發揮會計的監督作用，促使會計業務合理合法化

　　由於企業的一切經濟業務都要有憑證手續，按照規定的時間和途徑傳遞到會計部門，會計人員就可以通過會計憑證的審核、檢查，驗證各項經濟業務的合理性和合法性，有無貪污、鋪張浪費和損公肥私行為，從而發揮會計的監督作用，保護會計主體所擁有資產的安全性和完整性，維護投資者、債權人和有關各方的合法權益。

　　總之，填製和審核會計憑證是會計核算的基礎，只有以正確合格的會計憑證為依據，才能提供真實、客觀的會計帳簿和會計報表資料。由此可見，填製和審核會計憑證的質量，在會計核算方法體系中，起著決定性的作用。

三、會計憑證的種類

　　企業經濟業務包羅萬象，複雜多樣，因而所使用的會計憑證的種類繁多，其用途、性質、填製的程序乃至格式等都因經濟業務的需要不同而多變。按照不同的標誌可以對會計憑證進行不同的分類。按其用途和填製的程序，可以將會計憑證分為原始憑證和記帳憑證兩大類。這兩類憑證在會計核算的不同環節，都有它獨特的作用。

第二節　原始憑證的填製和審核

一、原始憑證的意義和種類

(一) 原始憑證的意義

　　原始憑證是在經濟業務發生時取得或填製的，用以記錄經濟業務、明確經濟責任、具有法律效力並作為記帳原始依據的書面證明。

　　一般而言，在會計核算過程中，凡是能夠證明某項經濟業務已經發生或者完成的

書面單據都可以作為原始憑證，如有關的發票、收據、銀行結算憑證、收料單、領料單等；凡是不能證明該項經濟業務已經發生或完成情況的書面文件都不能作為原始憑證，如生產計劃、購銷合同、銀行對帳單、材料請購單等。

(二) 原始憑證的種類

1. 按原始憑證的來源分類

原始憑證按其來源不同，可以分為自製原始憑證和外來原始憑證。

(1) 自製原始憑證

自製原始憑證是指在經濟業務發生或完成時，由本單位內部經辦業務的部門或個人自行填製的憑證。如收料單、領料單、工資單以及本單位銷售產品時開出的銷貨發票等。收料單的一般格式如表5.1所示。

表5.1 收料單

單位供貨　　　　　　　　　　　　年　月　日　　　　　　　　憑證編號
發票號碼　　　　　　　　　　　　　　　　　　　　　　　　　收料倉庫

材料編號	材料規格及名稱	計量單位	數量		價格	
			應收	實收	單價	金額
備　註					合計	

倉庫負責人：　　　　　記帳：　　　　　倉庫保管：　　　　　收料：

(2) 外來原始憑證

外來原始憑證是指在經濟業務發生或完成時，從企業外部的有關單位或個人取得的原始憑證。如購買材料時從供貨單位取得的增值稅發票（見表5.2）、收款單位開給的收據、銀行轉來的收款通知單等。

表5.2 增值稅專用發票

發票聯

開票日期：　　　年　月　日　　　　　　　　　　　　　　　　No.

購貨單位	名　　稱			納稅人登記號		
	地址、電話			開戶行及帳號		
商品或勞務名稱		數量單位	數量	單價	金額	稅率（％）	稅額
合計							
價稅合計（大寫）							
銷貨單位	名　　稱			納稅人登記號		
	地址、電話			開戶行記帳號		
備註							

收款人：　　　　　　　　開票單位（未蓋章無效）：

2. 按原始憑證填製手續和方法分類

原始憑證按其填製手續和方法的不同,可以分為一次憑證、累計憑證、原始憑證匯總表和記帳編製憑證四種。

(1) 一次憑證

一次憑證是指一次填製完成的反應一項或若干項同類經濟業務的原始憑證。如購貨發票、收款收據、收料單(見表5.1)和領料單等。外來原始憑證一般都屬於一次憑證。

(2) 累計憑證

累計憑證是指在一定時期內,連續反應不斷發生的同類經濟業務的原始憑證。如限額領料單(見表5.3)等。

表 5.3 限額領料單

領料部門　　　　　　　　　　　　　　　　　　　　　　憑證編號
用　途　　　　　　　　　　　年　月　日　　　　　　　發料倉庫

材料類別	材料編號	材料名稱及規格	計量單位	領用限額	實際領用	單價	金額	備註

日期	數量		領料人簽章	發料人簽章	扣除代用數量	退料	限額結余
	請領	實發					

供應部門負責人:　　　　　　生產計劃部門負責人:　　　　　　倉庫負責人:

(3) 原始憑證匯總表

原始憑證匯總表是指按一定標準將若干同類的一次或累計憑證定期歸類匯總而得出的匯總憑證。如發出材料匯總表(見表5.4),工資結算匯總表等。

表 5.4 發出材料匯總表
年　月　日

會計科目	領料部門	A 材料	B 材料	……	合計
基本生產	一車間				
	二車間				
	……				
	小計				
輔助生產	供電車間				
	鍋爐車間				
	……				
	小計				

表 5.4（續）

會計科目	領料部門	A 材料	B 材料	……	合計
製造費用	一車間				
	二車間				
	……				
	小計				
合計					

會計負責人：　　　　　　　復核：　　　　　　　製表：

（4）記帳編製憑證

記帳編製憑證是根據帳簿記錄和經濟業務的需要對帳簿記錄的內容加以整理而編製的一種自製原始憑證，如製造費用分配表等。製造費用分配表的具體格式見表5.5。

表 5.5　製造費用分配表

車間：　　　　　　　　　　　　　　　　年　　月

分配費用（產品名稱）	分配標準（生產工時）	分配率	分配金額
合計			

會計主管：　　　　　　　審核：　　　　　　　製表：

二、原始憑證的基本內容

經濟業務的複雜性使原始憑證所反應的具體內容不盡相同，名稱、格式也有所差異。例如，領料單記錄的內容是原材料的發出情況，而收料單記錄的是原材料的收入情況，兩者記錄的具體業務內容是有明顯區別的。但撇開各個原始憑證的具體的形式和內容，就其共同點而言，各種原始憑證的基本內容都應包含以下幾個方面：

（1）原始憑證的名稱。如「增值稅專用發票」「限額領料單」等。通過原始憑證的名稱能基本體現該憑證所反應的經濟業務類型。

（2）填製原始憑證的具體日期和經濟業務發生的日期以及原始憑證的編號。一般來說，填製原始憑證的具體日期和經濟業務發生的日期在大多數情況是一樣的，但也有不一致的時候[①]，此時應將這兩個日期在原始憑證中分別進行反應。憑證的編號是為了保證會計憑證的連續性，防止憑證遺失，以便加強對憑證的管理。

（3）對外原始憑證有關接受單位的名稱。

（4）經濟業務的基本內容。原始憑證對經濟業務內容的反應，可以通過原始憑證內專設的「內容摘要」欄進行，如收據、發票等，也可以通過原始憑證本身來體現，

[①] 如差旅費報銷單上的出差日期和報銷日期往往是不一致的。

如飛機票等。

(5) 填製的單位或個人的名稱。

(6) 經濟業務的數量、單價和金額。這是保證經濟活動完整地進行所必需的，也是會計記錄所要求的。沒有具體金額的書面文件（如勞動合同等）一般是不能作為會計上的原始憑證的。

(7) 經辦人員的簽字或蓋章。

對於外來的原始憑證，還需要有填製單位的財務專用章或者公章。

上述原始憑證所應具備的基本內容可以對照前面所舉的有關原始憑證具體樣式進行理解和掌握。

有些原始憑證包含的內容不僅應當滿足財務、會計工作的需要，而且還應滿足計劃、統計和其他業務方面的需要。因此，原始憑證除包括上述基本內容外，還要列入一些補充內容，諸如在原始憑證上註明與該筆業務有關的生產計劃任務、預算項目以及經濟合同號碼，以便更好地發揮原始憑證的多重作用。

三、原始憑證的填製

原始憑證是具有法律效力的書面證明文件，是進行會計核算的重要原始資料和依據。為了保證原始憑證能夠真實、完整、及時地反應各項經濟業務，確保帳簿記錄如實反應經濟活動，填製原始憑證必須符合以下要求：

(一) 記錄真實

這是填製原始憑證最基本，也是最重要的要求。數字和內容的填寫必須符合有關經濟業務的實際情況，保證真實、完整，不得弄虛作假。

(二) 內容完整

原始憑證必須按規定的格式和內容逐項填寫，不準遺漏。同時須由經辦部門或人員簽字、蓋章，對憑證的真實性、正確性負責。

(三) 填製及時

經濟業務發生后，應及時填製與之相關的原始憑證，並按規定的程序傳遞、審核，不得任意延誤或隔時補填，確保原始憑證填製的及時性。填製完成後，按照規定的程序及時送交會計部門，經過會計部門審核之後，據以編製記帳憑證。

(四) 書寫規範

原始憑證上的文字和數字都要認真填寫，要求字跡清楚，易於辨認，不得使用未經國務院頒布的簡化字。合計的小寫金額前要冠以人民幣符號「￥」（用外幣計價、結算的憑證，金額前要加外幣符號，如「HK＄」「US＄」等），幣值符號與阿拉伯數字之間不得留空白；所有以元為單位的阿拉伯數字，除表示單價等情況外，一律寫到角分，無角分的以「0」補位。漢字大寫金額數字，一律用正楷字或行書字書寫，如壹、貳、叁、肆、伍、陸、柒、捌、玖、拾、零、整（正）。大寫金額最后為「元」的應加寫「整」（或「正」）字斷尾。

阿拉伯金額數字中間有「0」時，漢字大寫金額要寫「零」字，如￥2,403.50，漢字大寫金額應寫成人民幣貳仟肆佰零叁元伍角整。阿拉伯金額數字中間連續有幾個「0」時，漢字大寫金額中可以只寫一個「零」字，如￥2,006.74，漢字大寫金額應寫成人民幣貳仟零陸元柒角肆分整。阿拉伯金額數字萬位或元位是「0」，或者數字中連續有幾個「0」，元位也是「0」，但仟位和角位不是「0」時，漢字大寫金額中可以只寫一個「零」字，也可以不寫「零」字，如￥1,780.46，應寫成人民幣壹仟柒佰捌拾元零肆角陸分整，或者寫成人民幣壹仟柒佰捌拾元肆角陸分整；又如￥205,000.62，應寫成人民幣貳拾萬伍仟元零陸角貳分整，或者寫成貳拾萬零伍仟元陸角貳分整。阿拉伯金額數字角位是「0」，而分位不是「0」的，漢字大寫金額「元」后面應寫「零」字，如￥36,507.03，應寫成人民幣叁萬陸仟伍佰零柒元零叁分整。

在填寫原始憑證的過程中，如發生錯誤，應按規定方法進行更正，不得任意挖補、塗改、刮擦，更不能用褪色藥劑改寫。如果原始憑證上的金額發生錯誤，不得在原始憑證上更改，而應由出具單位重開。提交銀行的各種結算憑證（如支票）的大小寫金額一律不準更改，如填寫錯誤，應加蓋「作廢」戳記，重新填寫。

四、原始憑證的審核

原始憑證載有的內容只是含有會計信息的原始數據，必須經過會計確認，才能進入會計信息系統進行加工處理。為了保證原始憑證的真實性、完整性和合法性，企業會計部門對各種原始憑證都要進行嚴格的審核。

原始憑證的審核是充分發揮會計監督作用的重要環節，因此會計部門對各種填製完成的原始憑證，不論是自製的還是外來的，都應該從形式上和實質上兩方面進行嚴格審核。

形式上的審核，主要是審核憑證格式是否符合規定及要求；內容是否完整；數字計算是否正確；大小寫金額是否一致；書寫是否清楚；有關人員簽章是否齊全；有無刮、擦、挖、補或塗改現象等。

實質性審核，主要是針對原始憑證中記錄的經濟業務的真實性與合法性、合理性進行審核。首先要保證原始憑證所記錄的經濟業務符合實際情況；其次要以國家的方針、政策、法令、制度和企業的計劃、合同等為依據，審核原始憑證的內容是否合法、合理，有無違反財經制度，是否符合計劃預算，是否符合成本開支範圍等。

在審核過程中，如發現問題，應按不同情況進行處理：凡出現手續不完備、數字計算不正確、文字書寫不清楚、項目填寫不齊全等一般差錯的原始憑證，應退還經辦部門或人員，限期補辦手續，進行更正；凡是一些不合理、不合法的憑證，會計人員有權拒絕支付或報銷；對於違法亂紀、偽造冒領等非法行為，應扣留憑證，根據有關法規進行嚴肅處理。

第三節　記帳憑證的填製和審核

企業日常業務繁多，會產生數量龐大、種類繁多、格式不同的原始憑證，這些憑證並不能明確表明經濟業務應記入的帳戶名稱和記帳方向（借方或貸方），不經過必要的整理和歸納，難以達到登記帳簿的要求。因此，會計人員必須根據審核無誤的原始憑證編製記帳憑證，將原始憑證的內容轉化為帳簿能夠接受的語言，以便直接登記有關會計帳簿。

一、記帳憑證的意義和種類

(一) 記帳憑證的意義

記帳憑證是指由會計人員根據審核無誤的原始憑證或原始憑證匯總表填製的，用以記載經濟業務簡要內容、明確會計分錄，作為記帳依據的會計憑證。

原始憑證能證明經濟業務已經發生或完成，但不能直接反應應記入帳戶的名稱和方向。為了便於登記帳簿，必須填製記帳憑證，明確應記帳戶的名稱、方向以及應記金額。這樣，不僅可以減少記帳差錯，而且便於對帳和查帳，從而提高記帳工作的質量和會計核算的效率。

(二) 記帳憑證的種類

記帳憑證多種多樣，可以按不同的標準予以分類。按照記帳憑證的用途和格式不同，可以分為通用記帳憑證和專用記帳憑證；按照記帳憑證是否需要經過匯總，可以分為匯總性記帳憑證和非匯總性記帳憑證；按照填製方式的不同，可以分為單式記帳憑證和復式記帳憑證。

1. 按記帳憑證的用途和格式劃分

按記帳憑證的用途和格式劃分，可以分為通用記帳憑證和專用記帳憑證。

(1) 通用記帳憑證是指不分經濟業務的類型，統一使用相同格式的記帳憑證。見表5.6。

表 5.6　記帳憑證

年　　月　　日　　　　　　　　憑證編號：

摘要	一級科目	二級科目或明細科目	借方金額	貸方金額	記帳
張某報銷差旅費，不足部分以現金補付	管理費用		630		√
	其他應收款			600	√
	庫存現金			30	√
	合　　　計		630	630	

附件1張

會計主管：　　　　記帳：　　　　出納：復核：制證：

(2) 專用記帳憑證按其反應的經濟業務是否與現金或銀行存款有收、付關係,可以分為收款憑證、付款憑證和轉帳憑證三種。

收款憑證與付款憑證是分別用來記錄現金和銀行存款收款業務與付出業務的記帳憑證,它們是根據有關現金和銀行存款收款與付款業務的原始憑證填製的,其中收款憑證的借方、付款憑證的貸方只可能是「現金」或「銀行存款」科目。為了醒目起見,通常將收款憑證的借方科目和付款憑證的貸方科目放在憑證的左上角,其格式見表5.7、表5.8。值得注意的是,對於現金和銀行存款之間的收、付業務以及銀行存款之間的劃轉業務,一般只編製有關的付款憑證,以避免重複記帳。

表5.7 收款憑證

借方科目:銀行存款　　　　　　年　月　日　　　　　　銀收字第　號

摘　要	貸方科目		金額	記帳	
	一級科目	二級科目或明細科目			附件1張
出售甲產品100件	主營業務收入	甲產品	38,000	√	
合　計			38,000		

會計主管:　　　記帳:　　　出納:　　　審核:　　　填製:

表5.8 付款憑證

貸方科目:庫存現金　　　　　　年　月　日　　　　　　現付字第　號

摘　要	借方科目		金額	記帳	
	一級科目	二級科目或明細科目			附件1張
把現金存入銀行	銀行存款		12,000	√	
合　計			12,000		

會計主管:　　　記帳:　　　出納:　　　審核:　　　填製:

轉帳憑證是用來記錄不涉及現金和銀行存款收、付內容的其他經濟業務的記帳憑證,它是根據有關轉帳業務的原始憑證填製的。其格式如表5.9所示。

表5.9 轉帳憑證

年　月　日　　　　　　　　　　　　　　轉字第　號

摘　要	一級科目	二級科目或明細科目	借方金額	√	貸方金額	√	
銷售產品給M公司貨款尚未收到	應收帳款	M公司	54,000				附件1張
	主營業務收入				54,000		
合計			54,000		54,000		

會計主管:　　　記帳:　　　審核:　　　填製:

2. 按記帳憑證是否需要經過匯總劃分

記帳憑證，按其是否經過匯總，可以分為匯總性記帳憑證和非匯總性記帳憑證。前面所講的通用憑證和專用憑證都屬於非匯總性記帳憑證。匯總性記帳憑證按照匯總方法不同，可以分為全部匯總和分類匯總兩類。全部匯總是將企業一定時期內編製的記帳憑證全部匯總在一張記帳憑證匯總表（通常稱之為科目匯總表，見表5.10）上。分類匯總是定期根據收款憑證、付款憑證、轉帳憑證分別匯總編製匯總收款憑證（見表5.11）、匯總付款憑證（見表5.12）、匯總轉帳憑證（見表5.13）。

表5.10　科目匯總表

20××年4月1～10日

會計科目	記帳	本期發生額 借方	本期發生額 貸方	帳憑證起訖號數
材料採購		138,250	138,250	
銀行存款		159,700	119,750	
應付帳款		16,000	20,200	
應付票據		5,000	51,000	
預付帳款		22,500	20,000	
原材料		138,450	88,055	
生產成本		90,515		
製造費用		4,410		
管理費用		3,112		
週轉材料			400	(1) 現金收款憑證第×號到第×號
應付職工薪酬		22,300	18,696	
庫存現金		16,300	20,200	(2) 現金付款憑證第×號到第×號
其他應收款		1,000	1,000	
無形資產		2,000	8,000	(3) 銀行收款憑證第×號到第×號
主營業務收入		1,000	169,000	
應收帳款		41,000	18,000	(4) 銀行付款憑證第×號到第×號
應收票據		35,000	19,000	
預收帳款		11,000	11,000	(5) 轉帳憑證第×號到第×號
銷售費用		5,500		
財務費用		100		
其他業務收入			23,000	
其他業務支出		14,300		
營業外收入			1,800	
固定資產清理		614	614	
累計折舊		4,000		
固定資產			4,500	
營業外支出		414		
合　　計		732,465	732,465	

表 5.11　匯總收款憑證

借方帳戶：銀行存款　　　　　　　　20××年 4 月　　　　　　　　　匯收第 × 號

貸方帳戶	金額				記帳	
	（1）	（2）略	（3）略	合計	借方	貸方
主營業務收入	100,000					
預收帳款	11,000					
應收帳款	18,000					
應收票據	12,900					
其他業務收入	8,000					
無形資產	8,000					
營業外收入	1,800					
合　計	159,700					
附　件	1. 1～10 日憑證共 7 張 2. 11～20 日憑證共 × 張 3. 21～30 日憑證共 × 張					

表 5.12　匯總付款憑證

貸方科目：庫存現金　　　　　　　　20××年 4 月　　　　　　　　　匯付第 × 號

借方帳戶	金額				記帳	
	（1）	（2）略	（3）略	合計	借方	貸方
應付職工薪酬	16,300					
管理費用	400					
應收帳款	1,000					
預收帳款	2,000					
銷售費用	500					
合　計	20,200					
附　件	4. 1～10 日憑證共 6 張 5. 11～20 日憑證共 × 張 6. 21～30 日憑證共 × 張					

表 5.13　匯總轉帳憑證

貸方帳戶：原材料　　　　　　　　20××年4月　　　　　　　　匯轉第×號

借方帳戶	金額				記帳	
	（1）	（2）略	（3）略	合計	借方	貸方
生產成本	74,555					
製造費用	1,100					
管理費用	400					
其他業務支出	12,000					
合　計	88,055					
附　件	7. 1～10日憑證共3張 8. 11～20日憑證共×張 9. 21～30日憑證共×					

3. 按記帳憑證填製方式劃分

記帳憑證按其填製方式劃分，又可以分為單式記帳憑證和復式記帳憑證。單式記帳憑證（見表5.14和表5.15）是在每張憑證上只填製一個會計科目，把一項經濟業務涉及的每一個會計科目分別填入不同的記帳憑證中。復式記帳憑證（見表5.6至表5.9）則是把一筆經濟業務所涉及的會計科目集中填列在一張記帳憑證上。復式記帳憑證能夠集中體現帳戶對應關係，相對於單式記帳憑證而言能減少記帳憑證的數量。但復式記帳憑證不利於會計人員分工記帳。

表 5.14　借項記帳憑證

對應科目：主營業務收入　　　　　　20××年4月5日　　　　　　編號 1 $\frac{1}{2}$

摘要	一級科目	二級科目或明細科目	金額	記帳
銷售收入 存入銀行	銀行存款		34,000	√

會計主管：　　　　記帳：　　　　複合：　　　　出納：　　　　填製：

表 5.15　貸項記帳憑證

對應科目：銀行存款　　　　　　　　20××年4月5日　　　　　　編號 1 $\frac{2}{2}$

摘要	一級科目	二級科目或明細科目	金額	記帳
銷售收入 存入銀行	主營業務收入		34,000	√

會計主管：　　　　記帳：　　　　複合：　　　　出納：　　　　填製：

二、記帳憑證的基本內容

記帳憑證的一個重要作用是將審核無誤的原始憑證中所記載的原始數據通過運用

帳戶和復式記帳較為系統地編製會計分錄，從而將零散的信息轉化為會計帳簿能夠接受的專用語言，並成為登記帳簿的直接依據。記帳憑證的種類雖然繁多，但一般具有以下內容：

(1) 記帳憑證的名稱，如收款憑證、轉帳憑證等。

(2) 記帳憑證的填製日期和編號。

(3) 填製單位的名稱。

(4) 經濟業務的內容摘要。由於記帳憑證是對原始憑證直接處理的結果，因此只需要將原始憑證上的內容簡明扼要的說明即可。

(5) 會計分錄，即應借應貸的帳戶名稱及其金額。

(6) 會計主管人員、審核人員及填製和記帳人員的簽章。收、付款憑證，還要有出納人員的簽章。

(7) 所附原始憑證張數，是為方便日後查證。

三、記帳憑證的填製

記帳憑證的正確與否，直接關係到記帳的真實性和正確性，所以記帳憑證的填製除必須做到記錄真實、內容完整、填製及時、書寫規範外，還應符合以下要求：

(1) 「摘要」欄的填寫，一要真實準確，二要簡明扼要，以滿足登帳的要求。

(2) 必須按會計制度統一規定的會計科目名稱及其核算內容，結合經濟業務的性質確定應借、應貸的會計科目，保持會計核算口徑的一致，以便於綜合匯總核算指標。

(3) 會計分錄的填製必須能夠反應經濟業務的來龍去脈，會計科目的對應關係要準確無誤。不得將不同類型的經濟業務合併填製在一張記帳憑證上。

(4) 必須採用科學的方法對記帳憑證進行編號。在使用通用憑證的企業裡，可以按照經濟業務發生的先後順序分月按自然數 1、2、3……順序編號；在採用收款憑證、付款憑證和轉帳憑證的企業裡，可以採用「字號編號法」，即按照專用記帳憑證的類別順序進行標號，例如，收字第×號、付字第×號、轉字第×號等。也可採用「雙重編號法」，即按總字順序編號與按類別順序編號相結合，例如，某付款憑證為「總字第×號，收字第×號」。一筆經濟業務，涉及編製多張專用記帳憑證的，可採用「分數編號法」，例如，一筆經濟業務需要編製三張原始憑證，憑證的順序號為 15 號時，其編號可為「轉字第 $15\frac{1}{3}$ 號」「轉字第 $15\frac{2}{3}$ 號」「轉字第 $15\frac{3}{3}$ 號」。不論採用哪種憑證編號方法，每月末最後一張記帳憑證的編號旁邊要加註「全」字，以免憑證遺失。

(5) 每張記帳憑證都必須註明所附原始憑證的張數，以便日後查對。如果根據同一原始憑證填製兩張或兩張以上的記帳憑證，則應在未附原始憑證的記帳憑證上註明其原始憑證在哪張記帳憑證下，以便查閱。

(6) 在採用專用記帳憑證的企業中，對於從銀行提取現金或將現金存入銀行等貨幣資金內部相互劃轉的經濟業務，為了避免重複記帳，按照慣例，一般只編付款憑證，不編收款憑證。

非匯總性記帳憑證的編製方法參見表 5.6、表 5.7、表 5.8 及表 5.9。接下來具體

介紹科目匯總表和分類匯總記帳憑證的編製方法。

科目匯總表是根據非匯總性記帳憑證定期整理，匯總各帳戶的借、貸方發生額，並據以登記總帳的一種匯總性記帳憑證。為了便於科目匯總表的編製，首先一次性記帳憑證只能編製簡單分錄。其次應根據本單位的實際情況確定匯總時間，業務量多的單位可逐日匯總編製；業務量少的單位，也可三五日匯總一次，但一般不要超過十天。

編製科目匯總表的具體方法與程序如下：

（1）將匯總期內的記帳憑證按種類依編號順序整理排列，將該期間記帳憑證涉及的總分類帳戶填入科目匯總表的「會計科目」欄。為了節省「會計科目」欄的填製時間，可將使用的全部總帳科目事先印製在科目匯總表上，其排列順序與總分類帳簿中的該帳戶順序保持一致，以便登記。

（2）分別匯總每一總分類帳戶本期借、貸方的發生額，將匯總數填入相應會計科目的「借方」「貸方」金額欄內。這一步驟分兩次完成。先將匯總期的各類記帳憑證按借方帳戶相同為標準歸類，加計合計數，填入各帳戶借方金額欄。再將匯總期的各類記帳憑證按貸方帳戶相同為標準歸類，加計合計數，填入各帳戶貸方金額欄。

（3）匯總完畢后，應加計借、貸方發生額的合計數，進行試算平衡，核對相等后，填入總計行內。

（4）將匯總期間的記帳憑證的種類及編號，填入「記帳憑證起訖號數」欄。

（5）過入有關總帳后填寫記帳標記欄。

分類匯總記帳憑證的編製方法如下：

（1）匯總收款憑證。匯總收款憑證是根據匯總期內的收款憑證匯總填製的一種匯總憑證。在填製這種憑證時，首先應將匯總期內的全部收款憑證按借方帳戶歸類，分「庫存現金」帳戶和「銀行存款」帳戶兩類，並將借方帳戶分別填入為每一類設置的匯總收款憑證左上方的「借方帳戶」處；其次在上述歸類的基礎上，再將對應帳戶進行第二次歸類，並加計合計數填入各匯總期的金額欄。同時，將各匯總期間所依據的收款憑證起訖號數填入「附件」欄內。月末加計累計數，再根據累計數逐筆過入有關總帳，過帳以后，在「記帳」欄內做出記帳標記。

（2）匯總付款憑證。匯總付款憑證是根據匯總期間的付款憑證匯總填製的一種匯總憑證。在填製這種憑證時，首先應將匯總期內的全部付款憑證按貸方帳戶歸類，分「庫存現金」帳戶和「銀行存款」帳戶兩類，並將貸方帳戶分別填入為每一類帳戶設置的匯總付款憑證左上方的「貸方帳戶」處；其次在上述歸類的基礎上，按對應的借方帳戶進行第二次歸類，並加計合計數填入各匯總期的金額欄。同時，將各匯總期所依據的付款憑證起訖號數填入「附件」欄內。其余步驟與匯總收款憑證相同。

（3）匯總轉帳憑證。匯總轉帳憑證是根據匯總期間的轉帳憑證匯總填製的一種匯總憑證。在填製這種憑證時，首先應將匯總期內的全部轉帳憑證按非貨幣資金帳戶貸方歸類，並填入為每一類帳戶設置的匯總轉帳憑證左上方的「貸方帳戶」處。其余步驟與匯總付款憑證的填製完全相同。

四、記帳憑證的審核

記帳憑證的審核同原始憑證的審核一樣，也是會計確認的一個重要環節。記帳憑證是根據正確無誤的原始憑證填製的，因此記帳憑證的審核在一定意義上可以說是對原始憑證的復核，只有審核無誤的記帳憑證才能作為登記帳簿的依據。記帳憑證的審核主要有以下內容：

（1）記帳憑證的內容是否與原始憑證一致；是否附有原始憑證，附件張數填列是否正確。

（2）記帳憑證上記載的會計分錄是否正確。即應借、應貸帳戶的名稱、金額及其對應關係是否清晰，一級科目金額與所屬二級科目或明細帳目金額是否相符。

（3）內容摘要的填寫是否清楚，是否正確歸納了經濟業務的實際內容。記帳憑證中有關項目填列是否齊備，有關人員是否簽字或蓋章，填寫是否符合規範等。

審核中，對於手續不全、內容不完整的記帳憑證應進行補辦、補填；對於有錯誤的記帳憑證，應根據有關規定進行重新填製或更正錯誤。只有通過審核無誤的記帳憑證，才能作為登記帳簿的直接依據。

第四節　會計憑證的傳遞和保管

一、會計憑證的傳遞

會計憑證的傳遞是指會計憑證從取得或填製時起，經過審核、登帳，直至歸檔保管的全過程。其具體內容包括兩部分：①會計憑證在企業內部有關部門及經辦人員之間傳遞的線路和程序；②會計憑證在各個環節的停留及傳遞時間。

在企業中，一項經濟業務的完成，往往需要幾個業務部門共同進行，會計憑證也就隨著實際業務的進程在有關部門之間流轉。組織好會計憑證的傳遞工作，對於確保會計核算的及時性，加強經營管理上的責任制，提高企業經營效率具有重要意義。因此，企業應對此予以足夠重視。

一般來說，正確、合理地組織會計憑證的傳遞工作應從以下三方面入手：

（一）確定傳遞線路

要根據經濟業務的特點、經營管理的需要以及企業內部機構的設置和人員分工情況，合理確定各種會計憑證的聯數和所流經的必要環節。既要做到使有關部門和人員能利用憑證瞭解經濟業務的發生和完成情況，確保對憑證按規定手續進行處理和審核，又要避免憑證傳遞經過不必要的環節，影響傳遞速度，降低工作效率。

（二）規定傳遞時間

要根據各個環節辦理經濟業務的各項手續（如檢驗、審核、登記等）的需要，明確規定憑證在各個環節的停留時間和傳遞時間。既要防止不必要的延誤，又要避免時

間定得過緊，影響業務手續的完成。

(三) 建立憑證交接的簽收制度

為了保證會計憑證的安全、完整，在各個環節中，都應指定專人辦理交接手續，做到責任明確、手續完備且簡便易行。

會計憑證的傳遞辦法是經營管理的一項規章制度，會計部門應會同有關部門在調查研究的基礎上共同制定，報經本單位領導批准後，有關部門或人員必須遵照執行。同時，可以把若干主要業務繪成流程圖或流程表，供有關人員使用。

二、會計憑證的保管

會計憑證的保管是指會計憑證在登帳后的整理、裝訂和歸檔存查。會計憑證是重要的會計核算資料，同時也是重要的經濟檔案和歷史資料，它是事后瞭解經濟業務，檢查帳務，明確經濟責任的重要證明。為了便於隨時查閱利用，各種會計憑證在履行各項業務手續，並入帳后，應由會計部門加以整理、歸類、並送交檔案部門妥善保管。《會計基礎工作規範》對此做出了明確規定，具體可以歸納為以下幾點：

(一) 會計憑證的整理歸類

會計部門在記帳之后，應定期對各種會計憑證加以分類整理，將記帳憑證按照編號順序，連同所附原始憑證折疊整齊；然后加上封面、封底，裝訂成冊，並在裝訂線上加貼封簽；最后在封面上註明單位名稱、記帳憑證種類、起止號數、年度月份和起止日期，並由有關人員簽字或蓋章。對數量過多的原始憑證，可以單獨裝訂保管，但要在記帳憑證上加註說明，以便查閱。

(二) 會計憑證的造冊歸檔

每年的會計憑證都應由會計部門按照歸檔的要求，負責整理立卷或裝訂成冊。當年的會計憑證，在會計年度終了后一年可由會計部門暫時保管，期滿后原則上應由會計部門編製清冊移交本單位檔案部門保管。檔案部門接受的會計憑證，一般要保持其原有封裝，個別需要拆封重新整理的，應由會計部門和經辦人員共同完成，以明確責任。

(三) 會計憑證的借閱

會計憑證原則上不得外借，但若有特殊需要，須報請批准，不得拆散原卷冊，並按規定的時間內歸還。需要查閱已入檔的會計憑證時，必須辦理借閱手續。

(四) 會計憑證的銷毀

會計憑證的保管期限和銷毀手續，必須嚴格執行會計制度的有關規定。根據各種會計憑證的重要程度，分別規定保管期限。對保管期限已滿需要銷毀的會計憑證，必須開列清冊，並按規定手續進行報批處理，經上級主管部門批准后方可銷毀。銷毀后，在銷毀清冊上簽名或簽章，並將監銷情況報告本單位負責人。

本章小結

　　本章主要介紹會計憑證的概念、會計憑證的分類、內容、填製和審核，以及會計憑證的傳遞和保管。會計憑證是用來記錄經濟業務、明確經濟責任，並作為登記帳簿依據的書面證明文件。按填製程序和內容的差異可以分為原始憑證和記帳憑證，按照不同分類標準，可以對記帳憑證和原始憑證進行進一步的分類。原始憑證在填製時需要保證能夠真實、完整、及時地反應各項經濟業務。記帳憑證的填製除了上述要求外，還需要特別注意格式上的規範。原始憑證和記帳憑證的審核是會計確認的重要環節，只有通過嚴格審核后無誤的原始憑證才能作為編製記帳憑證的依據，只有通過嚴格審核無誤的記帳憑證才能作為登記帳簿的依據。企業必須建立合理和科學的會計憑證的傳遞流程，這對於確保會計核算的及時性，加強經營管理上的責任制，提高企業經營管理效率具有重要意義。同時，對於已登帳的會計憑證及相關資料，需要進行整理和歸類，並妥善保管，有關會計憑證的借閱和銷毀，必須嚴格執行會計制度，這是保證企業經濟材料完整和安全的基礎。

復習思考題

1. 什麼是會計憑證？填製和審核會計憑證有何意義？
2. 什麼是原始憑證？原始憑證的種類和應具備的基本內容有哪些？
3. 原始憑證審核的主要內容是什麼？
4. 什麼是記帳憑證？記帳憑證的種類和應具備的基本內容有哪些？
5. 對填製記帳憑證有哪些主要要求？
6. 記帳憑證審核的主要內容是什麼？
7. 合理組織會計憑證的傳遞有何重要意義？

第六章　會計帳簿

[學習目的和要求]

本章主要介紹會計帳簿的概念、種類、設置與登記、使用和保管,其中會計帳簿的設置和登記是本章的重點和難點。通過本章的學習,應當:

(1) 瞭解會計帳簿的意義和種類;
(2) 瞭解會計帳簿的設置和登記的規則;
(3) 掌握錯帳的查找和更正方法;
(4) 掌握會計帳簿的設置和登記方法。

第一節　會計帳簿的意義和種類

一、會計帳簿的意義

(一) 會計帳簿的概念

經過上一章的學習,我們瞭解到,企業對於發生的各種經濟業務,首先由原始憑證做出最初的反應,然後由會計人員按照會計信息系統的要求,採用復式記帳,編製記帳憑證。可以說,原始憑證和記帳憑證能夠較為全面地反應經濟業務發生和完成的情況,所記錄的業務內容也十分翔實。但由於這些會計憑證的數量龐大,傳遞的信息較為零星、分散,不便於獲取綜合、系統的會計信息以便日后的查閱。會計帳簿的出現就是為了將原有零星、分散的會計信息加以集中和分類整理,為企業經營管理提供系統、全面的會計信息資料。

會計帳簿簡稱帳簿,是指以會計憑證為依據,由具有專門格式而又相互聯繫的帳頁組成,用以連續、系統、全面地記錄和反應各項經濟業務增減變動及其結果的簿籍。會計帳簿是會計資料的主要載體之一。

(二) 會計帳簿的作用

會計帳簿的構成形式是相互聯繫的多個帳頁,記錄的內容是企業的經濟業務。它既是累積、儲存會計信息的數據庫,也是會計信息的處理中心。設置和登記會計帳簿是會計循環的主要環節,是提供系統、全面的會計信息資料的重要手段,會計帳簿在會計核算過程中具有重要作用。

（1）科學地設置和登記會計帳簿，可以系統地反應經濟業務，提供管理上所需要的總括指標和明細指標。

（2）可以反應企業各項財產物資狀況及其變化，有助於保護財產安全、完整，便於監督各項資金的合理使用。

（3）設置和登記會計帳簿，可以為編製會計報表提供資料來源和依據，同時，利用會計帳簿所提供的資料，還可以考核企業的經營成果、分析計劃和預算的完成情況。

（4）設置和登記不同種類的會計帳簿，還便於會計工作的分工，更有利於保存會計信息資料，以便於日後查閱。

二、會計帳簿的種類

會計帳簿的種類多種多樣。在會計核算中，為了便於瞭解和正確運用各種帳簿，可以按不同的標準，對其進行分類。

（一）帳簿按用途劃分，可以分為序時帳簿、分類帳簿、備查帳簿

1. 序時帳簿

序時帳簿也稱日記帳，是指按照經濟業務發生的時間先後順序，逐日逐筆進行連續登記的帳簿。在實際工作中，它是按會計部門收到會計憑證的先後順序，亦即按照憑證號碼的先後順序登記的。序時帳簿按其記錄內容的不同，又可分為特種日記帳和普通日記帳。

特殊日記帳是將某一類比較重要的經濟業務，按其發生的時間順序記入帳簿中，以反應某個特定項目的詳細情況。如現金日記帳和銀行存款日記帳。

普通日記帳是將每天發生的全部經濟業務按照業務發生的先後順序，編製成會計分錄，登入帳簿中，因此又稱為分錄簿。

2. 分類帳簿

分類帳簿是指按照帳戶對全部經濟業務進行分類登記的帳簿。分類帳簿依據其概括程度的不同，又可分為總分類帳和明細分類帳。

總分類帳簡稱總帳，是指根據總分類科目開設的，用來分類記錄全部經濟業務總括核算資料的分類帳簿。

明細分類帳簡稱明細帳，是指根據明細分類科目設置的，用來記錄某一類經濟業務詳細核算資料的分類帳簿。

序時帳簿和分類帳簿還可以結合起來，形成一種聯合帳簿。聯合帳簿兼有序時帳簿和分類帳簿的特點，如日記總帳。

3. 備查帳簿

備查帳簿是指對某些在序時帳和分類帳等主要帳簿中未能記載或記載不全的事項進行補充登記，以備查考的帳簿。它可以對某些經濟業務的內容提供必要的補充參考資料。如租入固定資產登記簿、委託加工材料登記簿均屬於備查帳簿。

（二）帳簿按其外表形式劃分，可以分為訂本式帳簿、活頁式帳簿和卡片式帳簿

1. 訂本式帳簿

訂本式帳簿是指在帳簿啟用之前，就將帳頁按順序編號裝訂成冊的帳簿。這種帳

簿能夠避免帳頁散失，防止抽換。目前，現金日記帳、銀行存款日記帳和總分類帳一般採取這一形式。但由於帳頁是固定的，在同一時期內，只能由一個人登記，不便於分工，影響工作效率。此外，這種帳簿還存在帳頁不能增減，多則浪費，少則不夠的缺點。

  2. 活頁式帳簿和卡片式帳簿

  它們是由若干零散的帳頁、卡片組成的帳簿。它們的帳頁、帳卡不是固定地裝訂在一起，而是存放在帳夾和卡片箱中，可以隨時取出和放入。其優點是靈活方便，帳頁、帳卡可以根據需要增減，還可以根據不同需要進行歸類，同時也便於分工記帳；其缺點是帳頁、帳卡容易散失和被抽換。因此，在使用活頁式帳簿或卡片式帳簿時，使用前要編製序號；使用中要妥善保存在帳夾或卡片箱中；使用完畢后要裝訂成冊或封扎保管。

  目前，一般明細分類帳一般採用活頁式帳簿，固定資產和低值易耗品等明細帳一般可用卡片式帳簿。

(三) 帳簿按其帳頁格式劃分，可以分為兩欄式帳簿、三欄式帳簿、多欄式帳簿和數量金額式帳簿

  1. 兩欄式帳簿

  兩欄式帳簿的帳頁只設借方和貸方兩個金額欄。

  2. 三欄式帳簿

  三欄式帳簿是由設置「借方」「貸方」和「余額」三個金額欄的帳頁組成的帳簿。該種帳簿只設金額欄，不設數量欄。

  3. 多欄式帳簿

  多欄式帳簿是根據會計核算的需要，對經常發生的經濟業務設置若干專欄，把同類業務在專欄裡進行匯總，然后一次過帳。多欄式帳簿只設金額欄，不設數量欄。

  4. 數量金額式帳簿

  數量金額式帳簿帳頁的格式是在三欄式帳簿的基礎上，增加數量專欄，從而既提供金額指標又提供數量指標。該種帳簿只適用於某些明細分類帳戶的登記，如原材料明細帳通常就採用這種格式。

第二節　會計帳簿的設置與登記

一、帳簿的基本內容和設置帳簿的基本原則

(一) 帳簿的基本內容

  儘管各種帳簿因所記錄的經濟業務不同，其結構和形式可以多種多樣，但一般都應具備以下基本內容：

1. 封面

封面應標明說明帳簿名稱和記帳單位的名稱。

2. 扉頁

扉頁應標明帳簿的啟用日期和截止日期；帳簿的頁數、冊數；經管帳簿人員姓名、簽章和交接日期；會計主管人員簽章；帳戶目錄。帳簿扉頁上的帳簿使用登記表的格式如表6.1所示。

表6.1　帳簿使用登記表

單位名稱				
帳簿名稱				
冊次及起訖頁	自	頁起至	頁止共	頁
啟用日期		年　　月　　日		
停用日期		年　　月　　日		
經管人員姓名	接管日期	交出日期	經管人員蓋章	會計主管蓋章
	年　月　日	年　月　日		
	年　月　日	年　月　日		
	年　月　日	年　月　日		
	年　月　日	年　月　日		
備註			單位公章	

3. 帳頁

根據反應的經濟業務內容的不同，帳頁的格式也會有所不同，但其基本內容應包括：

（1）帳戶名稱，包括一級科目、二級科目和明細科目的名稱。

（2）登帳日期。

（3）憑證種類和號數。

（4）摘要欄。

（5）金額欄。

(二) 設置帳簿的基本原則

一個會計主體應設置哪些種類的帳簿，採用什麼格式，都應在符合國家統一規定的前提下，根據本單位經濟業務的性質、特點以及經營管理的實際需要來具體確定。但不管各單位的具體情況如何，在設置帳簿時，都應遵循下列原則：

（1）帳簿的設置要能保證系統、全面地核算和監督經濟活動的情況，為企業的經營管理者及各有關方面提供適用的會計核算資料及信息。

（2）帳簿的設置要能保證組織嚴密，各帳簿之間既要有明確的分工，又要密切聯繫，力求避免重複或遺漏。

（3）帳簿的格式應簡便、實用，便於查帳。

二、序時帳簿的設置和登記方法

(一) 序時帳簿的設置方法

序時帳簿又稱為日記帳，是指以會計分錄的形式，按照時間順序記錄經濟業務的簿籍。它可以作為過入分類帳的依據。

一般來說，序時帳簿的設置有兩種方法：

1. 設置一本普通日記帳，並按照時間順序連續記錄全部經濟業務

對於經濟業務比較簡單的企業，可以只設一本普通日記帳，用以按時間的先後順序逐筆記錄全部業務即可。其優點是可以按時間順序，集中、簡明地反應每一筆經濟業務的完整過程；其缺點是只有一本帳，不便於分工記帳，並且不能將不同的業務分類歸集和反應。

2. 設置特種日記帳，用以集中反應大量重複發生的同類經濟業務

企業的某些經濟業務重複發生的次數較多，可以設置特種日記帳用以專門登記。如現金日記帳、銀行存款日記帳、購貨日記帳、銷貨日記帳等。設置特種日記帳不僅解決了分工記帳的問題，而且還可以對這部分經濟業務進行全面地反應。

(二) 序時帳簿的登記方法

前已述及，序時帳簿可以分為普通日記帳和特種日記帳。下面分別介紹普通日記帳、現金日記帳和銀行存款日記帳的登記方法。

1. 普通日記帳的登記

普通日記帳可以採用兩欄式和多欄式兩種格式。

(1) 兩欄式日記帳。兩欄式日記帳主要由借方金額、貸方金額兩個基本欄次構成。除此之外，還設有記帳日期、摘要、帳戶名稱、過帳等欄目，以滿足過入分類帳的需要。其格式和登記方法見表6.2。其中，在有關帳戶已過入分類帳之後，一般應在過帳欄中的相應位置打「√」號。

表6.2　日記帳（兩欄式）

| 2009年 | | 摘　要 | 帳戶名稱 | 借　方 | 貸　方 | 過帳 |
月	日					
4	1	生產領用材料	生產成本	2,200		√
			原材料		2,200	√
		……				

(2) 多欄式日記帳。多欄式日記帳的最大特點是依照對應帳戶設置金額專欄，月末根據專欄合計數一次過入分類帳。從理論上講，在多欄式日記帳中可以為每一個帳戶設置一個專欄，但這樣做可能造成帳頁過長，給記帳帶來不便，同時也無多大意義。因此，在實際工作中，常常只對現金、銀行存款等頻繁發生的業務設置專欄，對其他

業務，設置一個「其他帳戶」欄進行反應。

登帳時，設有專欄的帳戶，只須在該專欄的借方或貸方填入相應金額；未設專欄的帳戶，應在「其他帳戶」欄登記。

月末過入分類帳時，對於設有專欄的帳戶，將其合計數過入相應的總分類帳中（明細分類帳應逐筆過入）；未設專欄的，則同兩欄式日記帳一樣，應逐筆過入分類帳中。

多欄式日記帳的格式和登記方法見表6.3。

表6.3　日記帳（多欄式）

2009年		摘　要	銀行存款		庫存現金		主營業務收入		其他帳戶			過帳
月	日		借方	貸方	借方	貸方	借方	貸方	帳戶名稱	借方	貸方	
4	1	出售產品	5,500					5,500				
		提現		400	400							
	2	償還欠款		600					應付帳款	600		
	2	借支差旅費				300			其他應收款	300		
……												

與兩欄式日記帳相比，多欄式日記帳由於設有帳戶專欄，從而大大減少了過帳的工作量。但兩者都存在不便於會計人員分工協作的弊端。

2. 特種日記帳的登記

特種日記帳是對特定經濟業務進行序時記錄的帳簿。各單位應根據自身業務的特點和經營管理的需要設置不同種類的特種日記帳。如現金日記帳、銀行存款日記帳、銷貨日記帳、購貨日記帳等。在格式上一般可採取三欄式和多欄式兩種。現以現金日記帳和銀行存款日記帳為例來說明特種日記帳的登記方法。

現金日記帳和銀行存款日記帳是出納人員根據有關審核無誤的收、付款憑證，分別對會計核算單位的現金業務和銀行存款業務進行序時登記的特種日記帳。具體地講，現金日記帳是根據現金收款憑證、現金付款憑證以及記錄「提現」業務的銀行存款付款憑證來逐筆登記的；銀行存款日記帳則是根據銀行存款收款憑證、銀行存款付款憑證以及記錄「將現金存入銀行」業務的現金付款憑證來登記的。

（1）三欄式日記帳

三欄式日記帳，在帳頁上設置「收入（借方）」「付出（貸方）」和「余額」三個金額欄。此外，還設置「日期」「憑證字號」「摘要」「對方科目」「過帳」等欄次。其登記方法簡要說明如下：

①「日期」欄與「憑證編號」欄，應該與有關記帳憑證的內容相一致。

②「摘要」欄，應簡明扼要地說明現金（銀行存款）收入來源及支出用途。

③「對方科目」欄，登記與現金（銀行存款）收入或支出相對應的會計科目。

④「收入（借方）」欄，應根據現金（銀行存款）收款憑證逐筆登記，「付出（貸

方)」欄應根據現金（銀行存款）付款憑證登記。此外，當發生現金與銀行存款之間的業務，如提現、將現金存入銀行時，「收入」欄還應根據對方的付款憑證填入相應金額，即現金日記帳或銀行存款日記帳的「收入」欄應根據銀行存款付款憑證或現金付款憑證填入相應金額。

此外，在登記現金日記帳時，還應逐筆結出余額，以加強對現金的控制。

表6.4為三欄式現金日記帳的格式。

表6.4　庫存現金日記帳（三欄式）

2009年		憑證編號	摘要	對方科目	過帳	收入	付出	結存
月	日							
6	1		期初余額					2,650
(略)		②	借支差旅費	其他應收款	√		500	2,150
		④	出售原材料	其他業務收入	√	850		3,000
		⑨	支付採購費	材料採購	√		740	2,260
		……	……					

按照三欄式庫存現金（銀行存款）日記帳過帳時，應注意以下幾點：

①對於庫存現金（銀行存款）帳戶，按照借方（收入）、貸方（付出）的合計數過入相應的分類帳中。

②對於對應科目，應逐筆過帳。且當日記帳中的金額為借方時，過入對應帳戶的貸方，當日記帳中的金額為貸方時，過入對應帳戶的借方。

③過帳后，應在過帳欄中註明分類帳的頁碼並打「√」號，表示已經過帳。

④兩種特種日記帳都記錄的業務，對應科目不再過帳。例如，在設置庫存現金日記帳和銀行存款日記帳后，庫存現金日記帳中對應的「銀行存款」科目就不再過帳，以免重複。

(2) 多欄式日記帳

多欄式日記帳是在三欄式日記帳的基礎上，對庫存現金（銀行存款）的收入事項，按其來源渠道設置相應的貸方科目專欄，以反應庫存現金（銀行存款）增加的理由；對現金（銀行存款）的付出事項，按其用途設置相應的借方科目專欄，以反應現金（銀行存款）減少的原因。為了避免帳頁過長，對那些不經常重複出現的對應科目，通常不設置專欄，而是通過設置「其他科目」予以反應。

多欄式日記帳的登記方法，是在確定應借、應貸方向之後，將設有專欄的對應科目的金額記入相應位置，對應科目沒有專欄的，應填入「其他科目」欄。

表6.5列示了多欄式銀行存款日記帳的格式（此處省略了「其他科目」欄）。

表6.5　銀行存款日記帳（多欄式）

2009年		憑證編號	摘要	對應貸方科目				對應借方科目					余額
月	日			現金	主營業務收入	應收帳款	合計	庫存現金	材料採購	應付帳款	財務費用	合計	
6	1		期初余額										20,000
			出售產品		42,000								
			提現					2,000					
		2	購材料						8,000				
			償還欠款							6,600			
			現金存入	3,000									
			收到欠款			5,000							
	31		全月合計	35,000	96,000	8,000	139,000	8,000	35,000	66,000	1,000	120,000	39,000

按照多欄式日記帳過帳時，應注意以下幾點：

①多欄式庫存現金（銀行存款）日記帳的借、貸方合計數應過入庫存現金（銀行存款）總帳的借、貸方。

②設有專欄的會計科目，應將對應的合計數過入分類帳中。

③對於「其他科目」裡的帳戶，應逐筆過入相應的分類帳中。

④多欄式庫存現金日記帳中的「銀行存款」專欄的合計數，以及多欄式銀行存款日記帳中的「庫存現金」專欄的合計數，無須過帳，以免重複。

應用多欄式日記帳，通過設置專欄，匯總同類經濟業務可以大大減少過帳的工作量，同時將「收入」和「付出」分別列示，以便綜合反應一定時期內現金（銀行存款）的收入渠道和支出方向，有利於加強對貨幣資金的控制。但在記帳過程中，由於欄目增多，應避免因串行而造成記帳錯誤。

在貨幣資金收、付業務較多的單位，可以單獨設置庫存現金（銀行存款）收入日記帳和庫存現金（銀行存款）支出日記帳。其登記的原理和方法與庫存現金（銀行存款）日記帳相似，這裡不再贅述。

三、總分類帳簿的格式和登記方法

總分類帳是編製會計報表的主要依據。因此，每個單位都必須設置總帳，並按會計科目的編號順序，為每一個一級會計科目開設帳戶，並預留帳頁。

總分類帳通常採用三欄式的訂本帳，即在每張帳頁上設置借、貸、余三個金額欄。其格式和填製方法見表6.6。

表 6.6 總分類帳

帳戶名稱：應付帳款

2009 年		憑證編號	摘要	借方	貸方	借或貸	余額
月	日						
5	1		期初余額			貸	20,000
	2		從甲公司購入材料		27,000	貸	47,000
	12		從乙公司購入材料		15,000	貸	62,000
	18		償還甲公司欠款	20,000		貸	42,000
	20		從甲公司購入材料		18,000	貸	60,000
	25		償還乙公司欠款	20,000		貸	40,000
	31		本期發生額及余額	40,000	60,000	貸	40,000

　　總帳的格式，也可根據實際需要採用多欄式，即在同一帳頁上開設全部總分類帳戶，這種總帳亦稱日記總帳。其格式和填製方法將在帳務處理程序中介紹。

　　總分類帳的登記依據和方法，取決於核算單位所採用的帳務處理程序。它可以直接根據各種記帳憑證逐筆進行登記，也可以根據科目匯總表或分類匯總記帳憑證定期匯總登記，還可以根據日記帳逐筆或匯總登記。

四、明細分類帳簿的格式和登記方法

　　各會計核算單位，應根據有關會計制度和經營管理的需要，開設適量的明細分類帳，一般而言，對重要的財產物資、債權、債務、費用成本、收入成果等都應設置相應的明細分類帳。

　　明細分類帳的格式，一般採用三欄式、數量金額式和多欄式三種。其外表形式可以採用活頁帳，也可以採用卡片帳形式。

(一) 三欄式

　　三欄式明細分類帳的格式與三欄式總分類帳的格式基本相同。它適用於只需進行金額核算的經濟業務，如應收帳款、應付帳款等。其格式和填製方法見表 6.7。

表 6.7 應付帳款明細分類帳

帳戶名稱：應付帳款——甲公司

2009 年		憑證編號	摘要	借方	貸方	借或貸	余額
月	日						
8	1		期初余額			貸	25,000
	2		從甲公司購入材料		25,000	貸	50,000
	18		償還甲公司欠款	30,000		貸	20,000
	20		從甲公司購入材料		15,000	貸	35,000
	31		本期發生額及余額	30,000	40,000	貸	35,000

(二) 數量金額式

數量金額式明細帳是在收入、付出和結存欄內,分別設置數量、單價和金額欄。它適用於需要同時核算價值指標和實物指標的材料、庫存商品、低值易耗品等財產物資的明細分類帳。其格式和填製方法見表6.8。

表6.8 材料明細分類帳 (數量金額式)

會計科目:原材料

類別:×××　　品名及規格:×××　　計量單位:千克　　存放地點:×××

2009年		憑證編號	摘要	收入			發出			結存		
月	日			數量	單價	金額	數量	單價	金額	數量	單價	金額
7	1		期初余額							1,500	20	30,000
	5	銀付4	購入材料	2,000	20	40,000				3,500	20	70,000
	7	轉字32	領用材料				2,500	20	50,000	1,000	20	20,000
	16	轉字57	購入材料	3,000	20	60,000				4,000	20	80,000
	24	轉字78	領用材料				2,500	20	50,000	1,500	20	30,000
	31		期末余額							1,500	20	30,000

(三) 多欄式

多欄式明細分類帳是在三欄式的基礎上,根據經營管理的需要,開設若干專欄,以集中反應某一明細分類帳戶的增減變化情況。設置該類明細帳的主要目的是便於分析經濟業務。例如,通過對費用類帳戶設置多欄式明細分類帳,可以集中反應某類費用的具體支出方向和原因。其格式和填製方法見表6.9。

表6.9 製造費用明細分類帳 (多欄式)

會計科目:製造費用

2009年		憑證編號	摘要	借方					貸方	余額
月	日			工資和福利費	折舊費	辦公費	水電費	修理費	生產成本	
4	6	現付3	支付工資	2,300						2,300
	9	現付5	支付辦公費			500				2,800
	11	現付8	支付修理費					300		3,100
	16	現付11	支付水電費				400			3,500
	30	轉字36	計提折舊		1,200					4,700
	30		轉入生產成本						4,700	0
			本月發生額及余額	2,300	1,200	500	400	300	4,700	0

148

對於備查帳簿，由於它主要是用以補充前兩種帳簿中提供的資料的不足，為單位提供備查資料。因此，它沒有固定的格式，各單位可根據自身的實際需要來設計和登記。

五、總分類帳與明細分類帳的關係及其平行登記

(一) 總分類帳與明細分類帳的關係

總分類帳和明細分類帳是既有內在聯繫，又有區別的兩類帳戶。

總分類帳與明細分類帳的內在聯繫主要表現在以下兩個方面：①二者所反應的經濟業務內容相同，如「原材料」總帳帳戶與其所屬的「原料」「輔助材料」等明細帳都是用以反應材料的收發及結存業務的；②登記帳簿的原始憑證相同，登記總分類帳與登記其所屬明細帳的記帳憑證和原始憑證是相同的。

總分類帳與明細分類帳的區別主要表現在以下兩個方面：①反應經濟內容的詳細程度不一樣。總帳反應資金增減變化的總括情況，提供總括資料；明細帳反應資金運動的詳細情況，提供某一方面的資料。有些明細帳還可以提供實物數量指標和勞動量指標。②作用不同。總帳提供的經濟指標是明細帳資料的綜合，對所屬明細帳起著統馭作用；明細帳是對有關總帳的補充，起著詳細說明的作用。由此可見，二者關係密切。在設置明細分類帳時，一定要考慮二者這種既有聯繫又有區別的特徵。

(二) 總分類帳與明細分類帳的平行登記

為了使總分類帳與其所屬的明細分類帳之間能起到統馭與補充的作用，便於帳戶核對，並確保核算資料的正確、完整，必須採用平行登記的方法，在總分類帳及其所屬的明細分類帳中進行記錄。平行登記是指經濟業務發生後，根據會計憑證，一方面要登記有關的總分類帳戶，另一方面要登記該總分類帳所屬的各有關明細分類帳戶。

平行登記的要點如下：

（1）登記的期間和依據相同。對於需要提供其詳細指標的每一項經濟業務，應根據審核無誤后的同一記帳憑證，一方面記入有關的總分類帳，另一方面要記入同期總分類帳所屬的有關各明細分類帳。這裡所指的同期是在同一會計期間，而並非同一時點，因為明細帳一般根據記帳憑證及其所附的原始憑證於平時登記，而總分類帳因會計核算組織程序不同，可能在平時登記，也可能定期登記，但登記總分類帳和明細分類帳必須在同一會計期間內完成。

（2）登記的方向相同。這裡所指的方向，是指所體現的變動方向，而並非相同記帳方向。一般情況下，總分類帳及其所屬的明細分類帳都按借方、貸方和餘額設專欄登記，如存貨帳戶和債權、債務結算帳戶即屬於這種情況。但有些明細分類帳戶按組成項目設多欄記錄，採用多欄式明細帳格式。在這種情況下，對於某項需要沖減有關組成項目額的事項，只能用紅字記入其相反的記帳方向，而與總分類帳中的記帳方向不同。如「財務費用」帳戶按其組成項目設置借方多欄式明細帳，發生需沖減利息費用的存款利息收入時，總分類帳中記入貸方，而其明細帳中則以紅字記入「財務費用」帳戶利息費用項目的借方，以其淨發生額來反應利息淨支出。這時，在總分類帳及其

所屬的明細分類帳中，就不可能按相同的記帳方向（指借貸方向）進行登記，而只能以相同的變動方向進行登記。

（3）登記的金額相等。總分類帳提供總括指標，明細分類帳提供總分類帳所記內容的具體指標。所以，記入總分類帳的金額與記入其所屬各明細分類帳的金額相等。但這種金額相等只表明其數量關係，而不一定都是借方發生額相等和貸方發生額相等的關係。如上舉「財務費用」帳戶的明細帳，採用多欄式時，本月既有存款利息收入，也有存款利息支出的情況下，「財務費用」總分類帳戶的貸方發生額與明細帳的貸方發生額就不一致，但作為抵減利息支出的利息收入數額是相等的。

綜上所述，總分類帳及其所屬的明細分類帳按平行登記規則進行登記，一般可以概括為：依據相同、方向相同、金額相等。但要注意對方向相同、金額相等的正確理解。

在會計核算工作中，可以利用上述關係檢查帳簿記錄的正確性。檢查時，根據總分類帳與明細分類帳之間的數量關係，編製明細分類帳的本期發生額和余額明細表，同其相應的總分類帳本期發生額和余額相互核對，以檢查總分類帳與其所屬明細分類帳記錄的正確性。明細分類帳本期發生額和余額明細表根據不同的業務內容，可以分別採用不同的格式。

現以材料核算為例，對總分類帳和明細分類帳的平行登記加以說明。

【例6-1】國興公司20××年5月份「原材料」總帳的月初余額為借方8,545元。其中，A材料期初余額為：25件，每件單價97元/件，總金額為2,425元。B材料期初余額為：40件，每件單價153元/件，總金額為6,120元。

國興公司20××年5月份發生的部分經濟業務如下，並相應編製會計分錄。

（1）本月購入A材料50件，每件單價100元；購入B材料20件，每件單價150元，貨款已用銀行存款支付，材料已驗收入庫。根據這一經濟業務，其驗收入庫的會計分錄為：

借：原材料——A   5,000
    ——B   3,000
 貸：銀行存款   8,000

（2）本月生產產品領用：A材料40件，每件單價99元；B材料10件，單價152元。發出材料的會計分錄為：

借：生產成本   5,480
 貸：原材料——A   3,960
    ——B   1,520

根據國興公司期初資料及會計分錄對「原材料」總帳及A、B材料明細帳進行平行登記，如表6.10、6.11、6.12所示。

表 6.10　總分類帳

會計科目：原材料　　　　　　　　　　　　　　　　　　　　　　　　　　　第×頁

20××年		憑證		摘要	借方	貸方	借或貸	余額
月	日	字	號					
5	1			月初余額			借	8,545
	3	轉帳	1	購進	8,000		借	16,545
	5	轉帳	2	生產領用		5,480	借	11,065
	31			本月發生額及余額	8,000	5,480	借	11,065

表 6.11　原材料明細分類帳

材料名稱：A 材料　　　　　　　　　　　　　　　　　　　　　　　　　計量單位：件

2××年		證號	摘要	收入			發出			結存		
月	日			數量	單價	金額	數量	單價	金額	數量	單價	金額
5	1		月初余額							25	97	2,425
	3	轉1	購進	50	100	5,000				75	99	7,425
	5	轉2	生產領用				40	99	3,960		99	3,465
	31		本月發生額及余額	50	100	5,000	40	99	3,960	35	99	3,465

表 6.12　原材料明細分類帳

材料名稱：B 材料　　　　　　　　　　　　　　　　　　　　　　　　　計量單位：件

2××年		證號	摘要	收入			發出			結存		
月	日			數量	單價	金額	數量	單價	金額	數量	單價	金額
5	1		月初余額							40	153	6,120
	3	轉1	購進	20	150	3,000				60	152	9,120
	5	轉2	生產領用				10	152	1,520	50	152	7,600
5	31		本月發生額及余額	20	150	3,000	10	152	1,520	50	157	7,600

　　從表6.10、表6.11、表6.12中可看出，明細分類帳期初余額之和、本期發生額之和以及期末結存額之和與總分類帳相應的指標是相等的，即：

期初余額：2,425+6,120=8,545（元）

本期購進：5,000+3,000=8,000（元）

本期發出：3,960+1,520=5,480（元）

期末結存：3,465+7,600=11,065（元）

　　由於總分類帳和明細分類帳是按平行登記的方法進行登記的，因此，對總分類帳和明細分類帳登記的結果，應當進行相互核對，核對通常是通過編製「總分類帳與明

細分類帳發生額及余額對照表」進行的。對照表的格式和內容見表6.13。

表6.13　　　　　　總分類帳與明細分類帳發生額及余額對照表

帳戶名稱	月初余額		發生額		月末余額	
	借方	貸方	借方	貸方	借方	貸方
A材料明細帳	2,425		5,000	3,960	3,465	
B材料明細帳	6,120		3,000	1,520	7,600	
材料總分類帳戶	8,545		8,000	5,480	11,065	

以上總分類帳和明細分類帳這種有機聯繫，是檢查帳簿記錄是否正確的理論依據。一般在期末都要進行相互核對，以便發現錯帳並加以及時地更正，保證帳簿記錄準確無誤。

第三節　會計帳簿登記和使用規則

一、帳簿啟用的規則

在啟用新帳簿時，應遵循以下規則：

（1）設置帳簿的封面和封底。除了訂本帳不另設封面以外，各種活頁帳都應設置封面和封底，並登記單位名稱、帳簿名稱和所屬的會計年度。

（2）在啟用新的帳簿時，應在帳簿的扉頁填列帳簿啟用和經管人員一覽表（活頁帳、卡片帳一般在裝訂成冊后填列）。表中應詳細註明：帳簿名稱、單位名稱、帳簿編號、帳簿頁數、帳簿冊數、啟用日期及有關人員的簽章等。更換記帳人員時，應辦理交接手續，並在表內註明交接日期，由交接雙方分別簽字或蓋章，以明確責任。其格式見表6.14。

表6.14　帳簿啟用和經管人員一覽表

帳簿名稱＿＿＿＿＿＿＿＿　　　　　　單位名稱＿＿＿＿＿＿＿＿
帳簿編號＿＿＿＿＿＿＿＿　　　　　　帳簿冊數＿＿＿＿＿＿＿＿
帳簿頁數＿＿＿＿＿＿＿＿　　　　　　啟用日期＿＿＿＿＿＿＿＿
會計主管（簽章）　　　　　　　　　　記帳人員（簽章）

移交日期			移交人		接管日期			接管人		會計主管	
年	月	日	姓名	蓋章	年	月	日	姓名	蓋章	姓名	蓋章

(3) 填寫帳戶目錄，總帳應按照會計科目順序填寫科目名稱以及啟用頁號。在啟用活頁式明細分類帳時，應按照所屬會計科目填寫科目名稱和頁碼，在年度結帳後，撤去空白帳頁，填寫使用帳頁。

(4) 粘貼印花稅票，應粘貼在帳簿的右上角，並且劃線註銷；在使用繳款書繳納印花稅時，應在右上角註明「印花稅已繳」及繳款金額。

帳簿是會計核算單位重要的會計檔案和信息資料。為了確保帳簿記錄的合法性、完整性，明確記帳責任，每本帳簿都應有明確的分工，登記、審核、保管都應有專門人員負責。

二、帳簿登記的規則

登記帳簿是會計核算的一個重要環節，為了保證會計核算工作的質量，確保帳簿記錄的正確、完整、清晰，必須嚴肅、認真、一絲不苟地做好記帳工作。一般來說，登記帳簿時應遵循下列規則：

(1) 記帳時必須根據審核無誤的會計憑證登記。其方法是將記帳憑證的日期、編號、摘要、金額等逐項記入帳內，做到摘要簡明、數字準確、登記及時。同時，在記帳憑證上註明登記帳簿的頁數或劃「√」號標記，以表明已經記帳，避免重記或漏記，便於查找。

(2) 為了保證帳簿記錄清晰、耐用，防止塗改，登記帳簿時都必須用鋼筆和藍、黑墨水填寫，不能使用鉛筆或圓珠筆。紅墨水只限於改錯、衝帳、結帳劃線時使用。

記帳的文字和數字必須清晰、整潔。在帳簿中填寫的數字和文字應緊靠行格底線書寫，約占全格的 1/2 或 2/3 的位置，留有余地，以便改錯時書寫。

(3) 記帳時必須按事先編好的帳頁順序逐行連續登記，不得跳行、隔頁。如不慎發生了隔頁或跳行，應在空頁、空行裡劃對角紅線註銷，並加註「作廢」字樣。不得任意撕毀、塗改。

(4) 帳簿登記時，每一頁應留最后一行，結出發生額和余額，並在「摘要」欄內註明「轉次頁」。同時，在下一頁第一行「摘要」欄註明「承前頁」，並按要求記入相應金額。

(5) 登記帳簿后，發現錯誤，應根據錯誤的具體情況，按規定的方法進行更正，不得刮、擦、挖、補或塗改。

三、錯帳更正的規則

(一) 錯帳的基本類型

會計人員在記帳過程中，由於種種原因，可能產生會計憑證的編製錯誤或帳簿的登記錯誤。這兩種錯誤被統稱為錯帳。錯帳的產生主要有以下幾種原因：

(1) 記帳憑證正確，但依據正確的記帳憑證登記帳簿時發生過帳錯誤。

(2) 記帳憑證錯誤，導致帳簿登記也發生錯誤。這種類型的錯誤又分為三種類型：①記帳憑證上的會計科目使用錯誤；②記帳憑證上的金額發生多記的錯誤；③記帳憑

證上的金額發生少記的錯誤。

(二) 帳簿錯誤的查找

1. 個別檢查法

個別檢查法是指針對錯帳的具體數字檢查帳目的方法。這種方法適用於錯誤數較少或錯帳數字具有一定的規律、容易被查出的情況。諸如查找重記、漏記、數字錯位、數字顛倒或記帳方向錯誤等。常用的個別檢查法有差額法、除2法、除9法三種。

(1) 差額法。差額法是指利用不平衡帳目的差數檢查記帳錯誤的方法。它主要適用於檢查帳簿的重記、漏記錯誤，以及抄寫時容易混淆的數字錯誤。

①發生重記、漏記錯誤時，差額即為重記、漏計的數字。

例如，試算平衡表中的借方金額合計數為 7,526,000 元，而貸方合記數為 7,526,300 元，兩方差額為 300 元，可以利用「300」這個差額數去檢查記帳過程中是否有貸方重記 300 或借方漏記 300 的情況。

②抄錯數字時，差額即為錯記數與原來數的差異。

在檢查錯帳時，對一些抄寫時容易混淆的數字也應引起足夠的重視。例如，將 3 誤寫為 5 時，差額即為 2（當然，若該數處於十位、百位時差額就相應變為 20、200，以此類推）。另外，還有 4 與 6、1 與 7 等也容易混淆。

(2) 除2法。除2法是指將錯帳的差異數除以 2，然后利用所得商數來檢查記帳錯誤的方法。它主要適用於查找因數字記反方向發生的錯誤記錄。例如，一筆經濟業務應記入某帳戶的貸方 400 元，而在記帳時記入其借方，結果使借方合計數比貸方合計數多 800 元，其差額恰好是記錯方向的數字的 2 倍，以 800 除以 2 得 400，利用 400 這個差數，檢查在記帳過程中有無將 400 貸方數字誤記入借方的情況。

(3) 除9法。除9法是指將錯帳的差數除以 9 來檢查錯帳的方法。它主要適用於將數字寫大或寫小，或將數字顛倒引起的記帳錯誤。

①將數字寫大。如將 50 寫成 500，錯誤數字大於正確數字的 9 倍。查找的方法是：以差數除以 9 後得出的商為正確數。上例差數 450（500－50）除以 9 后，所得的商 50 即為正確數，乘以 10 即得出錯誤數 500。

②將數字寫小。如將 400 寫成 40，錯誤數小於正確數的 9 倍。查找方法是：以差數除以 9 后得出的商即為錯誤數，商乘以 10 即為正確數。上例差數 360（400－40）除以 9，所得的商 40 即為錯誤數，乘以 10 即得出正確數 400。

③數字顛倒。如 78 寫成 87。查找方法是：將差數除以 9，得出的商連續加 11，直到找出顛倒的數字為止。上例差數為 9，除以 9 得 1，連續加 11 位 12、23、34、56、67、78、89……如果有 78 的數字，即有可能是寫顛倒了。

2. 全面檢查法

全面檢查法亦稱普查法，是指將一定時期內的帳目進行逐筆核對的查錯方法。這種方法工作量較大，在檢查前，應確定檢查錯帳的範圍。全面檢查法又可分為順查法和逆查法兩種。

(1) 順查法。順查法是指按照會計核算程序，從原始憑證查找開始，直至查到編

製試算平衡表為止的方法。①檢查原始憑證的記錄是否正確，記帳憑證與原始憑證是否相符；②進行帳簿與記帳憑證的核對，檢查兩者是否相符；③檢查試算平衡表的編製是否正確，帳戶餘額有無錯誤。

（2）逆查法。逆查法是指按照與會計核算程序相反的順序，從試算平衡表查起，一直查到原始憑證為止的方法。①檢查試算平衡表的編製是否正確；②檢查總帳與所屬明細帳以及相應的日記帳簿是否相符，並核對帳簿與記帳憑證是否相符；③檢查記帳憑證與原始憑證是否相符以及原始憑證的內容是否正確。

檢查錯帳是一項十分繁雜的工作，因此，在日常的記帳過程中，一定要嚴肅認真，一絲不苟，盡量減少錯帳的發生。但如果一旦發生了錯帳，就必須按照規定的方法進行更正。

（三）錯帳更正的方法

由於發生錯誤的具體情況不同，發現錯誤的時間也有早晚，因而錯帳的更正方法也就有所不同。一般有以下幾種錯帳更正的方法：

1. 劃線更正法

劃線更正法主要適用於結帳之前發現帳簿記錄有錯誤，而記帳憑證正確的情況，包括過帳時因筆誤或計算錯誤而造成的文字或數字錯誤。另外，在過帳前發現的記帳憑證中的錯誤也可採用劃線更正法。

劃線更正法的一般做法是：先在錯誤的文字或數字（整個數字）上劃一條紅線，以示註銷，但必須使原有字跡仍可辨認，以備查考；然後，將正確的文字或數字用藍筆寫在紅線上端，並由記帳人員在更正處蓋章，以明確責任。

2. 紅字更正法

紅字更正法亦稱赤字衝帳法。紅字更正法一般適用於記帳憑證錯誤，並已據以登帳從而造成帳簿記錄錯誤的更正。具體來說，有以下兩種情況：

（1）記帳以後，發現記帳憑證中的應借、應貸會計科目使用錯誤。更正時，首先用紅字金額填製一張內容與原錯誤憑證完全相同的記帳憑證，並在「摘要」欄註明「更正第×號憑證的錯誤」並據以登記入帳，衝銷原來的錯誤記錄；然後再用藍字填製一張正確的記帳憑證，並據以登記入帳。

【例6－2】某職工出差預支差旅費300元，以現金支付。原來填製的憑證為：

借：管理費用　　　　　　　　　　　　　　　　　　　　　　300
　　貸：庫存現金　　　　　　　　　　　　　　　　　　　　300

並據以入帳。經檢查，該記帳憑證中的會計科目使用錯誤。更正方法分兩步進行：
首先，用紅字金額填製一張記帳憑證，會計分錄如下（□內數字表示紅字，下同）：

借：管理費用　　　　　　　　　　　　　　　　　　　　　　|300|
　　貸：庫存現金　　　　　　　　　　　　　　　　　　　　|300|

然後，再用藍字填製一張正確的記帳憑證，會計分錄如下：

借：其他應收款　　　　　　　　　　　　　　　　　　　　　　　　300
　　　　貸：庫存現金　　　　　　　　　　　　　　　　　　　　　　　　　　300
　　根據上述分錄，登記入帳。有關登帳過程用「T」型帳戶代替如下：

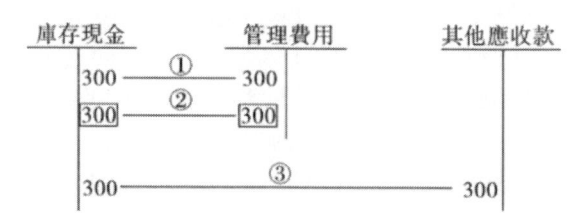

```
      庫存現金              管理費用             其他應收款
      300  ─── ① ───  300
      300  ─── ② ───  300
      300  ─────── ③ ───────  300
```

　　（2）記帳以後，發現記帳憑證中的應借、應貸會計科目正確，但記帳憑證與帳簿記錄的金額大於應記的正確金額；更正時，將多記的金額用紅字填製一張其他內容與原錯誤記帳憑證完全相同的憑證，並在「摘要」欄內註明「衝銷第×號記帳憑證多記金額」，並據以入帳。

　　【例6-3】用銀行存款購買材料600千克，價值5,400元。原記帳憑證的會計分錄為：
　　　借：材料採購　　　　　　　　　　　　　　　　　　　　　　　　6,400
　　　　貸：銀行存款　　　　　　　　　　　　　　　　　　　　　　　　　6,400
　　並據以入帳。更正時，將多記的1,000元（6,400-5,400）用紅字金額填製一張記帳憑證，會計分錄如下：
　　　借：材料採購　　　　　　　　　　　　　　　　　　　　　　　　1,000
　　　　貸：銀行存款　　　　　　　　　　　　　　　　　　　　　　　　　1,000
　　並據以入帳，其登帳過程如下：

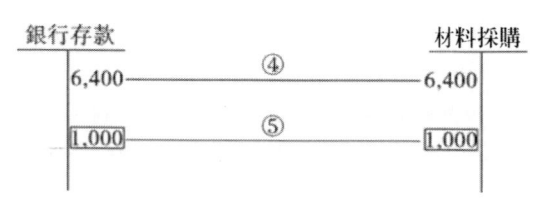

```
      銀行存款                                    材料採購
      6,400  ─────── ④ ───────  6,400
      1,000  ─────── ⑤ ───────  1,000
```

3. 補充登記法

　　補充登記法適用於記帳後發現記帳憑證中的帳戶對應關係正確、但所記金額小於應記金額的情況。更正時，將少記金額填製一張與原記帳憑證帳戶對應關係相同的記帳憑證，在「摘要」欄內註明「補充第×號憑證少記金額」，並據以入帳。

　　【例6-4】生產領用材料300千克，單價9元，共計2,700元。原記帳憑證中的會計分錄為：
　　　借：生產成本　　　　　　　　　　　　　　　　　　　　　　　　2,300
　　　　貸：原材料　　　　　　　　　　　　　　　　　　　　　　　　　　2,300
　　更正時，將少記金額400元（2,700-2,300）用藍字金額填製一張記帳憑證，會計分錄如下：

借：生產成本　　　　　　　　　　　　　　　　　　　　　　　　　400
　　貸：原材料　　　　　　　　　　　　　　　　　　　　　　　　　　400
並據以入帳，登帳過程如下：

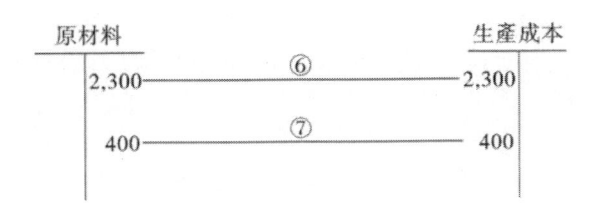

```
    原材料                          生產成本
  2,300 ──────── ⑥ ──────── 2,300

    400 ──────── ⑦ ──────── 400
```

四、帳簿的更換和保管

（一）帳簿的更換

為了保證每個會計年度的財務狀況和經營成果，保持會計資料的連續性，在每一會計年度結束、新的會計年度開始時，應按有關會計制度的規定，更換全部總帳、日記帳和大部分明細帳。而對於固定資產等少數明細帳，則可繼續使用，不必更換。

更換帳簿后，可將有關帳戶的餘額，從舊帳中直接轉入新帳，而無須另編記帳憑證，只是在新帳簿中相關帳戶新帳頁的第一行填寫日期 1 月 1 日。在「摘要」欄中註明「上年結轉」字樣，並在「余額」欄記入上年餘額。

（二）帳簿的保管

帳簿是重要的經濟檔案和歷史資料，必須妥善保管，不得任意銷毀和丟失。對帳簿的保管既是會計人員應盡的職責，又是會計工作的重要組成部分。

年度終了，應將各種帳簿裝訂成冊或扎封，加具封面后，統一編號，並歸檔保管。帳簿應按照《會計檔案管理辦法》規定的期限進行保管。各帳簿的保管期限見表 6.15。

表 6.15　帳簿保管期限表

帳簿類別	保管期限
普通日記帳	15 年
現金日記帳	25 年
銀行存款日記帳	25 年
固定資產卡片	在固定資產報廢清理后繼續保存 5 年
其他總分類帳、明細分類帳和輔助帳簿	15 年

保管期滿后，要按照《會計檔案管理辦法》的規定，由財務部門和檔案部門共同鑒定，報經批准后進行相應處理，未經批准，不得擅自銷毀。

本章小結

本章主要介紹了會計帳簿的意義和種類，以及帳簿的設置、登記和使用規則。

會計帳簿是有專門格式而又聯結在一起的由若干帳頁組成的簿籍。為了滿足會計信息使用者對會計信息的多樣化要求，更好地瞭解和使用會計帳簿，需要對帳簿進行分類。帳簿按用途的不同，可以分為序時帳簿、分類帳簿、備查帳簿；按照其帳頁格式的不同，可以分為兩欄式帳簿、三欄式帳簿、多欄式帳簿和數量金額式帳簿；按照其外表形式的不同，可以分為訂本式帳簿、活頁式帳簿和卡片式帳簿；以及起到補充說明作用的備查帳簿。

不同種類的會計帳簿在設置和登記上有所差異。企業應該根據經濟業務發生狀況和會計信息使用者對信息的要求設置相應的帳簿。比如，對於序時帳簿，對於經濟業務較少或者簡單的企業而言，可以選擇採用普通日記帳；若企業的經濟業務較為複雜，業務量較大的企業，則選擇設置特種日記帳。帳簿的登記需要按照經濟業務發生的時間順序記錄，並且根據不同需求選擇兩欄式、三欄式或多欄式格式進行登記。設置和登記帳簿，能夠系統地歸納和累積會計核算資料，可以為計算財務成果、編製會計報表提供依據，為開展財務分析和會計核算提供依據。

會計帳簿的啟用和登記需要遵守相應的帳簿啟用規則和登記規則。在日常會計工作中，難免會出現錯帳，有些屬於金額錯誤，有些屬於科目填製錯誤，還有些屬於登記帳簿錯誤，可以運用個別檢查法和全面檢查法對錯帳進行檢查。對錯帳的更正方法有劃線更正法、紅字更正法和補充登記法。

會計帳簿是企業重要的經濟資料，企業對於帳簿更換和保管需要嚴格按照會計制度的要求執行。

復習思考題

1. 什麼是帳簿？設置帳簿有什麼意義？
2. 帳簿按其用途分為哪幾種？帳簿的外表形式有哪幾種？這些形式各有何優缺點？
3. 總分類帳簿通常採用什麼格式？根據什麼登記？
4. 明細分類帳有哪幾種格式？每種格式的適用範圍如何？根據什麼登記？
5. 錯帳更正的方法有哪幾種？其適用範圍如何？怎樣使用？

第七章　編製報表前的準備工作

[**學習目的和要求**]

本章主要介紹應計收入、應計費用、預收收入和預付費用的帳項調整，期末對帳和結帳以及財產清查的方法及其清查結果的帳務處理。其中，帳項調整和財產清查結果的帳務處理是本章的重點及難點。通過本章的學習，應當：

(1) 掌握基本帳項調整的帳務處理；
(2) 掌握對帳和結帳的方法；
(3) 掌握財產清查的方法，並能熟練進行財產清查結果的帳務處理。

第一節　帳項調整

企業的記帳基礎是權責發生制，權責發生制的核心是以應收、應付為標準來確定本期收入和費用，並將一定數量的收入與相對應的費用進行配比以便計算盈虧，但是根據日常發生的經濟業務登記的帳簿記錄並不能確切地反應本期的收入和費用，有些收入的款項雖然在本期已經收到，並且已入帳，但它並不歸屬於本期；有些收入雖然在本期內尚未收到，卻應該歸屬於本期。有些費用雖然在本期內已支付，並且已入帳，但它並不歸屬於本期；而有些費用雖然在本期內尚未支付，但卻應歸屬於本期。所以為了正確地劃分相鄰會計期間的收入和費用，使報告期的全部收入和全部成本與費用相匹配，正確地計算並考核各期的財務成果，在期末結帳之前，必須對帳簿的記錄進行必要的調整。

所謂帳項調整就是期末按照權責發生制的要求對部分會計事項予以調整的行為。會計在期末需要調整的事項一般有應計收入的調整、應計費用的調整、預收收入的調整和預付費用的調整。

一、應計收入的調整

應計收入是指按照權責發生制標準，本期已經賺取、但貨幣資金尚未收到的收入，包括已經向其他單位提供了勞務或財產物資的使用權，但還未結算或收到的收入。如出租固定資產、包裝物的租金收入，應計的銀行存款利息收入，應收服務費等。在企業會計期間結束編製報表之前，需要將這種未入帳的應計收入計算入帳，並按照復式記帳的要求予以記錄，使收入恰當地歸入應歸入的會計期間。應計收入與預收收入的

性質相反，它是先提供商品的使用權或勞務，而沒有實際收到現金，因此，它是企業的債權。

為了核算應計收入，需要設置「其他應收款」或「應收利息」等帳戶。該帳戶屬於資產類帳戶，發生應計收入時，表示應收收入而產生的債權增加，應記入借方；今後實際收到時，表示應收收入而產生的債券減少，應記入貸方；期末餘額一般在借方，表示尚未收到的應收收入。

【例7-1】年初國興公司將一臺閒置未用的設備出租給某單位使用，租賃合同規定，租金年末結算，5月份應收取的租金為5,000元。

這筆固定資產出租的租金收入年末才能結算，應計收入在日常帳簿記錄中並未入帳，但是應在每月計算出應收租金後，確認為本期收入。租金收入沒有收到而使債權增加，記入「其他應收款」帳戶的借方，同時即使租金收入沒收到，按權責發生制的要求每個月也應當確認，記入「其他業務收入」帳戶的貸方。編製的調整分錄如下：

借：其他應收款　　　　　　　　　　　　　　　　5,000
　　貸：其他業務收入　　　　　　　　　　　　　　　5,000

【例7-2】國興公司在銀行開戶，利息採取按季結算的辦法，7月份應收銀行存款利息為2,300元。

由於銀行存款利息一般較少，且按季結算，所以一般不單獨設置帳戶核算利息收入，而是採用沖減利息費用的辦法，通過「財務費用」帳戶的貸方來記錄。月末計算出應屬本月的利息收入暫未收到，記入「應收利息」帳戶的借方，同時沖減財務費用，記入「財務費用」帳戶的貸方。編製的調整分錄如下：

借：其他應收款　　　　　　　　　　　　　　　　2,300
　　貸：財務費用　　　　　　　　　　　　　　　　2,300

二、應計費用的調整

應計費用是指本期已經耗用或已經受益，按受益原則應由本期負擔，但本期並未實際支付的費用。如應計利息支出、應計服務費用、應計租入固定資產租金等。企業在期末之所以會產生已經發生、但尚未入帳、也未實際支付的應計費用，也是與應計收入相同的原因，即平時在按照現金收支登記入帳時，對一些義務已經形成、但尚未到支付日期的項目，無法記作費用，還需要在每個期末，將未入帳的費用調整入帳。對企業來說，費用發生后，企業就有支付的責任，從而形成企業的負債，一般開設「應付利息」或「其他應付款」帳戶來核算。所以，對未入帳費用的調整，還會增加企業的負債。

【例7-3】國興公司4月份預提銀行借款利息6,500元。由於銀行貸款利息按季結算，4月份的利息應於第二季度末時結算。雖然4月份並不向銀行支付利息，但是4月份的利息屬於4月份的費用。

編製的調整會計分錄是：

借：財務費用　　　　　　　　　　　　　　　　　6,500

貸：應付利息   6,500

三、預收收入的調整

　　預收收入是指已經收到現金入帳，尚未交付產品或者提供服務的收入。按照權責發生制的要求，雖然企業已經收到現金，但只要相應的義務未履行，這筆收入就不能作為企業已經實現的收入，在以后期間內，企業必須履行相關的義務。因此，期末需要對預收收入帳項進行調整，將已經實現的部分轉作本期的收入、未實現的部分遞延到下期。

　　預收收入包括預收銷貨款、預收勞務收入、預收租金等。其中，預收銷貨款或勞務收入是在發出產品或提供勞務之前預先收取的現金，但這時產品交付和勞務交易還沒有實際發生，沒有履行相應的義務，也就沒有確認收入的權利，所以不應在收到現金時確認為收入，而是向預付貨款單位「暫借」的一筆資金，所以屬於負債。只有當產品已經發出，勞務已經提供之後，才能按實際已履行的部分確認為本期的收入。同樣，預收的租金也應該在資產出租后的使用期間分期轉為各期的收入。

　　為了核算預收收入，需要設置「預收帳款」帳戶，反應企業預收的各項收入及實現情況。「預收帳款」屬於負債類帳戶。收到時增加預收帳款記入該帳戶的貸方；按收益期結轉已實現的應屬各期的收入時，減少預收帳款記入該帳戶的借方；期末餘額一般在貸方，反應尚未實現的預收帳款總額。

　　【例7-4】國興公司於3月初預收綠葉公司三個月的倉庫租金9,000元，已經存入銀行。約定使用期間為3～5月份，每月應確認的收入為3,000元。

　　企業在3月份預收9,000元租金時，屬於正常的會計事項予以入帳，不屬於帳項調整。當時的會計分錄是：
　　　借：銀行存款   9,000
　　　　貸：預收帳款   9,000

　　而在3月、4月和5月末應分別確認屬於各自期間的收入3,000元。因此，這三個月月末的調整分錄是：
　　　借：預收帳款   3,000
　　　　貸：其他業務收入   3,000

四、預付費用的調整

　　企業在經營過程中，由於種種原因，會出現先支付、后受益的事項。這種支付在先、受益在后的費用，就是預付費用。如果支付和發生的時間差不超過一個會計年度的，稱為收益性支出，應在一個會計年度內按照實際發生和受益情況全部推銷完畢；如果支付和發生的時間差超過一個會計年度的，稱為資本性支出，應按照它的可受益期限進行分攤。

　　待攤費用是指企業已經實際支付、但應由本期和后續各期攤銷的費用，如預付報紙雜誌費、預付保險費、預付房屋租金等。這些費用雖然在本期已經實際支出，但不應作為或全部作為本期的費用，而應按其受益期間分攤到各個會計期間。

為了核算這種費用，可以通過設置「預付帳款」帳戶，反應企業已經支出但應由本期和以後各期分別負擔的攤銷期在一年以內的各項費用。「預付帳款」帳戶是資產類帳戶。各項預付費用的實際支付應記入該帳戶的借方；各期轉銷預付費用應記入該帳戶的貸方；期末余額在借方，表示預付費用總額。

【例7-5】國興公司1月份預付了18,000元本季度的財產保險費。1~3月份每個月都應攤銷6,000元。

1月份實際支付時，會計分錄為：

借：預付帳款　　　　　　　　　　　　　　　　　　　　18,000
　　貸：銀行存款　　　　　　　　　　　　　　　　　　　18,000

在1月末、2月末和3月末，應分別攤銷1/3的保險費，編製的調整分錄是：

借：管理費用　　　　　　　　　　　　　　　　　　　　6,000
　　貸：預付帳款　　　　　　　　　　　　　　　　　　　6,000

長期待攤費用是指企業已經實際支出，但應由本期和后續各期攤銷、且攤銷期限在一年以上（不含一年）的各項費用，包括經營租入固定資產改良支出以及攤銷期限在一年以上的其他待攤費用。長期待攤費用和待攤費用本質上是一樣的，只是受益期的長短不同而已。

為了核算長期待攤費用，需要專門設置「長期待攤費用」帳戶。發生的各項長期待攤費用，借記「長期待攤費用」帳戶，貸記「庫存現金」「銀行存款」「原材料」等帳戶。分期攤銷時，借記「製造費用」「管理費用」等帳戶，貸記「長期待攤費用」帳戶。期末余額在借方，表明企業期末尚未攤銷的各項長期待攤費用的攤余價值。

【例7-6】國興公司採用經營租賃方式臨時租入一棟辦公樓，租期暫定為3年。企業為該房屋發生改良支出108,000元，工程已全部完工。

在工程完工結轉成本時，應增加長期待攤費用，會計分錄是：

借：長期待攤費用　　　　　　　　　　　　　　　　　　108,000
　　貸：在建工程　　　　　　　　　　　　　　　　　　　108,000

以后應分三年攤銷這項費用，每月攤銷時，編製的調整會計分錄是：

借：管理費用　　　　　　　　　　　　　（108,000÷36）3,000
　　貸：長期待攤費用　　　　　　　　　　　　　　　　　3,000

從經濟意義上看，企業購買固定資產的支出也是一種支付在前、受益在後的預付費用。由於固定資產的使用壽命長於一年，甚至達數十年。固定資產支出屬於資本性支出，它的回收是通過固定資產折舊的方式分期進行。

【例7-7】國興公司的固定資產經計算5月份應計提7,800元的折舊。其中，管理部門計提折舊1,800元，生產車間計提折舊6,000元。

月末編製的調整分錄是：

借：管理費用　　　　　　　　　　　　　　　　　　　　1,800
　　製造費用　　　　　　　　　　　　　　　　　　　　6,000
　　貸：累計折舊　　　　　　　　　　　　　　　　　　　7,800

【例7-8】國興公司共有無形資產 350,000 元。經計算 5 月份應攤銷無形資產 1,500 元。

月末編製的調整會計分錄是：
借：管理費用   1,500
　貸：累計攤銷   1,500

第二節　對帳和結帳

一、對帳

（一）對帳的概念

對帳是指會計人員對會計帳簿記錄進行核對的工作。為了保證帳簿所提供的會計資料真實可靠，為編製會計報表提供正確的依據，各單位應當定期將會計帳簿記錄與實物、款項及有關資料相互核對，保證會計帳簿記錄與款項的實有數額相符，會計帳簿記錄與會計憑證的有關內容相符，會計帳簿記錄與會計報表的有關內容相符。

（二）對帳的內容和方法

為確保會計信息質量，對帳工作應將日常核對和定期核對相結合。日常核對是指對日常填製的記帳憑證進行的隨時核對。此項核對工作隨時進行，因而在記帳之前就可以發現差錯查明更正。定期核對是指一般在月末、季末、年末結帳之前進行的核對。此項核對可以查對記帳工作是否準確和帳實是否相符。會計對帳工作的主要內容和核對方法有：

1. 帳證核對

帳證核對是指將會計帳簿記錄與會計憑證相核對，做到帳證相符。這是保證帳帳相符、帳實相符的基礎。這種核對主要是在日常編製憑證和登記帳簿過程中進行。月終帳證核對的方法一般採用抽查法，如果發現差錯，則要逐步核對至最初的憑證，直到找到錯誤的原因。

2. 帳帳核對

帳帳核對是指在帳證核對的基礎上，利用各種會計帳簿之間的勾稽關係，使帳簿之間的有關數據核對相符。帳簿之間的核對具體包括：

（1）總分類帳簿之間的核對。按照「有借必有貸，借貸必相等」的記帳規則，總分類帳簿中全部帳戶的借方發生額合計數與貸方發生額合計數、期末借方餘額合計數與貸方餘額合計數存在平衡關係，通過對其分別核對使之相符。通過這種核對，可以檢查總分類帳記錄是否正確、完整。這項核對工作通常採用編製總分類帳戶本期發生額和餘額對照表（簡稱試算平衡表）來完成；如果核對結果不平衡，則說明記帳有誤，應查明更正。

（2）總分類帳簿與所屬明細分類帳簿之間的核對。總分類帳簿中全部帳戶的期末

余額應與其所屬各明細分類帳帳戶的期末余額之和核對相符。

（3）分類帳簿與序時帳簿的核對。在我國會計實務工作中，單位必須設置庫存現金日記帳和銀行存款日記帳。庫存現金日記帳必須每天與庫存現金核對相符，銀行存款日記帳必須定期與銀行對帳單對帳。在此基礎上，庫存現金日記帳和銀行存款日記帳的期末余額還應與庫存現金總帳和銀行存款總帳的期末余額核對相符。

（4）會計部門的有關財產物資明細帳與財產物資保管部門或使用部門的保管帳（卡）之間的核對。核對方法一般是由財產物資保管部門或使用部門定期編製收、發、結存匯總表報會計部門核對。

3. 帳實核對

帳實核對是指在帳帳核對的基礎上將各種財產物資、債權債務等帳簿的帳面餘額與各項財產物資、貨幣資金等實存數額相核對。帳實之間核對的具體內容包括：

（1）庫存現金日記帳的帳面餘額與庫存現金數額核對是否相符；
（2）銀行存款日記帳的帳面餘額與銀行對帳單的餘額核對是否相符；
（3）各項財產物資明細帳的帳面餘額與財產物資的實有數核對是否相符；
（4）有關債權債務明細帳的帳面餘額與往來單位的帳面記錄核對是否相符。

財產物資帳實之間的核對採用實地盤點法，即通過對各種實物資產進行實地盤點，確認其實存數，然後與帳存數核對是否相符；如不符，應先調整帳存數，然後查明原因，做出相應的會計處理。單位存款和債權債務的帳實核對則採用與銀行或往來單位核對帳目的方法來進行。

二、結帳

通過期末帳項的調整，我們已經按照權責發生制確認了所有應屬於本期的收入和費用，並作了帳務處理，這項工作結束後，就可以進行帳項結轉。在會計循環中，期末帳項結轉是緊接期末帳項調整的又一個步驟。

結帳就是在會計期末計算並結轉各總分類帳和明細分類帳的本期發生額和期末餘額。各個會計期間發生的經濟業務在該期間全部登記入帳並核對後，就可以通過帳簿記錄瞭解經濟業務的發生和完成情況。但是，帳簿記錄會計要素的內容是分散的，無法集中、規範的反應企業的經濟活動情況及結果，而會計信息使用者需要掌握企業會計期間的經濟活動情況及結果，這就需要編製會計報表。編製會計報表需要帳簿記錄的信息，因此帳簿需要定期結帳。

結帳工作的程序主要有下面的步驟：

（1）企業必須在結帳前將本期發生的各項經濟業務全部登記入帳，並保證其正確性；

（2）根據權責發生制的要求，調整有關帳項，合理確定本期應計收入、應計費用、預收收入和預付費用；

（3）將損益類帳戶轉入「本年利潤」帳戶，結平所有損益類帳戶；

（4）結帳算出資產、負債和所有者權益帳戶的本期發生額和期末餘額，並且轉入下期。

第七章　編製報表前的準備工作

第三節　財產清查

財產清查是核實各項財產物資、貨幣資金、往來款項帳實是否相符所使用的專門方法。貨幣資金、實物資產和往來款項的增減變化雖然有帳簿記錄，但由於種種原因，可能導致帳實不符，因此，需要運用財產清查的方法進行核實，以便保證會計記錄的真實性和正確性。在清查中，如果發現帳實不符，應查明原因，調整帳簿記錄，使帳存數額同實存數額保持一致，做到帳實相符。

一、財產清查的意義和種類

（一）財產清查的意義

《企業財務會計報告》明確規定，企業在編製財務會計報告前必須按照有關規定全面清查資產，核實債務。所以，財產清查不僅是會計核算必不可少的一步，而且是改善經營管理和加強會計核算的重要手段，對於保證會計核算資料的真實性和完整性有著非常重大的意義。

1. 確保會計核算資料的真實性

通過財產清查，可以查明各項財產物資的實存數、帳存數與實存數的差異，以及發生差異的原因，以便及時調整帳存記錄，使帳實相符，從而保證會計資料的真實可靠。

2. 保護財產物資的安全、完整

通過財產清查，可以發現財產管理上存在的問題，如各項財產物資的保管情況是否良好，有無損失浪費、霉爛變質和非法挪用、貪污盜竊等情況，以便查明原因並進行處理；同時，促使企業不斷改進財產物資管理，健全財產物資管理制度，確保財產物資的安全、完整。

3. 挖掘財產物資潛力，合理、有效地使用資產

通過財產清查，可以查明各種財產物資的儲備、保管、使用情況，以及有無超儲、積壓和呆滯等情況，儲存不足的應及時補充，多餘積壓的應及時處理，充分發揮財產物資的潛力，加速資金週轉，提高物資使用效率。

4. 維護財經法規，遵守財經紀律

通過對財產、物資、貨幣資金及往來帳項的清查，可以查明單位業務人員是否遵守財經紀律，有無貪污盜竊、挪用公款的情況；查明各項資金使用是否合理，是否符合相關的法律法規，從而使工作人員自覺遵守財經紀律和維護財經法規。

5. 保證結算制度的貫徹執行

通過財產清查，查明各種往來款項的結算情況，對於各種應收、應付帳款應及時結算，已確認的壞帳要按規定處理，避免長期拖欠和掛帳，維護結算紀律和商業信用。

(二) 財產清查的種類

財產清查可以按不同的標準進行分類。

1. 按照財產清查對象的範圍分類

按財產清查的範圍大小，財產清查可以分為全面清查和局部清查。

（1）全面清查。全面清查就是對本單位所有的財產物資、貨幣資金和各項債權債務進行全面的清查、盤點和核對。全面清查由於內容多、範圍廣、工作量大，一般在以下幾種情況下才需要進行全面清查：①年終決算前，為保證決算報表的真實性，需進行一次全面清查；②單位撤銷、合併或改變隸屬關係時，要進行全面清查；③企業發行債券，進行股份制改造和開展全面資產評估以及清產核資時要進行全面財產清查；④單位主要領導調離工作時要進行全面清查。

（2）局部清查。局部清查是根據管理需要對部分財產進行清查與核對，主要對貨幣資金、存貨等流動性較大的財產進行清查。局部清查範圍較小、內容較少、時間較短、涉及人員也較少，但專業性較強。它一般包括：貴重商品每天要自行盤點一次，庫存現金要每日清點，銀行存款每月至少要與銀行核對一次，對一般財產物資應由保管人員輪流清點，對於債權債務每年至少要核對一次，其他存貨應有計劃、有重點地輪流清查。

2. 按照財產清查的時間分類

按照財產清查的時間，財產清查可以分為定期清查和不定期清查。

（1）定期清查。定期清查是指按計劃安排的時間，一般在月末、季末、年末對財產進行的清查。定期清查的範圍根據實際情況和管理的需要，可以是局部清查，也可以是全面清查。

（2）不定期清查。不定期清查是指事先並未規定清查時間，而是根據實際需要所進行的臨時性清查。不定期清查一般是局部清查，如自然災害發生後的財產清查、物資保管人員工作交接時的財產清查等。

3. 按照財產清查的執行單位分類

按照財產清查的執行單位，財產清查可以分為內部清查和外部清查。

（1）內部清查。內部清查是指由企業自行組織清查工作小組所進行的財產清查工作。多數的財產清查都屬於內部清查。

（2）外部清查。外部清查是指由上級主管部門、審計機關、司法部門、註冊會計師根據國家的有關規定或情況的需要對企業進行的財產清查，如註冊會計師對企業報表進行審計，審計、司法機關對企業檢查、監督中所進行的清查工作等。

(三) 財產清查的準備工作

財產清查是一項涉及面較廣、工作量較大，既複雜又細緻的工作。因此，為了做好財產清查工作，使其發揮應有的積極作用，必須按照財產清查的規律，遵循一定的程序進行。財產清查的準備工作主要包括組織準備、業務準備。

1. 組織準備

財產清查尤其是進行全面清查，涉及面較廣、工作量較大，為了能使財產清查工

作順利進行，在進行財產清查前要根據財產清查工作的實際需要組建財產清查專門機構，具體負責財產清查的組織和管理。清查機構應由企業分管財務會計工作的主要領導負責，會同財會部門、財產管理、財產使用等有關部門人員組成，以保證財產清查工作在統一領導下，分工協作，圓滿完成。

2. 業務準備

為了使財產清查工作順利進行，財產清查之前會計部門和有關業務部門要在財產清查領導機構的指導下，做好以下準備工作：

(1) 會計部門的業務準備。在財產清查前，會計部門必須把有關會計帳目登記齊全，結出餘額，並且核對清楚，做到帳證相符，為財產清查提供準確、可靠的帳簿資料。準備好各種空白的清查盤存報告表，如盤點表、實存帳存對比表、未達帳項登記表等。

(2) 其他相關部門的準備。物資保管和使用等業務部門必須對所要清查的財產物資進行整理、排列、標註標籤，以便在進行清查時與帳簿記錄核對。財產清查前必須按國家標準計量校正各種量器、衡器，以減少誤差。

二、財產清查的方法

(一) 財產物資的盤存制度

在計算各種財產物資期末結存數額時，會計通常採用兩種方法，由此形成兩種盤存制度，即永續盤存制和實地盤存制。這兩種盤存制度的內容詳見第四章的第五節。

(二) 財產物資的清查

財產物資的清查包括對固定資產、原材料、低值易耗品、在產品、庫存商品、包裝物等實物在數量上和質量上進行的清查，是財產清查的主要內容。在盤點財產物資時，財產物資的保管人員必須在場；在盤點庫存現金時，出納人員必須在場。盤點時，要由盤點人員做好盤點記錄；盤點結束，盤點人員應根據財產物資的盤點記錄，編製盤存表，並由盤點人員、財產物資的保管人員及有關責任人員簽名、蓋章。同時，應根據有關帳簿資料和盤存表填製帳存實存對比表，據以檢查帳實是否相符，並根據對比結果調整帳簿記錄，分析差異原因，做出相應的處理。

財產物資清查的程序如下：

1. 盤點實物

對於實物資產的盤點一般採用實地盤點法。實地盤點法是指在財產物資的存放地點進行逐一清點或採用量器、衡器來確定實物資產的實有數量以及實物資產的質量。清查時，必須根據不同實物資產的特點採用相應的方法。如存貨的清查主要採用實地盤點法和技術推算法，固定資產的清查主要採用實地盤點法，銀行存款的清查主要是將銀行的對帳單與本單位銀行存款日記帳的帳面餘額相核對等。

2. 登記盤存單

實物資產進行清點后，根據清點結果如實登記在盤存單上，並由盤點人員、檢查負責人和實物保管人員簽單，以明確經濟責任。盤存單是記錄實物資產盤點結果的書面文件，也是反應財產物資實有數量與質量的原始記錄。其格式見表 7.1。

表 7.1　盤存單　　　　　　　　　　　編號：

財產類別：　　　　　　盤點時間：　　　　　　　存放地點：

編號	名稱	規格	計量單位	數量	單價	金額	備註

盤點人：　　　　　　　　　　　實物保管人：

3. 編製帳存實存對比表

根據盤存單和有關帳簿記錄，編製帳存實存對比表。該表只填列帳實不符的財產物資。它是用來調整帳簿記錄的重要原始憑證，也是分析產生帳實差異的原因、明確經濟責任的重要依據。其格式見表 7.2。

表 7.2　帳存實存對比表

財產類別：　　　　　　　　年　月　日　　　　　　編號：

編號	名稱規格	計量單位	單價	實存 數量	實存 金額	帳存 數量	帳存 金額	盤盈 數量	盤盈 金額	盤虧 數量	盤虧 金額	備註

會計主管：　　　　　　復核：　　　　　　製表：

(三) 貨幣資金的清查

1. 庫存現金的清查

庫存現金的清查，一般通過實地盤點現金，確定庫存現金的實存數，再與庫存現金日記帳的帳面餘額進行核對，以查明盈虧情況。庫存現金的盤點應由財產清查人員會同出納人員共同負責，根據庫存現金日記帳的當天餘額來盤點。對盤點結果，要填製庫存現金盤點報告表。該表既是庫存現金的盤存單，又是它的帳存實存對比表。其格式見表 7.3。

表 7.3　庫存現金盤點報告表

編製單位：　　　　　　　　年　月　日

實存金額	帳存金額	對比結果 盤盈	對比結果 盤虧	備註

盤點人：　　　　　　　　　　出納員：

表 7.3 中的盤盈數，是現金實存數額大於庫存現金日記帳帳面余額數；反之，則為現金盤虧數。

現金盤點中如果發現有白條抵充現金和庫存現金超過定額等情況，應在備註中予以說明，並根據具體情況做出適當的處理。最后，盤點人和出納人員應在庫存現金盤點報告表上簽章，以示負責。

2. 銀行存款的清查

銀行存款的清查，主要是將銀行的對帳單與本單位銀行存款日記帳的帳面余額相核對，以查明帳實是否相符。

清查銀行存款的一般方法是，首先將銀行送達的銀行存款對帳單與本單位銀行存款對帳所記錄的業務進行逐筆核對，將一方已經記帳而另一方未入帳的收、付款事項填製未達帳項登記表，並隨時註銷已經入帳的未達帳項。所謂未達帳項，是指一方已經入帳，而另一方尚未接到有關憑證而未入帳的款項。未達帳項是使本單位銀行存款日記帳余額與銀行對帳單存款余額發生不一致的主要原因。未達帳項登記表的一般格式見表 7.4。

表 7.4　未達帳項登記表

單位名稱：　　　　　　　　　　　　　年　月　日

未達帳項種類	摘要	結算憑證種類號數	記帳憑證各類號數	金額	備註
銀行已收，本單位未收帳項 1. 2.					
合計					
銀行已付，本單位未付帳項 1. 2.					
合計					
本單位已收，銀行未收帳項 1. 2.					
合計					
本單位已付，銀行未付帳項 1. 2.					
合計					

核對人簽章：　　　　　　　　　　　　　　　　　　出納員簽章：

企業與銀行之間的未達帳項大致有以下四種類型：

（1）企業送存銀行的款項，企業已經作為存款入帳未辦妥手續，銀行還未記入企

業存款戶，簡稱「企業已收銀行未收」；

（2）企業開出支票或其他付款憑證，已作為存款減少登記入帳，而銀行尚未支付或辦理，未記入企業存款戶，簡稱「企業已付銀行未付」；

（3）企業委託銀行代收的款項或銀行付給企業的利息，銀行已收妥登記入帳，而企業沒有接到有關憑證尚未入帳，簡稱「銀行已收企業未收」；

（4）銀行代企業支付款項後，已作為款項減少記入企業存款戶，但企業沒有接到付款通知尚未入帳，簡稱「銀行已付企業未付」。

為了正確反應各種未達帳項，使企業和銀行雙方的帳面存款余額保持一致，企業在逐筆核對銀行送來的對帳單後，要編製銀行存款余額調節表（見表7.5）來核對銀行存款的余額。

【例7-9】國興公司6月30日銀行存款日記帳的帳面余額為153,600元，銀行對帳單的企業存款余額為173,500元，經查對有以下未達帳項：
①企業已經收款入帳6,000元，銀行因手續尚未辦妥，還未入帳；
②企業開出支票付款16,000元，銀行未收到付款支票，暫未入帳；
③銀行收到企業貨款18,000元已入帳，企業沒收到有關憑證，還未入帳；
④銀行從企業存款中扣除貸款利息8,100元，企業未收到通知，還未入帳。

表7.5　國興公司銀行存款余額調節表

開戶銀行：　　　　　　帳號：　　　　　　××年6月30日

項　目	金　額	項　目	金　額
銀行存款日記帳余額	153,600	銀行對帳單余額	173,500
加：銀行已收企業未收數	18,000	加：企業已收銀行未收數	6,000
減：銀行已付企業未付數	8,100	減：企業已付銀行未付數	16,000
調節后余額	163,500	調節后余額	163,500

如果調整后的存款余額相同，則說明雙方帳目都沒有錯誤，也是企業可以動用的銀行存款實有數額；如果調整后的存款余額不同，則說明雙方帳目發生錯誤，可能是銀行出錯，也可能是企業出錯，應查明予以更正。對於銀行已經入帳、企業尚未入帳的未達款項，應該在收到有關結算憑證後，再進行帳務處理。特別注意，編製銀行存款余額調節表的目的是檢查帳簿記錄的正確性，它不是更改帳簿記錄的憑證，不能據此更改帳簿記錄。

（四）往來結算款項的清查

各種往來結算款項一般採取函證核對法進行清查，即通過證件與經濟往來單位核對帳目的方法。清查單位按每一個經濟往來單位編製往來款項對帳單（一式兩份，其中一份作為回單聯）送往各經濟往來單位，對方經過核對相符後，在回聯單上加蓋公章退回，表示已核對；如果經核對數字不相符，對方應在回單聯上註明情況，或另抄對帳單退回本單位，進一步查明原因，再行核對，直到相符為止。往來款項對帳單的格式和內容如表7.6所示。

表 7.6　往來款項對帳單

_____單位：

你單位 20××年 6 月 8 日到我廠購衣服 3,000 件，已付貨款 10,000 元，還有 5,000 元貨款未付，請核對后將回聯單寄回。

　　　　　　　　　　　　　　　　　　　　　　　　　　　清查單位（蓋章）

　　　　　　　　　　　　　　　　　　　　　　　　　　　二○××年十一月十日

- - - - - - - - 請沿此虛線裁開，將以下回聯單寄回，謝謝！- - - - - - - -

往來款項對帳單　（回聯）

_____清查單位：

你單位寄來的「往來款項對帳單」收到，經核對相符無誤。

　　　　　　　　　　　　　　　　　　　　　　　　　　　××單位（蓋章）

　　　　　　　　　　　　　　　　　　　　　　　　　　　二○××年十二月一日

三、財產清查的處理

為了反應與監督各單位在財產清查過程中的各項財產的盤盈、盤虧、毀損及其處理情況，應設置「待處理財產損溢」帳戶。該帳戶的借方登記待處理財產的盤虧、毀損數，及經批准後待處理的財產盤盈轉銷數；貸方登記待處理財產的盤盈數，及經批准後的待處理財產盤虧、毀損的轉銷數。若餘額在借方，表示尚待批准處理的財產盤虧和毀損數；若餘額在貸方，表明尚待批准處理的財產盤盈數。為分別反應和監督企業流動資產和固定資產的盈虧及其處理情況，根據需要，該帳戶可下設「待處理財產損溢——待處理流動資產損溢」和「待處理財產損溢——待處理固定資產損溢」兩個明細帳戶。以下區分盤盈、盤虧兩種情況進行說明。

(一) 財產清查盤盈的帳務處理

造成財產盤盈的原因除了在財產保管過程中可能產生的自然升溢外，還可能在各項財產收發過程中發生有關計量、檢驗不準確及出現記錄上的錯記、漏記或計算上的錯誤。財產清查出現盤盈將使企業的資產在一定數額上增加，有關成本、費用減少，從而導致盈利增加。

1. 庫存現金溢余的帳務處理

企業發現溢余時，按溢余金額借記「庫存現金」，貸記「待處理財產損溢」。查明原因後，借記「待處理財產損溢」；屬於應支付給有關人員或單位的，貸記「其他應付款」，屬於無法查明原因的，經批准後貸記「營業外收入」。

2. 存貨盤盈的帳務處理

企業發生存貨盤盈時，在報經批准前應借記有關存貨科目，貸記「待處理財產損溢」；在報經批准後應借記「待處理財產損溢」，貸記「管理費用」。

3. 固定資產盤盈的帳務處理

根據《企業會計準則第 28 號——會計政策、會計估計變更和差錯更正》的規定，盤盈固定資產作為前期差錯進行處理。在按管理權限報經批准處理前應先通過「以前

年度損益調整」帳戶核算。「以前年度損益調整」帳戶核算企業本年度發生的調整以前年度損益的事項以及本年度發現的重要前期差錯更正涉及調整以前年度損益的事項。貸方登記企業調整增加以前年度利潤或減少以前年度虧損、以及以前年度損益調整而增加的所得稅費用，借方登記調整減少以前年度利潤或增加以前年度虧損、以及由於以前年度損益調整減少的所得稅費用。期末將其余額轉入「利潤分配——未分配利潤」帳戶，結轉后該帳戶應無余額。

以前年度損益調整是指企業對以前年度多計或少計的重大盈虧數額所進行的調整，以使其不至於影響到本年度利潤總額。企業對以前年度發生的損益進行調整時，將涉及應納所得稅、利潤分配以及會計報表相關項目的調整。

盤盈的固定資產，應按以下規定確定其入帳價值：如果同類或類似固定資產存在活躍市場的，按同類或類似固定資產的市場價格，減去按該項資產的新舊程度估計的價值損耗后的余額，作為入帳價值；若同類或類似固定資產不存在活躍市場的，按該項固定資產的預計未來現金流量的現值，作為入帳價值。

4. 財產物資盤盈結果的帳務處理實例

【例7-10】國興公司對庫存現金進行盤點時發現現金溢余1,200元，后來經查明，1,000元屬應支付給綠葉公司款項，200元無法查明原因。

在報經有關部門審批前，應根據清查結果報告表編製會計憑證，根據現金盈余數調增庫存現金，記入「庫存現金」帳戶的借方，同時盈余原因還沒清楚前先記入「待處理財產損溢」帳戶的貸方。編製的會計分錄如下：

借：庫存現金　　　　　　　　　　　　　　　　　　　　　　1,200
　　貸：待處理財產損溢　　　　　　　　　　　　　　　　　　　1,200

根據審批處理意見進行轉銷，屬於應支付給綠葉公司款項，在未支付前負債增加，先記入「其他應付款」帳戶的貸方，200元無法查明原因屬於偶然的利得，記入「營業外收入」帳戶的貸方。盤盈原因查明后，轉銷待處理財產損溢，記入「待處理財產損溢」帳戶的借方。編製會計分錄如下：

借：待處理財產損溢　　　　　　　　　　　　　　　　　　　　1,200
　　貸：營業外收入　　　　　　　　　　　　　　　　　　　　　　200
　　　　其他應付款　　　　　　　　　　　　　　　　　　　　　1,000

【例7-11】國興公司在財產清查中，發現材料盤盈6,000元。后來查明，這是收發材料過程中計量誤差導致的。

國興公司發現材料盤盈在報經有關部門審批前，根據清查結果報告表，以實存數為依據調增材料盤盈數，記入「原材料」帳戶的借方，同時，原因尚未查明，記入「待處理財產損溢」帳戶的貸方。編製的會計分錄如下：

借：原材料　　　　　　　　　　　　　　　　　　　　　　　　6,000
　　貸：待處理財產損溢——待處理流動資產損溢　　　　　　　　6,000

根據審批處理意見，材料盤盈屬於收發材料過程中計量誤差導致的，應衝減管理費用，記入「管理費用」帳戶的貸方，同時轉銷待處理財產損溢，記入「待處理財產損溢」帳戶的借方。編製的會計分錄如下：

借：待處理財產損溢——待處理流動資產損溢 6,000
　　貸：管理費用 6,000

【例7-12】國興公司在財產清查中，發現一臺未入帳的設備，按同類設備的市場價格減去按該設備新舊程度估計的價值損耗費後的余額為30,000元。

根據《企業會計準則》的規定，盤盈固定資產作為前期差錯進行處理。假定該企業適用所得稅稅率為25%，按淨利潤的10%計提盈余公積。國興公司會計處理如下：

①固定資產盤盈時，按實存數調增固定資產，記入「固定資產」帳戶的借方，盤盈固定資產作為前期差錯進行處理，記入「以前年度損益調整」帳戶的貸方。

借：固定資產 30,000
　　貸：以前年度損益調整 30,000

②由於以前年度損溢調增而增加的所得稅費用，記入「以前年度損溢調整」帳戶的借方，同時應交稅費增加，記入「應交稅費」帳戶的貸方。

借：以前年度損益調整 7,500（30,000×25%＝7,500）
　　貸：應交稅費——應交所得稅 7,500（30,000×25%＝7,500）

③將以前年度損益調整的余額轉入「利潤分配——為分派利潤」帳戶。

借：以前年度損益調整 22,500
　　貸：利潤分配——未分配利潤 22,500

（4）由於未分配利潤增加，補提少計提的盈余公積。

借：利潤分配——未分配利潤 2,250
　　貸：盈余公積——法定盈余公積 2,250

（二）財產物資盤虧的帳務處理

在財產保管過程中往往會發生自然損耗，記錄過程中發生的錯記、重記、漏記或計算上的錯誤，收發領退中發生的計量或檢驗不準確，管理不善或工作人員失職而造成的財產損失、變質、霉爛或短缺，以及不法分子貪污盜竊和自然災害等均會造成財產物資的實存數小於帳面數，即盤虧或毀損，從而導致了資產的減少和有關成本、費用的增加，最終影響利潤的減少。

1. 庫存現金短缺的帳務處理

發現庫存現金短缺時，按短缺金額借記「待處理財產損溢」，貸記「庫存現金」。查明原因後，屬於應由責任人或保險公司賠償的部分借記「其他應收款」，屬於無法查明的其他原因，根據管理權限批准後借記「管理費用」，貸記「待處理財產損溢」。

2. 存貨盤虧的帳務處理

企業發生存貨盤虧及毀損時，在報經有關部門審批前借記「待處理財產損溢」，貸記有關存貨科目。在報經批准後，對於入庫的殘料價值，借記「原材料」等科目；對於保險公司的賠款借記「其他應收款」；剩餘的淨損失，屬於一般經營損失的部分借記「管理費用」，屬於非常損失的借記「營業外支出」，貸記「待處理財產損溢」。

3. 固定資產盤虧的帳務處理

企業發生固定資產盤虧時，按盤虧固定資產的帳面淨值借記「待處理財產損溢」，

按已提折舊借記「累計折舊」，按固定資產原價貸記「固定資產」。報經批准轉銷時，借記「營業外支出」，貸記「待處理財產損溢」。

4. 財產物資盤虧的帳務處理實例

【例7－13】國興公司在對現金進行盤點時，發現現金余額短缺2,000元。經查明原因，500元系出納王某錯誤所致，1,500元短款原因不明。

發現現金余額短缺，在報經審批前，以現金的實存數為依據調減庫存現金，記入「庫存現金」帳戶的貸方，同時記入「待處理財產損溢」帳戶的借方等待查明原因再處理，編製的會計分錄如下：

借：待處理財產損溢　　　　　　　　　　　　　　　　2,000
　　貸：庫存現金　　　　　　　　　　　　　　　　　　　　2,000

在報經審批後，根據審批意見500元由出納王某賠償，暫記入「其他應收款」帳戶的借方，代表公司的債權增加，1,500元原因不明，代表管理不善，記入「管理費用」帳戶的借方，同時衝銷「待處理財產損溢」，記入貸方。編製的會計分錄如下：

借：其他應收款——王某　　　　　　　　　　　　　　　500
　　管理費用　　　　　　　　　　　　　　　　　　　1,500
　　貸：待處理財產損溢　　　　　　　　　　　　　　　　2,000

【例7－14】國興公司在財產清查中，發現某種材料盤虧1,000元，查明原因，屬一般流轉過程中的損失。

材料盤虧，在報批前，以材料的實存數為依據調減材料，記入「原材料」帳戶的貸方，同時，記入「待處理財產損溢」帳戶的借方等待查明原因再處理。編製的會計分錄如下：

借：待處理財產損溢——待處理流動資產損溢　　　　　1,000
　　貸：原材料　　　　　　　　　　　　　　　　　　　1,000

在報經審批後，根據審批意見，屬於一般的經營過程中損溢，記入「管理費用」帳戶的借方，同時衝減「待處理財產損溢」帳戶，記入貸方。編製的會計分錄如下：

借：管理費用　　　　　　　　　　　　　　　　　　　1,000
　　貸：待處理財產損溢——待處理流動資產損溢　　　　1,000

【例7－15】國興公司在財產清查中，發現某種材料變質，原價為5,000元。經查明原因，是保管員張某保管不慎所致，為減少損失將材料低價變賣，變價收入300元存入銀行。

發現材料盤虧，在報經審批前，以材料的實存數為依據調減材料，記入「原材料」帳戶的貸方，同時，記入「待處理財產損溢」帳戶的借方等待查明原因再處理。編製的會計分錄如下：

借：待處理財產損溢——待處理流動資產損溢　　　　　5,000
　　貸：原材料　　　　　　　　　　　　　　　　　　　5,000

在報經審批後，根據審批意見，變價收入，記入「銀行存款」帳戶的借方，由保管人賠償部分，暫記入「其他應收款」帳戶的借方，代表公司的債權增加，同時衝減

「待處理財產損溢」帳戶，記入貸方。編製的會計分錄如下：

借：銀行存款　　　　　　　　　　　　　　　　　　　　　　300
　　其他應收款——張某　　　　　　　　　　　　　　　　4,700
　　貸：待處理財產損溢——待處理流動資產損溢　　　　　　　5,000

【例7-16】國興公司在財產清查中，發現設備短缺，原價為5,000元，已提折舊3,000元。固定資產盤虧，在報經審批前，根據清查結果，以實有數為依據調減帳面固定資產和累計折舊，記入「固定資產」帳戶的貸方和「累計折舊」帳戶的借方，將折餘價值記入「待處理財產損溢」帳戶的借方。編製的會計分錄如下：

借：待處理財產損溢——待處理固定資產損溢　　　　　　　2,000
　　累計折舊　　　　　　　　　　　　　　　　　　　　　3,000
　　貸：固定資產　　　　　　　　　　　　　　　　　　　　5,000

報經審批後，根據批准意見盤虧固定資產的折餘價值，從「待處理財產損溢」帳戶的貸方轉入「營業外支出」帳戶的借方，編製會計分錄如下：

借：營業外支出　　　　　　　　　　　　　　　　　　　2,000
　　貸：待處理財產損溢——待處理固定資產損溢　　　　　　2,000

本章小結

　　按照權責發生制的要求，企業除應對特定會計期間內發生的有關收入和費用的經濟業務進行日常核算外，還應將那些應作為本期收入和費用確認但平時未予確認的事項於期末調整入帳。

　　對帳是指會計人員對會計帳簿記錄進行核對的工作，會計對帳工作的主要內容有：帳證核對、帳帳核對、帳實核對。對帳是為了保證帳簿所提供的會計資料真實可靠，為編製會計報表提供正確的依據。

　　結帳是指按規定結算出帳戶的本期發生額和期末餘額並為編製會計報表提供可靠的依據。

　　財產清查既是會計核算的一種專門方法，又是一項行之有效的會計監督活動。這種方法的實際應用對於保證會計核算資料真實可靠，保護財產物資的安全、完整，挖掘財產物資潛力等方面都具有重要意義。

　　在財產清查中，如發現帳實不符的現象（即盤盈或盤虧），應按照盤盈或盤虧的金額，及時調整有關財產物資的帳面記錄，使帳實相符。同時，應查明帳實不符的原因，並據此提出處理意見。待查明原因或報經批准處理時，再對財產物資的盤盈或盤虧做出相應的處理。

復習思考題

1. 什麼是帳項調整？帳項調整包括哪些內容？
2. 什麼是對帳？會計對帳工作的主要內容和核對方法有哪些？

3. 什麼是結帳？結帳工作主要有哪些步驟？

4. 什麼是財產清查？造成財產物資帳實不符的原因通常有哪些？進行財產清查的意義是什麼？

5. 什麼是永續盤存制和實地盤存制？請比較兩種方法的優劣。

6. 什麼是未達帳項？未達帳項有哪幾種類型？應如何加以調整？如何編製銀行存款余額調節表？

7. 財產物資的清查可以採用哪些方法？

8. 怎樣進行財產清查的帳務處理？

第八章　會計報表及其分析

[學習目的和要求]

本章主要介紹會計報表的基本知識、資產負債表、利潤表和現金流量表的內容、格式和編製、會計報表的分析。其中，資產負債表和利潤表的結構原理和編製方法，以及會計報表的分析方法是本章的重點和難點。通過本章的學習，應當：

(1) 瞭解會計報表的概念和作用，熟悉會計報表的種類和編製要求；
(2) 瞭解資產負債表的意義、結構，掌握資產負債表的編製方法；
(3) 瞭解利潤表的意義、結構，掌握利潤表的編製方法；
(4) 瞭解現金流量表的意義、結構和編製原理；
(5) 瞭解會計報表的報送、匯總和審批；
(6) 瞭解並掌握會計報表分析的意義和分析方法。

第一節　會計報表概述

一、會計報表的作用

會計報表是根據日常會計核算資料定期編製的，總括反應企業在某一特定日期的財務狀況、經營成果、現金流量、所有者權益及其變動原因的書面報告文件。編製會計報表是會計核算的一種專門方法。

企業在日常的會計核算中，對其經營過程中所發生的各項經濟業務，通過設置帳戶、復式記帳、填製和審核憑證、登記帳簿、成本計算、財產清查等會計核算方法，反應在各種會計帳簿中。會計帳簿資料是根據會計憑證分類或匯總登記的，雖然比會計憑證反應的信息更加條理化、系統化，但就其某一會計期間的經營過程整體而言，它所提供的會計信息仍然是不完整和相對分散的，不能集中地、簡明扼要地反應企業經營過程的全貌。因此，必須定期地對會計帳簿資料進行歸集、加工、匯總，編製各種會計報表，為有關方面提供總括性的會計信息。會計報表的作用，可以概括為以下五個方面：

(一) 為企業的經營管理者進行日常經營管理提供必要的信息資料

企業的經營管理者需要經常不斷地考核、分析本企業的財務狀況、成本費用情況；評價本企業的經營管理工作；總結經驗、查明問題存在的原因；改進經營管理工作、

提高管理水平；預測經濟前景、進行經營決策。所有這些工作都必須借助於會計報表所提供的會計信息才能夠進行。

(二) 為投資者進行投資決策提供必要的信息資料

企業的投資者包括國家、法人、外商和社會公眾等。投資者所關心的是投資的報酬和投資的風險，在投資前需要瞭解企業的財務狀況和經營活動情況，以便做出正確的投資決策；在投資後需要瞭解企業的經營成果、資金使用狀況以及資金支付報酬的能力等資料。而會計報表正是投資者瞭解所需信息的唯一渠道或主要渠道。

(三) 為債權人提供企業的資金運轉情況和償債能力的信息資料

隨著市場經濟的不斷發展，商業信貸和商業信用在社會經濟發展的過程中日趨重要。由商業信貸所形成的債權人主要包括銀行、非銀行金融機構等，他們需要反應企業能按時支付利息和償還債務的資料。由商業信用所形成的債權人是商品經濟條件下又一債權人（通過供應材料、設備及勞務等交易成為企業的債權人），以及因公司發行債券所形成的債權人（包括法人和社會公眾），他們需要瞭解企業償債能力的資料。而會計報表也是債權人瞭解這些信息的唯一渠道或主要渠道。

(四) 為財政、工商、稅務等行政管理部門提供對企業實施管理和監督的信息資料

財政、工商、稅務等行政管理部門，履行國家管理企業的職能，負責檢查企業的資金使用情況、成本計算情況、利潤的形成和分配情況以及稅金的計算和結繳情況；檢查企業財經法紀的遵守情況。會計報表作為集中、概括地反應企業經濟活動情況及其結果的會計載體，是財政、工商、稅務各部門對企業實施管理和監督的重要資料。

(五) 為審計部門檢查、監督企業的生產經營活動提供必要的信息資料

審計包括企業內部審計和企業外部審計。而審計工作一般是從會計報表審計開始的，所以，會計報表不僅能夠為審計工作提供詳盡、全面的數據資料，而且可以為會計憑證和會計帳簿的進一步審計指明方向。

二、會計報表的組成

按照《企業會計準則》的規定，會計報表至少應當包括下列組成部分：①資產負債表；②利潤表；③現金流量表；④所有者權益（或股東權益，下同）變動表；⑤附註。財務報表的這些組成部分具有同等的重要程度。

它們既有區別又有聯繫，分別從不同的角度反應企業經營成果、財務狀況、現金流量、所有者權益及其變動原因，共同構成了一個完整的財務報表體系。

三、會計報表的分類

(一) 按照會計報表反應的內容，可以分為動態會計報表和靜態會計報表

動態會計報表是指反應企業一定時期內資金耗費和資金收回的報表，如利潤表；靜態會計報表是指綜合反應一定時點企業資產、負債和所有者權益的會計報表，如資

產負債表。

(二) 按照會計報表的編報時間，可以分為中期報告和年報

中期報告包括月報、季報和半年報。月報，即月份會計報表，是用來反應企業一個月的經營活動情況及成果，以及月末財務狀況的報表，於每月終了後編製。我國現行會計報表中，資產負債表、利潤表屬於月報。季報，即季度會計報表，是用來反應企業一個季度的經營活動情況及成果，以及季末財務狀況的報表，於每季終了後編製。半年報，即半年的會計報表，是用來反應企業半年的經營活動情況及成果，以及半年末財務狀況的報表，於半年終了後編製。月報、季報和半年報統為稱中期報告。年報，即年度會計報表，又稱決算報表，是用來反應企業全年的經營活動情況及成果，以及年末財務狀況的報表，於年度終了後編製。我國現行會計報表中，所有會計報表均需年報。

(三) 按照會計報表的編製基礎，可以分為個別會計報表、匯總會計報表和合併會計報表

個別會計報表是根據帳簿記錄進行加工后編製的，反應個別企業的財務狀況和經營成果的會計報表；匯總會計報表是由企業主管部門或上級機關根據所屬單位報送的個別會計報表，連同本單位會計報表簡單匯總編製的會計報表；合併會計報表是由母公司在母子公司個別會計報表的基礎上，對企業集團內部交易進行相應抵消後編製的會計報表，反應企業集團綜合的財務狀況和經營成果。

(四) 按照會計報表的服務對象，可以分為內部會計報表和外部會計報表

內部會計報表是指為適應企業內部經營管理需要而編製的，不對外公開的會計報表；外部會計報表是指企業按照《企業會計準則》的相關規定向外部不同會計報表使用者提供的會計報表。

四、會計報表的編製要求

會計報表作為企業內部管理者瞭解本單位生產經營活動情況及其結果的重要信息資料和企業外部利害關係集團瞭解企業財務狀況及其經營成果的唯一信息資料，必須保證會計報表的質量，以充分發揮其在決策中的作用。因此，企業在編製會計報表時，應當根據真實的交易、事項以及完整、準確的帳簿記錄等資料，並按照國家《企業會計準則》《企業財務會計報告條例》規定的編製基礎、編製依據、編製原則和方法進行，做到內容完整、數字真實、計算準確、報送及時。

(一) 內容完整

會計報表必須按照國家規定的報表種類和內容填報，不得漏填、漏報。每份會計報表應填列的內容，無論是表內項目，還是報表附註資料，都應一一填列齊全。對於匯總會計報表和合併會計報表，應按項目分別進行匯總或扣除，不得遺漏。

(二) 數字真實

數字真實是指會計報表與報表編製企業的客觀財務狀況、經營成果和現金流量相

吻合。因此，為了保證會計報表的真實性，會計報表中各項目數字必須以報告期的實際數字來填列，不能使用計劃數、估計數代替實際數，更不允許弄虛作假、篡改偽造數字。

(三) 計算正確

在各會計報表中，都有一些需要進行專門計算才能加以填列的項目。對於這些需要計算填列的項目，必須根據《企業會計準則》《企業財務會計報告條例》中規定的計算口徑、計算方法和計算公式進行計算，不得任意刪減和增加。

(四) 編報及時

編報及時是指企業應按規定的時間編報會計報表，及時逐級匯總，以便報表使用者能夠及時、有效地利用會計報表資料。會計報表必須向各會計信息使用者提供與經濟決策有用的會計信息，而經濟決策又具有強烈的時間性，因此，會計報表提供的會計信息要滿足有用性質量標準，必須具有及時性。也就是說，有用的信息必須及時，不及時的信息肯定沒用。為此，企業應科學地組織好會計的日常核算工作，選擇適合本企業具體情況的會計核算組織形式，認真做好記帳、算帳和按期結帳工作。

第二節　資產負債表

一、資產負債表的概念與作用

資產負債表是反應企業在某一特定日期（通常為月末、季末或年末）財務狀況的會計報表。它表明企業在一定日期所擁有或控制的經濟資源，所承擔的現有債務以及所有者對企業淨資產的要求權，是企業主要會計報表之一。

資產負債表所提供的信息可以滿足企業的經營者、投資者和債權人的不同需求。對經營者來說，資產負債表可以反應企業在某一日期所掌握的資源以及這些資源的分佈和結構，從而衡量企業經營規模的大小，分析企業生產經營能力及抵禦風險的能力。對企業的投資者、債權人來說，資產負債表能清晰地反應企業資金來源的構成，通過將有關項目的對比與分析，從而衡量企業的償債能力及資本結構情況，瞭解企業面臨的財務風險。

資產負債表能夠提供企業的資產、負債、所有者權益狀況及其相互關係。通過資產負債表，可以反應某一日期企業資產總量及其結構，為企業合理配置經濟資源提供重要依據；通過資產負債表，可以反應某一日期企業負債的總額及結構，未來將動用企業多少資產或勞務抵償這些債務，並將其同資產狀況聯繫起來，從而反應企業的長期償債能力和短期償債能力；通過資產負債表，可以瞭解企業所有者權益的總額及其結構。此外，資產負債表還能夠提供進行財務分析所需的基本資料，利用這些資料，可以計算企業的速動比率、流動比率、資產負債率等一系列財務指標。

二、資產負債表的格式

資產負債表各要素項目的不同排列方式形成了該表的具體格式，常見的有報告式和帳戶式兩種。

報告式資產負債表又稱為豎式資產負債表，它依據「資產－負債＝所有者權益」這個會計等式，將資產、負債、所有者權益項目自上而下垂直排列。其具體格式如表8.1所示。

表8.1　資產負債表（報告式）

項　　目	年初數	期末數
資產類		
流動資產		
長期投資		
固定資產		
無形資產		
其他資產		
資產合計		
負債類		
流動負債		
長期負債		
負債合計		
所有者權益類		
實收資本（股本）		
資本公積		
其他綜合收益		
盈余公積		
未分配利潤		
所有者權益合計		

帳戶式資產負債表是依據「資產＝負債＋所有者權益」這個會計等式，以「T」型帳戶為基本形式來構思設計的，它將資產負債表分為左右兩個部分，由於資產帳戶的余額在借方，負債和所有者權益的余額在貸方，所以，資產負債表的左方排列資產，右方排列負債和所有者權益，左右兩方保持相等。其具體格式如表8.2所示。

表8.2　資產負債表（帳戶式）

資　　產	期末余額	年初余額	負債和所有者權益（或股東權益）	期末余額	年初余額
流動資產：			流動負債：		
貨幣資金			短期借款		
交易性金融資產			交易性金融負債		
應收票據			應付票據		
應收帳款			應付帳款		

表 8.2（續）

資　　產	期末余額	年初余額	負債和所有者權益 （或股東權益）	期末余額	年初余額
預付款項			預收款項		
應收利息			應付職工薪酬		
應收股利			應交稅費		
其他應收款			應付利息		
存貨			應付股利		
一年內到期的非流動資產			其他應付款		
其他流動資產			一年內到期的非流動負債		
流動資產合計			其他流動負債		
非流動資產：			流動負債合計		
可供出售金融資產			非流動負債：		
持有至到期投資			長期借款		
長期應收款			應付債券		
長期股權投資			長期應付款		
投資性房地產			專項應付款		
固定資產			預計負債		
在建工程			遞延所得稅負債		
工程物資			其他非流動負債		
固定資產清理			非流動負債合計		
生產性生物資產			負債合計		
油氣資產			所有者權益 （或股東權益）：		
無形資產			實收資本 （或股本）		
開發支出			資本公積		
商譽			減：庫存股		
長期待攤費用			其他綜合收益		
遞延所得稅資產			盈余公積		
其他非流動資產			未分配利潤		
非流動資產合計			所有者權益（或股東權益）合計		
資產總計			負債和所有者權益（或股東權益）總計		

報告式資產負債表著重通過資產與負債的比較，突出所有者對企業淨資產的要求權；帳戶式資產負債表著重反應企業的全部資產及其資本來源，有利於會計信息用戶通過左右兩方的對比，直觀地瞭解企業財務狀況。國際上北美一些國家主要採用帳戶式，英國等一些國家則常採用報告式。我國《企業會計準則》規定企業資產負債表採用帳戶式。

三、資產負債表的編製方法

(一) 準備工作

企業在正式編製資產負債表之前，應根據總帳的期末余額先編製帳戶余額試算平衡表，對日常帳簿記錄的正確性進行復核、檢查；在試算平衡以後，再根據帳戶余額試算平衡表和有關明細帳戶，正式編製資產負債表。

(二) 資產負債表中「年初余額」的填列方法

本欄內各項數字，應根據上年末資產負債表「期末余額」欄內所列數字填列，如果本年度資產負債表規定的各個項目的名稱和內容同上年度不一致，則應對上年末資產負債表各項目的名稱和數字按照本年度的規定進行調整，填入「年初余額」欄內。

(三) 資產負債表中「期末余額」的填列方法

資產負債表中「期末余額」欄內各項數字的填列，主要資料來源是日常會計核算的帳簿記錄。由於資產負債表主要反應企業在報告期末資產、負債和所有者權益情況，即提供某一時點的靜態指標，所以它主要根據總分類帳簿或明細分類帳簿中記錄的期末余額填列。其具體填列方法有以下幾種情況：

1. 根據總帳科目的期末余額直接填列

例如，交易性金融資產、工程物資、固定資產清理、長期待攤費用、短期借款、應付票據、應付職工薪酬、應交稅費、應付利息、應付股利、實收資本（股本）、資本公積、盈余公積等項目。

2. 根據幾個總帳科目的余額計算填列

例如，貨幣資金＝庫存現金＋銀行存款＋其他貨幣資金。

3. 根據有關明細科目的余額計算填列

例如，應收帳款項目，應根據「應收帳款」和「預收帳款」帳戶所屬明細帳的期末借方余額之和填列；「應付帳款」項目，應根據「應付帳款」和「預付帳款」帳戶所屬明細帳的期末貸方余額之和填列等。

應收帳款項目＝「應收帳款」明細帳（借余）＋「預收帳款」明細帳（借余）

預收帳款項目＝「預收帳款」明細帳（貸余）＋「應收帳款」明細帳（貸余）

預付帳款項目＝「預付帳款」明細帳（借余）＋「應付帳款」明細帳（借余）

應付帳款項目＝「應付帳款」明細帳（貸余）＋「預付帳款」明細帳（貸余）

註：通過計算的應收帳款項目還應減去壞帳準備金額才能填列。

4. 根據總帳科目和明細科目的余額分析計算填列

例如，長期借款項目，應根據該帳戶總帳科目余額扣除「長期借款」科目所屬明

細科目中反應的將於一年內到期的長期借款部分分析計算填列。持有至到期投資項目，應根據該帳戶總帳科目餘額減去「持有至到期投資」將於一年內（含一年）到期數額后的金額計算填列。註：持有至到期投資還應減去減值準備。

5. 根據有關科目與其備抵科目抵消后的淨額填列

固定資產項目，應當根據「固定資產」科目期末余額，減去「累計折舊」「固定資產減值準備」等科目期末余額后的金額填列。

無形資產項目，應當根據「無形資產」科目期末余額，減去「累計攤銷」「無形資產減值準備」等科目期末余額后的金額填列等。

(四) 資產負債表編製實例

下面我們以國興公司的相關資料為例，來說明資產負債表的編製方法。

【例 8-1】20××年 12 月 31 日國興公司有關總分類帳期末余額如表 8.3 所示；明細分類帳的期末余額如表 8.4 所示。假定 20××年 12 月 31 日國興公司資產負債表中的「年初余額」欄數字已填妥，只需根據相關資料填列資產負債表中的「期末余額」欄數字。

表 8.3　國興公司總分類帳余額表

20××年 12 月 31 日　　　　　　　　　　　　　　單位：元

帳戶名稱	借方余額	帳戶名稱	貸方余額
庫存現金	8,000.50	短期借款	2,250,000
銀行存款	7,316,252	應付票據	750,000
其他貨幣資金	1,992,000	應付帳款	4,900,000
交易性金融資產	216,000	預收帳款	110,000
應收票據		應付職工薪酬	382,500
應收帳款	3,660,550	應交稅費	906,877.5
壞帳準備	-16,000	應付利息	180,000
其他應收款	33,750	應付股利	698,287.50
預付帳款		其他應付款	397,800
材料採購	540,000	長期借款	12,288,000
原材料	1,024,000	其中：一年內到期的非流動負債	3,000,000
週轉材料	442,825		
庫存商品	1,870,000		
長期股權投資	2,216,250		
固定資產	28,370,500		
累計折舊	-3,580,000		
在建工程	5,025,000	股本	31,500,000
工程物資	1,140,750	資本公積	1,749,750
無形資產	7,680,000	盈余公積	1,241,745

185

表8.3(續)

帳戶名稱	借方余額	帳戶名稱	貸方余額
累計攤銷	-1,080,000	利潤分配（未分配利潤）	1,027,417.50
開發支出	150,000		
長期待攤費用	1,372,500		
合　計	58,382,377.50	合　計	58,382,377.50

其中：壞帳準備僅僅是應收帳款計提的壞帳準備金，假定其他應收款暫不需要計提壞帳準備。

表8.4　國興公司有關明細分類帳余額表　　　　　　　　　單位：元

總帳名稱	明細帳名稱	借方余額	貸方余額
應收帳款（總帳）		3,660,550	
	甲公司	1,870,000	
	乙公司	1,070,000	
	丙公司	753,050	
	丁公司		32,500
預收帳款（總帳）			110,000
預收帳款	A公司		100,000
	B公司		30,000
	C公司	20,000	

根據表8.3、表8.4的資料，編製資產負債表如表8.5所示。

表8.5　資產負債表

編製單位：國興公司　　　　　20××年12月31日　　　　　　　單位：元

資產	期末余額	年初余額	負債和所有者權益	期末余額	年初余額
流動資產：			流動負債：		
貨幣資金	9,316,252.50	13,568,250	短期借款	2,250,000	3,750,000
交易性金融資產	216,000	20,100	應付票據	750,000	1,875,000
應收票據	0	600,000	應付帳款	4,900,000	5,700,000
應收帳款	3,697,050	2,940,000	預收帳款	162,500	0
預付帳款	0	487,500	應付職工薪酬	382,500	382,500
應收股利	0	0	應交稅費	906,877.5	306,000
應收利息	0	0	應付利息	180,000	90,000
其他應收款	33,750	33,750	應付股利	698,287.50	0
存貨	3,876,825	2,792,400	其他應付款	397,800	487,500
一年內到期的非流動資產	0	0	一年內到期的非流動負債	3,000,000	6,375,000
流動資產合計	17,139,877.50	20,442,000	其他流動負債	0	0
非流動資產：	0	0	流動負債合計	13,627,965	18,966,000
持有至到期投資	0	0	非流動負債：	0	0

表8.5(續)

資　產	期末余額	年初余額	負債和所有者權益	期末余額	年初余額
長期股權投資	2,216,250	2,216,250	長期借款	9,288,000	7,185,000
長期應收款	0	0	應付債券	0	0
固定資產	24,790,500	17,317,500	長期應付款	0	0
在建工程	5,025,000	12,000,000	專項應付款	0	0
工程物資	1,140,750	0	預計負債		
固定資產清理	0	0	遞延所得稅負債		
無形資產	6,600,000	7,200,000	其他非流動負債	0	0
開發支出	150,000	0	非流動負債合計	92,88,000	7,185,000
商譽	0	0	負債合計	22,915,965	26,151,000
長期待攤費用	1,372,500	2,025,000	所有者權益：		
遞延所得稅資產	0	0	實收資本(或股本)	31,500,000	31,500,000
其他非流動資產	0	0	資本公積	1,749,750	1,749,750
非流動資產合計	41,295,000	40,758,750	其他綜合收益	0	0
			盈余公積	1,241,745	1,125,000
			未分配利潤	1,027,417.50	675,000
			所有者權益合計	35,518,912.5	35,049,750
資產總計	58,434,877.5	61,200,750	負債和所有者權益總計	58,434,877.5	61,200,750

國興公司20××年12月31日資產負債表中「期末余額」個別項目的計算如下：

貨幣資金項目＝庫存現金＋銀行存款＋其他貨幣資金
　　　　　　＝8,000.50＋7,316,252＋1,992,000＝316252.50（元）

應收帳款項目＝應收帳款明細帳中甲公司借方余額＋應收帳款明細帳中乙公司借方余額＋應收帳款明細帳中丙公司借方余額＋預收帳款明細帳中C公司借方余額－壞帳準備
　　　　　　＝1,870,000＋1,070,000＋753,050＋20,000－16,000＝3,697,050（元）

預收帳款項目＝預收帳款明細帳中A公司貸方余額＋應收帳款明細帳中B公司貸方余額＋應收帳款明細帳中丁公司貸方余額
　　　　　　＝100,000＋30,000＋32,500＝162,500（元）

存貨項目＝材料採購＋原材料＋週轉材料＋庫存商品
　　　　＝540,000＋1,024,000＋442,825＋1,870,000＝3,876,825（元）

固定資產項目＝固定資產－累計折舊＝28,370,500－3,580,000＝24,790,500（元）

無形資產項目＝無形資產－累計攤銷＝7,680,000－1,080,000＝6,600,000（元）

長期借款項目＝長期借款－一年內到期的非流動負債

= 12,288,000 − 3,000,000 = 9,288,000（元）

第三節　利潤表

一、利潤表的概念與作用

利潤表亦稱損益表，是指反應企業一定會計期間的經營成果的會計報表。它基於收入、費用、利潤三個會計要素的相互關係設置，並將一定期間的收入與同期的費用（成本）進行配比，從而確定企業當期的稅後淨利潤（或淨虧損）。利潤表反應的收入、費用等情況，可以說明企業生產經營的收益和成本耗費情況，表明企業生產經營成果，滿足報表使用者評價和預測企業經營業績和獲利能力的需要，並能幫助報表使用者分析影響利潤形成和變動的重要因素，評價企業的盈利狀況和工作業績，督促管理者及時改進經營管理，不斷提高經濟效益；利潤表提供了不同時期的比較數字（上期金額、本期金額），可以分析企業今後利潤的發展趨勢及獲利能力；將利潤表與資產負債表相互結合，可以計算出一些財務比率，如資產週轉率、資產淨利率等，這些比率提供了財務分析的基本材料。

二、利潤表的格式

利潤表是「收入 − 費用 + 利得 − 損溢 = 利潤」這一會計等式的具體表現，包括收入、費用、利得、損失和利潤等內容，各部分還需列示具體的項目。由於各部分內容具體項目的排列有差別，從而形成不同格式的利潤表。目前，國際上普遍採用的利潤表的格式主要有單步式利潤表和多步式利潤表。單步式利潤表又稱一步式利潤表，是將企業所有的收入和收益加計在一起，再把所有的成本、費用加計在一起，然後用收入與收益的合計數減去成本與費用的合計數，得到企業的淨利潤（或虧損）。其優點是：表式簡單，易於理解；對所有收入與費用一視同仁，不分彼此先後，避免了多步式利潤表下必須將費用、支出與相應收入配比的計算。其缺點是：不能直接提供管理者所需的某些有價值的資料。規模小、業務單一、收入與費用種類較少的企業可採用這種格式。單步式利潤表的基本格式參見表8.6。

表 8.6　利潤表（單步式）

項目	本期金額	上期金額
一、收入		
營業收入		
公允價值變動收益		
投資收益		
營業外收入		
收入合計		
二、費用		

表8.6(續)

項目	本期金額	上期金額
營業成本		
營業稅金及附加		
銷售費用		
管理費用		
財務費用		
資產減值損失		
營業外支出		
所得稅費用		
費用合計		
三、淨利潤		
四、其他綜合收益的稅後淨額		
(一) 以后不能重分類進損溢的其他綜合收益		
(二) 以后將重分類進損溢的其他綜合收益		
權益法下在被投資單位以后將重分類進損溢的其他綜合收益中享有的份額		
五、綜合收益總額		
六、每股收益		
(一) 基本每股收益		
(二) 稀釋每股收益		

多步式利潤表是將利潤表的內容按重要性、配比原則做多次分類，並產生一些中間性的收益信息，從營業收入到本年淨利潤要分若干步才能計算出來。其優點是：便於對企業生產經營情況進行分析，有利於不同企業之間進行比較，更重要的是利用多步式利潤表有利於預測企業今后的盈利能力。目前，我國《企業會計準則》規定企業利潤表採用多步式。多步式利潤表的格式參見表8.7。

表8.7　利潤表（多步式）

項　目	本期金額	上期金額
一、營業收入		
減：營業成本		
營業稅金及附加		
銷售費用		
管理費用		
財務費用		
資產減值損失		
加：公允價值變動收益(損失以「－」號填列)		
投資收益（損失以「－」號填列)		

表8.7(續)

項　　目	本期金額	上期金額
其中：對聯營企業和合營企業的投資收益		
二、營業利潤（虧損以「－」號填列）		
加：營業外收入		
減：營業外支出		
其中：非流動資產處置損失		
三、利潤總額（虧損總額以「－」號填列）		
減：所得稅費用		
四、淨利潤（淨虧損以「－」號填列）		
五、其他綜合收益的稅後淨額		
（一）以後不能重分類進損溢的其他綜合收益		
（二）以後將重分類進損溢的其他綜合收益		
權益法下在被投資單位以後將重分類進損溢的其他綜合收益中享有的份額		
六、綜合收益總額		
七、每股收益：		
（一）基本每股收益		
（二）稀釋每股收益		

三、利潤表的編製方法

(一)「上期金額」欄的填列方法

利潤表「上期金額」欄內各項目數字，應根據上年該期利潤表「本期金額」欄內所列數字填列。如果上年度利潤表的項目名稱和內容與本年度利潤表不相一致，應對上年度利潤表項目的名稱和數字按本年度的規定進行調整，填入報表的「上期金額」欄。

(二)「本期金額」欄的填列方法

利潤表反應的是企業在一定期間內實現的經營成果，是一張動態報表，利潤表各項目主要根據有關損益類帳戶的發生額分析填列。具體方法如下：

(1)「營業收入」項目，是指企業經營主要業務和其他業務所取得的收入總額。本項目根據「主營業務收入」「其他業務收入」帳戶的發生額分析計算填列。

(2)「營業成本」項目，是指企業經營主要業務和其他業務發生的實際成本。本項目根據「主營業務成本」「其他業務成本」帳戶的發生額分析計算填列。

(3)「營業稅金及附加」項目，是指企業經營主要業務應負擔的營業稅、消費稅、城市維護建設稅、資源稅、土地增值稅和教育費附加等。本項目根據「營業稅金及附加」帳戶的發生額分析填列。

(4)「銷售費用」項目，是指企業在銷售商品過程中發生的費用。本項目根據

「銷售費用」帳戶的發生額分析填列。

（5）「管理費用」項目，是指企業為組織和管理生產發生的費用。本項目根據「管理費用」帳戶的發生額分析填列。

（6）「財務費用」項目，是指企業籌集和調度資金等財務活動中發生的費用。本項目根據「財務費用」帳戶的發生額分析填列。

（7）「資產減值損失」項目，是指企業計提各項資產減值準備所形成的損失。本項目根據「資產減值損失」帳戶的發生額分析填列。

（8）「公允價值變動損益」項目，是指企業交易性金融資產、交易性金融負債，以及採用公允價值模式計量的投資性房地產、衍生工具、套期保值業務中公允價值變動形成的應計入當期損益的利得（如為損失，以「－」號填列）。本項目根據「公允價值變動損益」帳戶的發生額分析填列。

（9）「投資收益」項目，是指企業以各種方式對外投資所取得的收益。本項目根據「投資收益」帳戶發生額分析填列。若為投資損失，則以「－」號填列。

（10）「營業外收入」項目和「營業外支出」項目，是指企業發生的與其生產經營活動無直接關係的各項收入和支出。這兩個項目分別根據「營業外收入」和「營業外支出」帳戶的發生額分析填列。

（11）「利潤總額」項目，反應企業實現的利潤總額。若為虧損總額，則以「－」號填列。

（12）「所得稅費用」項目，是指企業根據所得稅準則確認的應從當期利潤總額中扣除的所得稅費用。本項目根據「所得稅費用」帳戶的發生額分析填列。

（13）「淨利潤」項目，又稱稅后利潤，是指企業利潤總額減去應交的所得稅后的余額（如為淨虧損，以「－」號填列）。

（14）「其他綜合收益的稅後淨額」及其各組成部分，應根據「其他綜合收益科目」及其所屬明細科目的本期發生額分析填列。《會計學原理》教材中暫時不涉及，《中級財務會計》和《高級財務會計》教材會涉及相關業務。

（15）「綜合收益總額」項目，根據「淨利潤」項目和「其他綜合收益的稅後淨額」項目相加后填列。

（16）「每股收益」項目，是指企業（主要適用於普通股或潛在普通股已公開交易的企業，以及正處於公開發行普通股或潛在普通股過程中的企業）每股所獲取的收益，包括基本每股收益和稀釋每股收益兩項指標。《會計學原理》教材中暫時不涉及，《中級財務會計》和《高級財務會計》教材會涉及相關業務。

(三) 利潤表編製實例

下面，我們以國興公司的相關資料為例來說明利潤表的編製。

【例8-2】國興公司 20×× 年損益類帳戶的發生額資料如表 8.8 所示。假定 20×× 年國興公司利潤表中的「上年金額」欄數字已填妥，只需根據相關資料填列利潤表中的「本期金額」欄數字。

表 8.8　國興公司 20××年損益類帳戶的發生額資料　　　　單位：元

帳戶名稱	借方發生額	貨方發生額
主營業務收入		9,000,000
其他業務收入		2,250,000
投資收益		500,000
營業外收入		350,000
主營業務成本	6,300,000	
營業稅金及附加	159,400	
其他業務成本	1,180,000	
銷售費用	210,000	
管理費用	1,680,000	
財務費用	423,000	
資產減值損失	286,000	
公允價值變動收益		15,000
營業外支出	320,000	
所得稅費用	389,150	

根據表 8.8 的資料，編製利潤表（見表 8.9）。該公司所得稅稅率為 25%。

表 8.9　利潤表

編製單位：國興公司　　　　　　20××年　　　　　　　　單位：元

項目	本期金額	上期金額
一、營業收入	11,250,000	9,000,000
減：營業成本	7,480,000	5,625,000
營業稅金及附加	159,400	135,000
銷售費用	210,000	187,500
管理費用	1,680,000	1,182,500
財務費用	423,000	375,000
資產減值損失	286,000	187,500
加：公允價值變動收益(損失以「-」號填列)	15,000	7,500
投資收益（損失以「-」號填列)	500,000	375,000
二、營業利潤（虧損以「-」號填列)	1,526,600	1,690,000
加：營業外收入	350,000	225,000
減：營業外支出	320,000	248,333.33

表8.9(續)

項 目	本期金額	上期金額
三、利潤總額（虧損總額以「－」號填列）	1,556,600	1,666,666.67
減：所得稅費用	389,150	416,666.67
四、淨利潤（淨虧損以「－」號填列）	1,167,450	1,250,000
五、其他綜合收益的稅后淨額	略	略
（一）以后不能重分類進損溢的其他綜合收益	略	略
（二）以后將重分類進損溢的其他綜合收益	略	略
權益法下在被投資單位以后將重分類進損溢的其他綜合收益中享有的份額	略	略
六、綜合收益總額	1,167,450	1,250,000
七、每股收益：		
（一）基本每股收益	略	略
（二）稀釋每股收益	略	略

國興公司20××年利潤表中「本期金額」個別項目的計算如下：

營業收入＝主營業務收入＋其他業務收入＝9,000,000＋2,250,000
　　　　＝11,250,000（元）

營業成本＝主營業務成本＋其他業務成本＝6,300,000＋1,180,000＝7,480,000（元）

第四節　現金流量表

一、現金流量表的概念與作用

　　現金流量表是用以反應企業一定會計期間經營活動、投資活動和籌資活動對現金及現金等價物所產生的影響的會計報表。它既反應上述活動所導致的現金及現金等價物的流入，又反應上述活動所導致的現金及現金等價物的流出。現金流量表主要有以下作用：

（一）通過現金流量表，可以準確地反應企業的償債能力和企業的支付能力

　　現金流量表以現金為基礎編製，剔除了應收帳款、存貨等因素所造成的「假象」，使會計信息使用者準確地判斷企業的支付能力、償債能力以及對企業外部的資金依賴情況。為企業管理當局搞好資金調度，提高資金的使用效率提供準確信息。

（二）通過現金流量表，可以瞭解企業當前的財務狀況，也可以據以預測企業未來的發展情況

　　借助於現金流量表的信息，企業管理當局可以正確地編製投資、籌資計劃。通過

企業現金流量表中各部分現金流量結構，會計信息使用者可以瞭解企業當前財務狀況的好壞，預測分析企業經營規模的適度性，評價企業產生淨現金流量的能力並預計未來現金流量的趨勢。

（三）通過現金流量表，企業投資者和債權人可以瞭解企業如何使用現金以及將來形成現金的能力

現金流量表主要描述企業一定時期內現金及現金等價物的流入、流出情況，能夠反應出企業現金短缺情況、償債能力及支付股利的能力。投資人、債權人可以準確地以此評價企業的支付能力，以便對投資報酬、貸款回收情況做出正確判斷，提供必要的決策信息。

二、現金流量及其分類

現金流量表的編製基礎是現金。這裡的現金既包括庫存現金，也包括銀行存款和其他貨幣資金。

（一）現金

在現金流量表中，現金是泛指一切可以隨時、直接作為支付手段的庫存現金和銀行存款，即當企業用其進行支付、償債時不附加任何條件，那些不能隨時支付的、甚至被凍結的存款，不應該包括在內。因而，這裡的現金是廣義的現金，一般相當於「現金」「銀行存款」「其他貨幣資金」等帳戶所反應的、可以隨時用於支付的部分。

（二）現金等價物

現金等價物是指企業所持有的、流動性強、易於轉換為已知金額現金、價值變動風險很小的投資。因此，一項投資若被確認為是現金等價物必須符合以下條件：①投資的期限短，一般是三個月內到期；②投資的流動性強，一般應在證券市場上流通；③投資一旦被轉讓，其獲取現金的金額應當是已知的或是可以合理預計的；④投資的價值變動風險很小，即其交易價格在證券市場上相對穩定。

（三）現金流量

現金流量是指企業在一定時期內現金流入和流出的數量。一定時期內現金的流入量和流出量相抵，其差額稱為現金淨流量。在現金流量表中，這一差額若為正數，表示現金淨流入；這一差額若為負數，則表示現金淨流出。現金淨流量是現金流量表的中心內容，只有影響現金淨流量的經濟活動才列入現金流量表。

按照企業經營業務發生的性質，企業在一定會計期間產生的現金流量，分為經營活動的現金流量、投資活動的現金流量和籌資活動的現金流量三大類。

1. 經營活動產生的現金流量

這裡的經營活動是指除企業的投資和籌資活動以外的所有交易和事項。這一現金流量自然包括流入和流出兩方面。經營活動所產生的現金流入主要有：銷售產品、提供勞務所收到的現金；收到的稅費返還等。經營活動所產生的現金流出主要有：購買商品、接受勞務所支付的現金；支付給職工和為職工所支付的現金；支付的各項稅費

等。經營活動所產生的現金流入量和流出量的差就是經營活動所產生的現金淨流量。

2. 投資活動產生的現金流量

投資活動是指企業長期資產的購建和不包括在現金等價物範圍內的投資及處置活動。它既包括對外投資，也包括對內投資。投資活動所產生的現金流量包括流入和流出兩方面。其中，現金流入主要包括：收回投資所收到的現金；取得投資收益所收到的現金；處置固定資產、無形資產及其他長期資產所收到的現金淨額等。現金流出包括：企業購建固定資產、無形資產和其他長期資產所支付的現金；投資所支付的現金等。投資活動所產生的現金流入量和流出量的差就是投資活動所產生的現金淨流量。

3. 籌資活動產生的現金流量

籌資活動是指導致企業的資本及債務規模發生變化的活動，包括企業發行股票、吸收投資、向金融機構借款等。籌資活動所產生的現金流入主要有：企業吸收投資所收到的現金；借款所收到的現金等。籌資活動所產生的現金流出主要有：償還債務所支付的現金；分配股利、利潤或償付利息所支付的現金等。籌資活動所產生的現金流入量和流出量的差就是籌資活動所產生的現金淨流量。

三、現金流量表的格式與內容

我們前面介紹的利潤表中的利潤是採用權責發生制確認的，而現金流量表中經營活動的現金流量是以現金制為基礎，要按照收付實現制確認和反應。這樣，本期經營收益就並不等於經營活動的現金流量。為此，需要將依據權責發生制確認的本期淨收益計算轉換為按收付實現制來確認的經營活動的現金流量。對上述轉換的不同方式即為列報現金流量表的兩種方法：直接法和間接法。

直接法是通過現金收入和現金支出的主要類別反應來自企業經營活動的現金流量。採用直接法編製經營活動現金流量時，一般是以利潤表的營業收入為起算點，調整與經營活動有關的各項目的增減變動，然后計算出經營活動的現金流量。在這種方法下，凡不涉及現金的收入、費用及營業外收支項目均不需列入現金流量表。

間接法是以本期淨利潤為起算點，調整不涉及現金的收入、費用、營業外收支及有關項目的增減變動，據此計算出經營活動的現金流量。

我國現行的會計準則要求按照直接法列報現金流量表，同時在報表補充資料中反應以間接法調整的經營活動的現金淨流量。其具體格式和內容參見表 8.10。現金流量表的編製較為複雜，這將在財務會計中詳細介紹。

表 8.10　現金流量表

項　　　　目	本期金額
一、經營活動產生的現金流量	
銷售商品、提供勞務收到的現金	
收到的稅費返還	
收到其他與經營活動有關的現金	

表8.10(續)

項　　　　目	本期金額
經營活動現金流入小計	
購買商品、接受勞務支付的現金	
支付給職工以及為職工支付的現金	
支付的各項稅費	
支付的其他與經營活動有關的現金	
經營活動現金流出小計	
經營活動產生的現金流量淨額	
二、投資活動產生的現金流量	
收回投資收到的現金	
取得投資收益所收到的現金	
處置固定資產、無形資產和其他長期資產收到的現金淨額	
收到的其他與投資活動有關的現金	
投資活動現金流入小計	
購建固定資產、無形資產和其他長期資產支付的現金	
投資支付的現金	
支付的其他與投資活動有關的現金	
投資活動現金流出小計	
投資活動產生的現金流量淨額	
三、籌資活動產生的現金流量	
吸收投資收到的現金	
取得借款收到的現金	
收到其他與籌資活動有關的現金	
籌資活動現金流入小計	
償還債務支付的現金	
分配股利、利潤或償付利息支付的現金	
支付其他與籌資活動有關的現金	
籌資活動現金流出小計	
籌資活動產生的現金流量淨額	
四、匯率變動對現金及現金等價物的影響	
五、現金及現金等價物淨增加額	

表 8.10(續)

現金流量補充資料	本期金額
1. 將淨利潤調節為經營活動現金流量	
淨利潤	
加：資產減值準備	
固定資產折舊	
無形資產攤銷	
長期待攤費用攤銷	
處置固定資產、無形資產和其他長期資產的損失（收益以「-」號填列）	
固定資產報廢損失（收益以「-」號填列）	
公允價值變動損失（收益以「-」號填列）	
財務費用（收益以「-」號填列）	
投資損失（收益以「-」號填列）	
遞延所得稅資產減少（增加以「-」號填列）	
遞延所得稅負債增加（減少以「-」號填列）	
存貨的減少（增加以「-」號填列）	
經營性應收項目的減少（增加以「-」號填列）	
經營性應付項目的增加（減少以「-」號填列）	
其他	
經營活動產生的現金流量淨額	
2. 不涉及現金收支的重大投資和籌資活動	
債務轉資本	
一年內到期的可轉換公司債券	
融資租入固定資產	
3. 現金及現金等價物淨增加情況	
現金的期末餘額	
減：現金的期初餘額	
加：現金等價物的期末餘額	
減：現金等價物的期初餘額	
現金及現金等價物淨增加額	

四、現金流量表的編製方法和程序

（一）直接法和間接法

編製現金流量表時，列報經營活動現金流量的方法有兩種：一是直接法，二是間接法。

（二）工作底稿法、T型帳戶法和分析填列法

在具體編製現金流量表時，可以採用工作底稿法或T型帳戶法，也可以根據有關科目記錄分析填列。

1. 工作底稿法

採用工作底稿法編製現金流量表，是以工作底稿為手段，以資產負債表和利潤表數據為基礎，對每一項目進行分析並編製調整分錄，從而編製現金流量表的方法。

2. T型帳戶法

採用T型帳戶法編製現金流量表，是以T型帳戶為手段，以資產負債表和利潤表數據為基礎，對每一項目進行分析並編製調整分錄，從而編製現金流量表的方法。

3. 分析填列法

採用分析填列法編製現金流量表，是根據資產負債表、利潤表和有關會計科目明細帳的記錄，分析計算出現金流量表各項目的金額，並據以編製現金流量表的一種方法。

以上方法均比較複雜，在《會計學原理》教材中只是簡單介紹，今後的《中級財務會計》將詳細闡述。

第五節　所有者權益變動表

一、所有者權益變動表的概念和作用

所有者權益變動表是反應構成所有者權益的各組成部分當期的增減變動情況的報表。所有者權益變動表應當全面反應一定時期所有者權益變動的情況。通過所有者權益變動表，既可以為報表使用者提供所有者權益總量增減變動的信息，也可以為其提供所有者權益增減變動的結構性信息，特別是能夠讓報表使用者理解所有者權益增減變動的根源。

二、所有者權益變動表的結構

為了清楚地表明構成所有者權益的各組成部分當期的增減變動情況，所有者權益變動表一般以矩陣的形式列示：一方面，列示導致所有者權益變動的交易或事項，從所有者權益變動的來源對一定時期所有者權益變動情況進行全面反應；另一方面，按照所有者權益各組成部分（包括實收資本、資本公積、其他綜合收益、盈餘公積、未分配利潤等）及其總額列示交易或事項對所有者權益的影響。此外，所有者權益變動

表還就各個項目分為「本年金額」和「上年金額」兩欄分別列示。具體格式見表8.11。

三、所有者權益變動表的填列方法

（一）上年金額欄的填列方法

所有者權益表變動表「上年金額」欄內各項數字，應根據上年度所有者權益變動表「本年金額」內所列數字填列。如果上年度所有者權益變動表規定的各個項目的名稱和內容同本年度不一致，應對上年度所有者權益變動表各項目的名稱和數字按照本年度的規定進行調整，填入所有者權益變動表的「上年金額」欄內。

（二）本年金額欄的填列方法

所有者權益變動表「本年金額」欄內各項數字一般應根據「實收資本（或股本）」「資本公積」「其他綜合收益」「盈余公積」「利潤分配」「以前年度損益調整」科目的發生額分析填列。

（1）「淨利潤」項目，反應企業當年實現的淨利潤（或淨虧損）金額，並對應列在「未分配利潤」欄。

（2）「其他綜合收益」項目，反應企業當年直接計入所有者權益的利得和損失金額。

（3）「所有者投入和減少資本」項目，反應企業當年所有者投入的資本和減少的資本。其中：「所有者投入資本」項目，反應企業接受投資者投入形成的實收資本（或股本）和資本溢價或股本溢價，並對應列在「實收資本」和「資本公積」欄。

（4）「利潤分配」下各項目，反應當年對所有者（或股東）分配的利潤（或股利）金額和按照規定提取的盈余公積金額，並對應列在「未分配利潤」和「盈余公積」欄。其中：①「提取盈余公積」項目，反應企業按照規定提取的盈余公積。②「對所有者（或股東）的分配」項目，反應對所有者（或股東）分配的利潤（或股利）金額。

（5）「所有者權益內部結轉」下各項目，反應不影響當年所有者權益總額的所有者權益各組成部分之間當年的增減變動，包括資本公積轉增資本（或股本）、盈余公積轉增資本（或股本）、盈余公積彌補虧損等項金額。其中：①「資本公積轉增資本（或股本）」項目，反應企業以資本公積轉增資本或股本的金額。②「盈余公積轉增資本（或股本）」項目，反應企業以盈余公積轉增資本或股本的金額。③「盈余公積彌補虧損」項目，反應企業以盈余公積彌補虧損的金額。

四、所有者權益變動表編製示例

【例8-3】沿用【例8-1】和【例8-2】的資料，國興公司20××年提取盈余公積116,745元，向投資者分配現金股利698,287.50元。假定20××年國興公司所有者權益變動表中的「上年金額」欄數字已填妥，只需根據相關資料填列所有者權益變動表中的「本期金額」欄數字。

根據以上資料，編製國興公司20××年度的所有者權益變動表，見表8.11。

表 8.11　所有者權益變動表

编制單位：國興公司　　　　　　　　　20×年度　　　　　　　　　　　　　　　　單位：元

項目	本年金額							上年金額						
	實收資本(或股本)	資本公積	其他綜合收益	盈余公積	未分配利潤	所有者權益合計		實收資本(或股本)	資本公積	其他綜合收益	盈余公積	未分配利潤	所有者權益合計
一、上年末余額	31 500 000	1 749 750	0	1 125 000	675 000	35 049 750		31 500 000	1 749 750	0	1 000 000	600 000	34 849 750
加：會計政策變更													
會計差錯更正													
二、本年初余額	31 500 000	1 749 750	0	1 125 000	675 000	35 049 750		31 500 000	1 749 750	0	1 000 000	600 000	34 849 750
三、本年增減變動金額（減少以"－"號填列）					1 167 450	1 167 450						1 250 000	1 250 000
（一）綜合收益總額													
（二）所有者投入和減少資本													
1. 所有者投入資本													
2. 股份支付計入所有者權益的金額													
3. 其他													
（三）利潤分配				116 745		0					125 000	125 000	0
1. 提取盈余公積				116 745							125 000		
2. 對所有者（或股東）的分配					698 287.50	698 287.50						1 050 000	1 050 000
3. 其他													
（四）所有者權益内部結轉													
1. 資本公積轉增資本（或股本）													
2. 盈余公積轉增資本（或股本）													
3. 盈余公積彌補虧損													
4. 其他													
四、本年末余額	31 500 000	1 749 750	0	1 241 745	1 027 417.50	35 518 912.50		31 500 000	1 749 750	0	125 000	675 000	35 049 750

第六節 附註

一、附註的概念和作用

附註是對資產負債表、利潤表、現金流量表和所有者權益變動表等報表中列示項目的文字描述或明細資料，以及對未能在這些報表中列示項目的說明等。附註是財務報表的重要組成部分，其主要作用表現在：①可以拓展企業財務信息的內容，包括社會責任等非財務信息。②可以揭示報表項目的非貨幣化性息。③可增進會計信息的可理解性。④可以提高會計信息的可比性。

二、附註的主要內容

附註應當按照如下順序披露有關內容：

（一）企業的基本情況

1. 企業註冊地、組織形式和總部地址。
2. 企業的業務性質和主要經營活動。
3. 母公司以及集團最終母公司的名稱。
4. 財務報告的批准報出者和財務報告批准報出日，或者以簽字人及其簽字日期為準。
5. 營業期限有限的企業，還應當披露有關營業期限的信息。

（二）財務報表的編製基礎

財務報表的編製基礎是指財務報表是在持續經營基礎上還是非持續經營基礎上編製的。主要包括以下內容：

1. 會計年度。
2. 記帳本位幣。
3. 會計計量所運用的計量基礎。
4. 現金和現金等價物的構成。

（三）遵循《企業會計準則》的聲明

企業應當聲明編製的財務報表符合《企業會計準則》的要求，真實、完整地反應了企業的財務狀況、經營成果和現金流量等有關信息。以此明確企業編製財務報表所依據的制度基礎。

如果企業編製的財務報表只是部分地遵循了《企業會計準則》，附註中不得做出這種表述。

（四）重要會計政策和會計估計

企業應當披露採用的重要會計政策和會計估計，不重要的會計政策和會計估計可

以不披露。

1. 重要會計政策的確定依據。主要指企業在運用會計政策過程中所做的對報表中確認的項目金額最具影響的判斷，有助於使用者理解企業選擇和運用會計政策的背景，增加財務報表的可理解性。

2. 財務報表項目的計量基礎。指企業計量該項目採用的是歷史成本、重置成本、可變現淨值、現值還是公允價值，這些直接影響使用者對財務報表的理解和分析。

3. 會計估計中所採用的關鍵假設和不確定因素。這類假設的變動對資產和負債項目金額的確定影響很大，有可能會在下一個會計年度內做出重大調整，因此強調這一披露要求，有助於提高財務報表的可理解性。

（五）會計政策和會計估計變更以及差錯更正的說明

企業應當按照《企業會計準則第28號——會計政策、會計估計變更和差錯更正》及其應用指南的規定，披露會計政策和會計估計變更以及差錯更正的有關情況。主要包括以下事項：

1. 會計政策變更的內容和理由，會計政策變更的影響數，累積影響數不能合理確定的理由。

2. 會計估計變更的內容和理由，會計估計變更的影響數，會計估計變更的影響數不能合理確定的理由。

3. 重大會計差錯的內容，重大會計差錯的更正金額。

（六）重要報表項目的說明

企業應當以文字和數字描述相結合，盡可能以列表形式披露重要報表項目的構成或當期增減變動情況，並與報表項目相互參照。在披露順序上，一般應當按照資產負債表、利潤表、現金流量表、所有者權益變動表的順序及其報表項目列示的順序。

（七）其他需要說明的重要事項

這主要包括或有和承諾事項、資產負債表日後非調整事項、關聯方關係及其交易等。

（八）有助於財務報表使用者評價企業管理資本的目標、政策及程序的信息。

第七節　會計報表的報送、匯總和審批

一、會計報表的報送

會計報表經過復核無誤后，應按規定報送程序上報。

會計報表報送的對象、份數和期限應根據財政部門的有關規定。

企業、事業等單位報送會計報表，主要是上級主管部門，負責稅收、利潤監繳的財政、稅務機關以及開戶銀行。國有企業的年度會計報表應同時報送同級國有資產管

理部門，如果其他部門或單位要求企業、事業等單位報送會計報表，應按照規定，並根據需要做出統一安排。

向外報出的會計報表應依次編寫頁數，加具封面，裝訂成冊，加蓋公章。封面上應註明：企業名稱、地址、開業年份、報表所屬年度、月份、送出日期等。會計報表應當由單位負責人和主管會計工作的負責人、會計機構負責人簽名並蓋章；設置總會計師的單位，還須由總會計師簽名並蓋章。

二、會計報表的匯總

各級主管部門對所屬單位上報的會計報表應逐級編製匯總會計報表。各級主管部門在編製匯總會計報表時，必須注意匯編的單位是否齊全，然后根據審核無誤的單位會計報表和匯編單位本身的會計報表加以整理合併而成。

匯總會計報表的編製方法基本上與前述的各種會計報表的編製方法相同。大部分項目可以按照會計報表加計總數填列，但有一部分項目不能簡單加計總數，而應在單位會計報表反應的基礎上分析計算填列。

三、會計報表的審批

會計報表報送后，接受會計報表的各部門應根據本身工作的要求對會計報表進行審核。

對會計報表的審核，主要有兩個方面：一方面是技術性的審核。即審核會計報表是否符合會計準則的有關規定，如報表的種類和份數是否按規定要求報送，報表的項目和指標是否填列齊全，報表的編製人員、單位負責人、總會計師、會計主管人員是否已經簽章，相關的報表與相關的項目之間的勾稽關係是否銜接一致等。另一方面，應進行實質性的審核。即審核會計報表的內容，查明會計報表提供的各項指標是否真實可靠，會計報表中反應的情況是否符合國家法令法規和財經紀律等。

會計報表經過審核后，如發現填報錯誤或手續不齊全，應立即通知編報單位更正或補辦手續。如果發現有違反國家法令法規和財經紀律的情況，應查明原因，及時糾正，並按照規定嚴肅處理。

第八節　會計報表的分析

一、會計報表分析的意義

會計報表分析，是以會計報表為主要依據，對經濟活動與財務收支情況進行全面、系統的分析。它屬於會計分析的重要組成部分。會計分析一般包括事前的預測分析、事中的控制分析和事后的總結分析。會計報表分析屬於定期進行的事后總結分析。

編製會計報表的最終目的是為了給報表使用者提供其決策所需的信息。為了更好地利用會計報表，決策人必須從會計報表所包含的大量信息中，選取與決策相關的信

息。那麼，利用會計報表來評估一個企業的財務狀況和經營成果以及經濟前景，就是一個最佳的辦法。

會計報表使用者的範圍是廣泛的，但最主要的有：企業的投資人、債權人、管理者、有關政府部門或機構。他們通過分析企業會計報表所反應的財務狀況和經營成果及現金流量，不但瞭解企業的過去，而且還可分析企業未來的發展前景，以便做出是否投資、投資多少的決策，或者提出加強內部管理的措施，或者作為制定今後政策的依據。可見，會計報表分析可以對企業的現狀進行診斷，對企業的未來進行預測，使會計信息更好地為報表使用者的決策服務。

二、會計報表分析的內容

雖然不同的信息需求者對會計報表分析的目的和要求是不盡相同的，有著不同的分析重點，但概括來講，會計報表分析的內容可歸納為以下四個方面：

(一) 償債能力的分析

企業的償債能力是指企業用其資產償還長期債務與短期債務的能力，是企業償還到期債務的承受能力或保證程度。企業有無支付現金的能力和償還債務能力，是企業能否生存和健康發展的關鍵。償債能力的分析主要通過流動比率、速動比率、資產負債率、產權比率、已獲利息倍數等指標來評價。

(二) 營運能力的分析

企業的營運能力是指企業的經營運行能力，即企業運用各項資產以賺取利潤的能力。企業營運能力的分析主要通過存貨週轉率、應收帳款週轉率、營業週期、流動資產週轉率和總資產週轉率等指標來評價。

(三) 盈利能力的分析

盈利能力是指企業資金增值的能力，是衡量企業經營好壞的重要標誌，通常體現為企業收益數額的大小與水平的高低。盈利能力的分析主要是通過銷售利潤率、成本利潤率、資產利潤率、自有資金利潤率等指標來評價。

(四) 發展能力的分析

企業的發展能力又稱為企業的增長能力或成長能力，是企業通過自身的生產經營活動，不斷擴大累積而形成的發展潛能。發展能力的分析主要通過銷售收入增長率、總資產增長率、營業利潤增長率、資本保值增值率和資本累積率等指標來評價。

三、會計報表的分析方法

(一) 比較分析法

比較分析法是指將分析的指標在不同時間或不同空間的數據進行比較，確定出差異。比較分析法的內容包括：①本期與上期（或歷史水平）比較；②本期與計劃比較；③本期與同行業水平比較。比較分析法的形式有兩種：①絕對數比較，表示數額差異，

以瞭解金額變動情況；②相對數比較，表示百分率差異，以瞭解變動程度。運用比較分析法的前提是所分析的問題具有可比性，因此，在比較前需要將一些不可比的因素排除。

(二) 比率分析法

比率分析法是指將企業某個時期會計報表中不同類但具有一定關係的有關數據進行對比，以計算出來的比率反應各項目之間的內在關係，並以此為依據評價企業的財務狀況和經營成果。比率分析法的優點是簡便易行，它能將現金流量表同資產負債表和利潤表有機的聯繫在一起。因此，為了綜合評價企業的財務狀況、經營成果及現金流量，就需要用比率分析法來分析各個會計報表項目的內在聯繫。

(三) 因素分析法

因素分析法是用來分析某一綜合經濟指標的各因素影響程度大小的一種分析方法。具體的分析程序如下：

(1) 確定影響某經濟指標的各個因素。
(2) 確定各個因素同該經濟指標的關係。
(3) 按一定順序將各個因素逐個替代，分析各個因素對該經濟指標變動的影響程度。

運用因素分析法時應注意：

(1) 假定一個因素變動時，其他因素保持不變。
(2) 按順序替代，不可隨意顛倒。

例如，「銷售收入」這一經濟指標，影響這一經濟指標的因素有「銷售數量」和「銷售價格」，銷售收入＝銷售數量×銷售價格；按一定順序將銷售數量和銷售價格逐個替代，分析銷售數量和銷售價格對銷售收入變動的影響程度。

四、財務評價指標體系

(一) 評價企業償債能力的財務指標

1. 短期償債能力分析

(1) 流動比率，反應企業的流動資產對日常債務的保障能力。其計算公式為：

$$流動比率 = \frac{流動資產}{流動負債}$$

比如，以表 8.5 國興公司 20××年 12 月 31 日的資產負債表相關資料為例，表中期末的流動資產為 17,139,877.50 元，期末的流動負債為 13,627,965 元。

國興公司 20××年流動比率 = 17,139,877.50 ÷ 13,627,965 = 1.26

通常認為，流動比率約等於 2 比較好，這是因為流動資產中存貨的金額約占流動資產總額的一半，即使將存貨以外的其他流動資產拿去還債，但至少還有存貨可能生產和銷售，而不至於影響企業的持續經營。但企業的流動比率究竟應該是多少為最好，需要根據企業所處行業等具體情況來判斷。比如，零售業的流動比率就比製造業的流

動比率低許多，但仍然視為是正常的，因為在整個資產結構中，零售業大多數採用現款銷售的策略，其應收帳款比製造業的應收帳款低許多。影響流動比率的因素主要有：營業週期、流動資產中的應收帳款和存貨的週轉速度。在運用流動比率分析公司短期償債能力時，應結合存貨的規模大小、週轉速度、變現能力和變現價值等指標進行綜合分析。如果某一公司雖然流動比率很高，但其存貨規模大，週轉速度慢，有可能造成存貨變現能力弱，變現價值低，那麼，該公司的實際短期償債能力就要比指標反應的弱。

因此，分析流動比率時應注意：①債權人可能會認為該比率越高越好，但流動資產過多說明企業的資金分佈不合理，資源沒有有效地配置，盈利能力可能不強；②企業有可能為了粉飾報表，故意製造交易調整流動比率，如賒購材料等；③經營的季節性也會影響流動比率。因此，會計期末的流動比率不一定能準確代表全年的情況。

（2）速動比率，比流動比率更能體現企業的短期償債能力。其計算公式為：

$$速動比率 = \frac{流動資產 - 存貨 - 預付帳款}{流動負債}$$

流動資產扣除存貨和預付帳款後的部分，稱為速動資產，主要包括貨幣資金、交易性金融資產及應收項目。由於存貨的變現能力較差，需進行生產加工、對外銷售、回收貨款才能變現，並可能已經毀損或抵押給他人，故將存貨扣除後更能體現企業的短期償債能力。

比如，以表8.5國興公司20××年12月31日的資產負債表相關資料為例，表中期末的流動資產為17,139,877.50元，其中存貨為3,876,825元，預付帳款為162,500元，流動負債為13,627,965元。

國興公司2008年速動比率 =（17,139,877.50 - 3,876,825 - 162,500）÷ 13,627,965 = 0.97

一般認為，企業的速動比率約等於1比較合適。但與流動比率類似，分析企業的速動比率時，需要考慮企業行業等因素的影響。影響速動比率的因素主要是應收帳款的變現能力。

2. 長期償債能力分析

（1）資產負債率又稱為負債比率，反應債權人提供的資本占全部資本的比例。其計算公式為：

$$資產負債率 = \frac{負債總額}{資產總額} \times 100\%$$

公式中的資產總額是扣除累計折舊后的淨額。

比如，以表8.5國興公司20××年12月31日的資產負債表相關資料為例，表中期末的資產總額58,434,877.50元，期末負債總額為22,915,965元。

國興公司資產負債率 = 22,915,965 ÷ 58,434,877.50 × 100% = 39.22%。

要判斷資產負債率是否合理，主要看你站在誰的立場。①站在債權人的立場看，債權人最關心的是貸給企業的款項的安全程度，也就是能否按期收回本金和利息。如果股東提供的資本與企業資本總額相比，只占較小的比例，則企業的風險將主要由債

權人負擔，這對債權人來講是不利的。因此，他們希望債務比例越低越好，企業償債有保證，則貸款給企業不會有太大的風險。②站在股東的角度看，股東所關心的是全部資本利潤率是否超過借入款項的利率，即借入資本的代價。在企業所得的全部資本利潤率超過因借款而支付的利息率時，股東所得到的利潤就會加大。相反，運用全部資本所得的利潤率低於借款利息率，則對股東不利，因為借入資本的多餘的利息要用股東所得的利潤份額來彌補。因此，從股東的立場看，在全部資本利潤率高於借款利息率時，負債比例越大越好，否則反之。③站在經營者的立場看，經營者最關心的是在充分利用借入資金給企業帶來好處的同時，盡可能降低財務風險。如果舉債很大，超出債權人心理承受程度，企業就借不到錢。如果企業不舉債，或負債比例很小，說明企業畏縮不前，對前途信心不足，利用債權人資本進行經營活動的能力很差。從財務管理的角度來看，企業應當審時度勢，全面考慮，在利用資產負債率制定借入資本決策時，必須充分估計預期的利潤和增加的風險，在二者之間權衡利害得失，做出正確決策。

由此可見，評價資產負債率的高低沒有統一尺度，它要看從什麼角度分析，債權人、投資者（或股東）、經營者各不相同；還要看國際國內經濟大環境是頂峰回落期、還是見底回升期；還要看管理層是激進者、中庸者、還是保守者。所以多年來也沒有統一的標準，但是對企業來說：一般認為，資產負債率的適宜水平是40%~60%。

(2) 產權比率，反應債權人提供的資本受所有者投入資本保障的程度。其計算公式為：

$$產權比率 = \frac{負債總額}{所有者權益} \times 100\%$$

比如，以表 8.5 國興公司 20××年 12 月 31 日的資產負債表相關資料為例，表中的期末負債總額為 22,915,965 元，期末所有者權益為 35,518,912.50 元。

國興公司 20××年產權比率 = 22,915,965 ÷ 35,518,912.50 × 100% = 64.52%

產權比率不僅反應了由債務人提供的資本與所有者提供的資本的相對關係，而且反應了企業自有資金償還全部債務的能力，因此它又是衡量企業負債經營是否安全有利的重要指標。一般來說，這一比率越低，表明企業長期償債能力越強，債權人權益保障程度越高，承擔的風險越小。一般認為這一比率為 1∶1，即100%以下時，應該是有償債能力的，但還應該結合企業的具體情況加以分析。一般說來，產權比率高是高風險、高報酬的財務結構，產權比率低，是低風險、低報酬的財務結構。從股東來說，在通貨膨脹時期，企業舉債，可以將損失和風險轉移給債權人；在經濟繁榮時期，舉債經營可以獲得額外的利潤；在經濟萎縮時期，少借債可以減少利息負擔和財務風險。

(3) 已獲利息倍數又稱為利息保障倍數，反應企業償付借款利息的能力。其計算公式為：

$$已獲利息倍數 = \frac{稅前利潤+利息費用}{利息費用}$$

比如，以表 8.5 國興公司 20××年 12 月 31 日的資產負債表和表 8.9 國興公司 20××年的利潤表相關資料為例，國興公司的稅前利潤本期金額為 1,556,600 元，假設

本期國興公司發生的財務費用全為利息費用,則本期的利息費用為 423,000 元(該數據採用的是財務費用數據)。

國興公司 20××年已獲利息倍數 = 1,556,600 ÷ 423,000 = 3.68

已獲利息倍數反應了企業的經營收益支付債務利息的能力。一般情況下,已獲利息倍數越高,企業長期償債能力越強。國際上通常認為,該指標為 3 時較為適當,從長期來看至少應大於 1。應該注意:①已獲利息倍數為負值時沒有任何意義,已獲利息倍數是表示長期償債能力的。②在利用這個指標時,應該注意到會計上是採用權責發生制來核算收入和費用的,這樣,本期的利息費用未必就是本期的實際利息支出,而本期的實際利息支出也未必是本期的利息費用;同時,本期的息稅前利潤與本期經營活動所獲得的現金也未必相等。因此已獲利息倍數的使用應該與企業的經營活動現金流量結合起來。③最好比較本企業連續幾年的該項指標,並選擇最低指標年度的數據作為標準,因為企業在經營好的年份要償債,在經營不好的年份也要償還大約等量的債務。

(二) 評價企業盈利能力的財務指標

1. 銷售淨利率

銷售淨利率是指淨利潤與銷售收入的百分比。其計算公式為:

$$銷售淨利率 = \frac{淨利潤}{銷售收入} \times 100\%$$

比如,以表 8.9 國興公司 20××年的利潤表相關資料為例,表中淨利潤本期金額為 1,167,450 元,銷售收入為 11,250,000 元。

國興公司 20××年銷售淨利率 = 1,167,450 ÷ 11,250,000 × 100% = 10.38%

銷售淨利率反應每 1 元銷售收入帶來的淨利潤是多少,表示銷售收入的收益水平。該比率可以分解為銷售成本率、銷售期間費用率等。通過分析該比率的升降變化,可以促使企業在擴大銷售的同時,注意改進經營管理,提高企業的業績。

2. 資產淨利率

資產淨利率是指企業淨利潤與平均資產總額的百分比。其計算公式為:

$$資產淨利率 = \frac{淨利潤}{平均資產總額} \times 100\%$$

$$平均資產總額 = \frac{期初資產總額 + 期末資產總額}{2}$$

比如,以表 8.5 國興公司 20××年 12 月 31 日資產負債表相關資料和表 8.9 國興公司 20××年利潤表為例,資產負債表中的期初資產總額為 61,200,750 元,期末資產總額為 58,434,877.50 元,則平均資產總額為 59,817,813.75 元,表中淨利潤的本期金額為 1,167,450 元。

國興公司 20××年資產淨利率 = 1,167,450 ÷ 59,817,813.75 × 100% = 1.95%

資產淨利率反應企業資產利用的綜合效果。該比率越高,說明資產的利用率越高。影響資產淨利率的因素主要有:資本結構、銷售淨利率、資本週轉率。分析該指標時,

需要考慮同行業企業的資產變動率和變化趨勢。

3. 淨資產收益率

淨資產收益率又稱為淨資產報酬率，是指淨利潤與平均淨資產的百分比。其計算公式為：

$$淨資產收益率 = \frac{淨利潤}{平均淨資產} \times 100\%$$

$$平均淨資產 = \frac{期初淨資產 + 期末淨資產}{2}$$

比如，以表8.5國興公司20××年資產負債表和表8.9國興公司20××年利潤表相關資料為例，資產負債表中的期初淨資產為35,049,750元，期末淨資產為35,518,912.50元，則平均淨資產為35,284,331.25元，淨利潤為1,167,450元。

國興公司20××年淨資產收益率 = 1,167,450 ÷ 35,284,331.25 × 100% = 3.31%

一般而言，該比率越高越好，如果高於同期銀行存款利率，則舉債經營對投資者有益；反之，則會損害投資者利益。

(三) 評價企業營運能力的財務指標

1. 存貨週轉率

存貨週轉率是指某一會計期間銷售成本與存貨平均餘額之比。這一比率用於說明期內存貨週轉次數，考核存貨的流動性。其計算公式為：

$$存貨週轉率 = \frac{銷貨成本}{平均存貨}$$

$$平均存貨 = \frac{期初存貨 + 期末存貨}{2}$$

比如，以表8.5國興公司20××年資產負債表和表8.9國興公司20××年利潤表相關資料為例，資產負債表中期初存貨為2,792,400元，期末存貨為3,876,825元，則平均存貨為3,334,612.50元。假設國興公司20××年發生的營業成本全為銷貨成本，表中銷貨成本本期金額為7,480,000元。

國興公司20××年存貨週轉率 = 7,480,000 ÷ 3,334,612.50 = 2.24

一般來說，存貨週轉與企業的獲利能力直接相關，存貨週轉越快，獲利就越大；反之，則說明企業存貨不適銷對路，呆滯積壓，既影響企業資金運用，又影響獲利能力，是企業經營狀況欠佳的一種表現。但不同行業由於經營性質差別較大，如產品生產週期較長的工業企業比商業企業的存貨週轉慢得多。所以，這一比率應與同行業平均水平相比，來衡量其存貨管理的效率。同時，由於季節性原因，年度內各季度會有所區別。

2. 應收帳款週轉率

應收帳款週轉率反應企業應收帳款的流動速度，對企業管理當局是一個很重要的指標。它是指賒銷收入淨額與平均應收帳款餘額的比率。由於教材的例題中缺乏賒銷資料，所以只能用銷售收入淨額代替賒銷收入，銷售收入淨額應減去銷售退回、銷售折讓和銷售折扣。其計算公式為：

$$應收帳款週轉率 = \frac{銷售淨額}{平均應收帳款余額}$$

$$平均應收帳款 = \frac{期初應收帳款 + 期末應收帳款}{2}$$

比如，以表 8.5 國興公司 20××年資產負債表和表 8.9 國興公司 20××年利潤表相關資料為例。資產負債表中期初應收帳款為 2,940,000 元，期末應收帳款為 3,697,050 元，則平均應收帳款為 3,318,525 元。利潤表中國興公司 20××年銷售淨額本期金額為 11,250,000 元。

國興公司 20××年應收帳款週轉率 = 11,250,000 ÷ 3,318,525 = 3.39

通過應收帳款週轉率，可以測定應收帳款週轉次數、回收速度和催收效率。該比率越高，說明應收帳款的管理越有效率，應收帳款占用的資金越少，企業的現金流量越充足。

3. 總資產週轉率

總資產週轉率是反應企業總資產週轉速度的指標。其計算公式為：

$$總資產週轉率 = \frac{銷售收入淨額}{平均資產總額}$$

$$平均資產總額 = \frac{期初總資產 + 期末總資產}{2}$$

其中，銷售收入淨額應減去銷售退回、銷售折讓和銷售折扣。

比如，以表 8.5 國興公司 20××年資產負債表和表 8.9 國興公司 20××年利潤表相關資料為例。資產負債表中國興公司期初資產總額為 61,200,750 元，期末資產總額為 58,434,877.50 元，則本期平均資產總額為 59,817,813.75 元。利潤表中銷售淨額本期金額為 11,250,000 元。

國興公司 20××年總資產週轉率 = 11,250,000 ÷ 59,817,813.75 = 0.188

總資產週轉率用於分析企業全部資產的利用效率，週轉率越高，資產利用效率越好，表明美元資產創造的銷售收入越多；反之，則說明企業的經營效率較差，需要進行改進。

(四) 評價企業發展能力的財務指標

1. 銷售收入增長率

銷售收入增長率是評價企業成長狀況和發展能力的重要指標。其計算公式為：

銷售收入增長率 = 本年銷售增長額 ÷ 上年銷售總額 × 100%

= (本年銷售額 - 上年銷售額) ÷ 上年銷售總額 × 100%

比如，以表 8.9 國興公司 20××年利潤表相關資料為例。表中國興公司銷售淨額上期金額為 9,000,000 元，銷售淨額本期金額為 11,250,000 元。

國興公司 20××年銷售收入增長率 = (11,250,000 - 9,000,000) ÷ 9,000,000 × 100% = 25%

銷售收入增長率反應的是相對化的銷售收入增長情況，是衡量企業經營狀況和市

場佔有能力、預測企業經營業務拓展趨勢的重要指標。在實際分析時應考慮企業歷年的銷售水平、市場佔有情況、行業未來發展及其他影響企業發展的潛在因素，或結合企業前三年的銷售收入增長率進行趨勢性分析判斷。

2. 總資產增長率

總資產增長率是企業本年資產增長額同年初資產總額的比率，反應企業本期資產規模的增長情況。其計算公式為：

總資產增長率＝本年總資產增長額/年初資產總額×100%

＝（年末資產總額－年初資產總額）/年初資產總額×100%

比如，以表8.5國興公司20××年12月31日資產負債表相關資料為例。表中國興公司資產總額年初總額為61,200,750元，年末總額為58,434,877.50元。

國興公司20××年總資產增長率＝（58,434,877.50－61,200,750）÷61,200,750×100%＝－4.52%

總資產增長率越高，表明企業一定時期內資產經營規模擴張的速度越快。但在分析時，需要關注資產規模擴張的質和量的關係，以及企業的后續發展能力，避免盲目擴張。三年平均資產增長率指標消除了資產短期波動的影響，反應了企業較長時期內的資產增長情況。

3. 營業利潤增長率

營業利潤增長率是企業本年營業利潤增長額與上年營業利潤總額的比率，反應企業營業利潤的增減變動情況。其計算公式為：

營業利潤增長率＝（本年營業利潤總額－上年營業利潤總額）÷上年營業利潤總額×100%

比如，以表8.9國興公司20××年利潤表相關資料為例。表中國興公司營業利潤上期金額為1,690,000元，營業利潤本期金額為1,526,600元。

國興公司20××年營業利潤增長率＝（1,526,600－1,690,000）÷1,690,000×100%＝－9.7%

營業利潤率越高，說明企業百元商品銷售額提供的營業利潤越多，企業的盈利能力越強；反之，此比率越低，說明企業盈利能力越弱。影響營業利潤率因素很多，主要包括：銷售數量、單位產品平均售價、單位產品製造成本、控制管理費用的能力、控制銷售費用的能力等。

4. 資本保值增值率

資本保值增值率是指所有者權益的期末總額與期初總額之比，反應企業資本的營運效益與安全狀況。其計算公式為：

資本保值增值率＝期末所有者權益÷期初所有者權益×100%

比如，以表8.5國興公司20××年12月31日資產負債表相關資料為例。表中國興公司所有者權益年初總額為35,049,750元，年末總額為35,518,912.50元。

國興公司20××年資本保值增值率＝35,518,912.50÷35,049,750×100%＝101.34%

資本保值增值率反應了投資者投入企業資本的保全性和增長性。該指標越高，表明企業的資本保全狀況越好，所有者權益增長越快，債權人的債務越有保障，企業發展後勁越強。

5. 資本累積率

資本累積率是指企業本年所有者權益增長額同年初所有者權益的比率，表示企業當年資本的累積能力。其計算公式為：

資本累積率＝（期末所有者權益－期初所有者權益）÷期初的所有者權益×100%

比如，以表8.5國興公司20××年12月31日資產負債表相關資料為例。表中國興公司所有者權益年初總額為35,049,750元，年末總額為35,518,912.50元。

國興公司20××年資本累積率＝（35,518,912.50－35,049,750）÷35,049,750×100%＝1.34%

資本累積率是企業當年所有者權益總的增長率，反應了企業所有者權益在當年的變動水平，體現了企業資本的累積情況，是企業發展強盛的標誌，也是企業擴大再生產的源泉，展示了企業的發展潛力。資本累積率還反應了投資者投入企業資本的保全性和增長性，該指標越高，表明企業的資本累積越多，企業資本保全性越強，應付風險、持續發展的能力越大。特別注意，該指標如為負值，表明企業資本受到侵蝕，所有者利益受到損害，應予充分重視。

本章小結

會計報表是根據日常會計核算資料定期編製的，總括反應企業在某一特定日期的財務狀況、經營成果、現金流量、所有者權益及其變動原因的書面報告文件。

會計報表主表有資產負債表、利潤表、現金流量表和股東權益變動表（本書沒有介紹），它們相互聯繫，從不同角度說明企業的財務狀況、經營成果和現金流量。

資產負債表是反應企業一定日期的財務狀況的會計報表。資產負債表的結構是由它反應的經濟內容決定的。其格式有帳戶式和報告式兩種。資產負債表內各項目主要根據總分類帳簿或明細分類帳簿記錄中的期末餘額分析計算填列。

利潤表是反應企業一定期間生產經營成果的會計報表。它是「收入－費用＝利潤」這一會計等式的具體表現。其格式主要有單步式和多步式兩種。利潤表內各項目主要根據收入、費用類帳戶的本期發生額填列。

現金流量表是用以反應企業一定會計期間現金及現金等價物變動情況的會計報表。其編製基礎是現金制。現金流量表中的現金流量包括經營活動、投資活動和籌資活動三個方面所產生的現金流量。其編製方法有直接法和間接法兩種。

所有者權益變動表又稱股東權益變動表，是指反應構成所有者權益的各組成部分當期的增減變動情況的報表。

會計報表附註是會計報表的重要組成部分，是對會計報表本身無法或難以充分表達的內容和項目所做的補充說明和詳細解釋。

會計報表的分析可以提供企業償債能力、盈利能力、營運能力和發展能力的財務指標，為企業報表使用者提供其決策所需的信息。

復習思考題

1. 什麼是會計報表？為什麼要編製會計報表？
2. 會計報表的作用是什麼？
3. 試述會計報表按不同分類標誌的分類情況。
4. 編製會計報表有什麼要求？
5. 試述資產負債表的作用、結構和編製方法。
6. 試述利潤表的作用、結構和編製方法。
7. 會計報表分析的方法有哪些？
8. 企業的財務評價指標體系具體包括哪些財務指標？各指標如何計算？

第九章　會計循環與會計核算組織程序

[學習目的和要求]

本章主要介紹會計循環的概念、會計循環的各個步驟以及各步驟之間的關係、會計核算組織程序的概念和常見的幾種會計核算組織程序。其中，會計核算組織程序是本章的難點和重點。通過本章的學習，應當：

(1) 瞭解和掌握會計循環的概念和步驟；
(2) 瞭解合理建立會計核算組織程序的意義和基本要求；
(3) 明確各種會計核算組織程序的基本內容，包括憑證、帳簿的設置，記帳程序及其優缺點和適用範圍。

第一節　會計循環

一、會計循環的概念與步驟

在會計工作中，每一個會計期間周而復始地進行會計工作的程序，叫做會計循環。會計循環從每個會計期間的期初開始，到會計期間的期末終了，在企業持續經營期內，循環往復，周而復始。通常，一個完整的會計循環包括如下幾個步驟：

(一) 分析經濟業務，編製會計分錄

分析經濟業務、編製會計分錄是會計循環的起點，其主要任務是對經濟業務進行會計確認，決定是否把其記入會計系統。在這裡，需要判斷經濟業務的發生引起了哪些會計要素項目的變化，這種變化是增加還是減少，然後根據經濟業務的性質，決定把它記入什麼帳戶，並根據帳戶模式判斷應記入的方向及金額，最終編製出會計分錄。

(二) 過帳

分析經濟業務、編製會計分錄，只是對經濟業務的初步記錄，要想獲得比較簡明總括的信息，還必須把會計分錄過入有關帳戶。這種將會計分錄按照一定的程序轉錄到分類帳戶中去的行為，叫做過帳，過帳工作通常又叫做登記分類帳。應當注意的是，分類帳包括總分類帳和明細分類帳。當一筆經濟業務既涉及總分類帳，又涉及所屬的明細分類帳時，應按平行登記的要求，分別登記總分類帳和所屬的明細分類帳。

平行登記的要點如下：

（1）登記的期間和依據相同。對於每一項經濟業務，應根據審核無誤后的同一憑證，在同一期間內，一方面記入有關的總分類帳戶，另一方面要記入同期該總分類帳所屬的有關各明細分類帳戶。

（2）登記的方向一致。登記總分類帳及其所屬的明細分類帳的方向（指變動方向）應當相同。

（3）登記的金額相等。記入總分類帳戶的金額與記入其所屬的各明細分類帳戶的金額（指金額數量）相等。

由於登記總分類帳和明細分類帳的依據相同、會計期間一致、借貸方向一致、金額相等，所以，總分類帳與其所屬明細分類帳之間形成相互核對的數量關係：①各總分類帳戶的本期發生額與其所屬的明細分類帳戶本期發生額的合計數相等；②各總分類帳戶的（期初）期末余額與其所屬的明細分類帳戶（期初）期末的合計數相等。

（三）試算平衡

將經濟業務利用分錄和帳戶進行確認和計量，並不能保證記錄的事項一定正確無誤。為了保證會計信息的真實性，還必須進行試算平衡。試算平衡是指根據記帳方法所依據的平衡關係，對帳戶記錄是否正確所做的驗算。這種驗算可以在整個會計循環的過程中多次進行。

（四）期末帳項調整和結轉

經過以上步驟，日常發生的經濟業務進行了會計確認和計量，但是由於會計分期和權責發生制的要求，還有一些本應屬於本期的收入和費用未在本期中記錄。這時，需要進行期末帳項的調整，並對一些會計事項進行結轉。期末帳項的調整和結轉是會計循環中非常重要的一個步驟，也是處理起來有一定難度的一個步驟。

（五）結帳

為了定期反應企業的財務狀況和經營成果，需要在每個會計期末進行結帳，即：結清收入、費用類帳戶，計算出本年損益。同時，結算資產、負債、所有者權益類帳戶，計算出發生額和余額。

（六）編製會計報表

帳簿記錄所提供的會計信息是分散的，不便於會計信息使用者閱讀使用。因此，必須在結帳的基礎上編製會計報表，為會計信息使用者提供有用的會計信息。會計報表主要有資產負債表、利潤表、現金流量表和所有者權益變動表。

二、會計循環各步驟的關係

以提供經濟信息為目的的會計信息系統，對企業經濟交易與事項所進行的確認、計量、記錄和報告是一個連續不斷、周而復始的過程。企業首先需要對其經濟活動數據進行會計確認，認定並接受應當由會計系統加以處理的原始經濟數據而排除其他數據。與此同時，對經濟交易與事項涉及的價值數量關係進行計算和衡量，確定與財務狀況、經營業績和現金流量等有關的貨幣化數量結果，完成對經濟交易與事項的計量。

然后，對於上述經濟業務與事項的確認內容和計量結果，通過帳戶（帳簿）做出全面、完整而相互關聯的記錄。最後，在會計期間終了，將帳戶中記錄的企業經濟活動信息進行匯總、濃縮，並主要以財務報表方式向會計信息使用者披露企業的財務狀況、經營業績和現金流量信息。會計循環各步驟的關係見圖9.1。

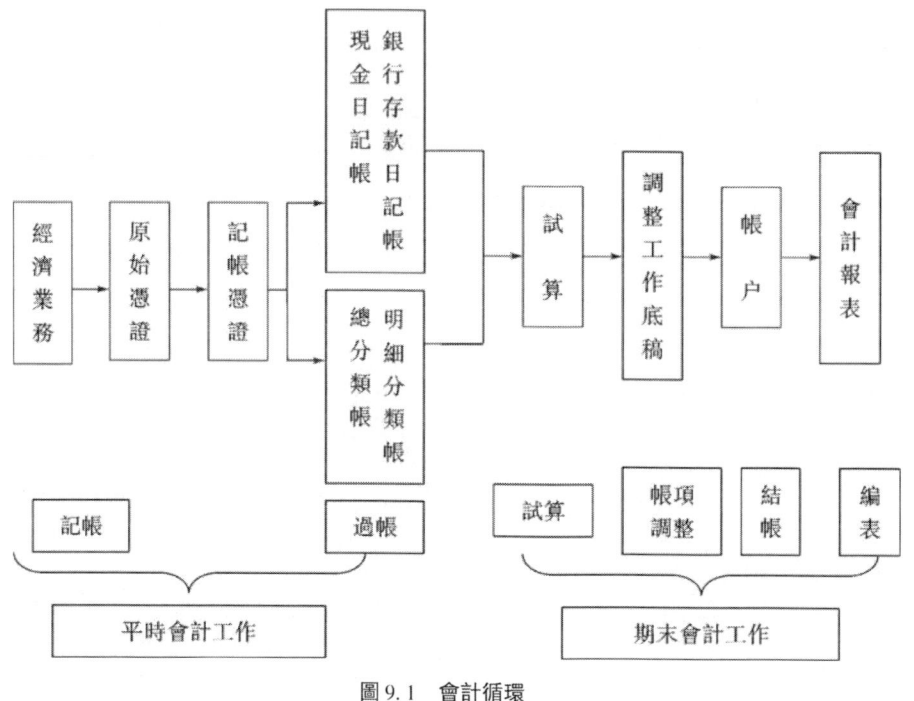

圖9.1　會計循環

第二節　會計核算組織程序概述

一、會計核算組織程序的意義

會計核算組織程序又叫做會計核算形式或帳務處理程序，是指在會計循環中，帳簿組織及記帳程序和記帳方法相互結合的方式。設計會計核算組織程序，不僅是會計制度設計的一項重要內容，而且合理的會計核算組織程序對於科學組織會計核算工作，提高會計核算質量，保證會計信息真實、完整，充分發揮會計在經濟管理中的作用，具有十分重要的意義。

二、設計會計核算組織程序的要求

由於各單位的業務性質不同，經營規模大小不同，業務繁簡程度不同，各單位應根據自身的特點，設計符合本單位的會計核算組織程序。一般來說，合理的、適用的會計核算組織程序應符合以下幾項要求：

（1）與本單位的業務性質、經營規模、業務繁簡和管理要求相適應，既要有利於會計核算分工、建立崗位責任制，又要有利於會計核算工作的加強。

（2）要全面、系統、及時、準確地提供有關本單位經濟活動情況的會計核算資料，以滿足本單位和政府等會計信息使用者的需要。

（3）在會計信息質量得到保證的條件下，應力求簡化核算手續，節約核算時間，節省人力和物力，降低核算費用，提高會計核算工作的效率。

三、會計核算組織程序的種類

會計核算組織程序的種類在於登記總帳的依據和方法不同。目前常用的會計核算組織程序主要有：①記帳憑證核算組織程序；②科目匯總表核算組織程序；③匯總記帳憑證核算組織程序；④日記總帳核算組織程序；⑤多欄式日記帳核算組織程序；⑥通用日記帳核算組織程序。

第三節　記帳憑證核算組織程序

一、記帳憑證核算組織程序的特點

記帳憑證核算組織程序是會計核算中最基本的一種核算組織程序。它的特點是根據記帳憑證逐筆登記總分類帳。

二、會計憑證和帳簿組織

在這一程序中，記帳憑證可以是通用記帳憑證，也可以分設收款憑證、付款憑證和轉帳憑證；需要設置現金日記帳、銀行存款日記帳、明細分類帳和總分類帳。其中，現金日記帳、銀行存款日記帳和總分類帳一般採用三欄式，明細分類帳根據需要採用三欄式、多欄式和數量金額式。

三、帳務處理程序

記帳憑證帳務處理程序的基本內容如圖 9.2 所示。

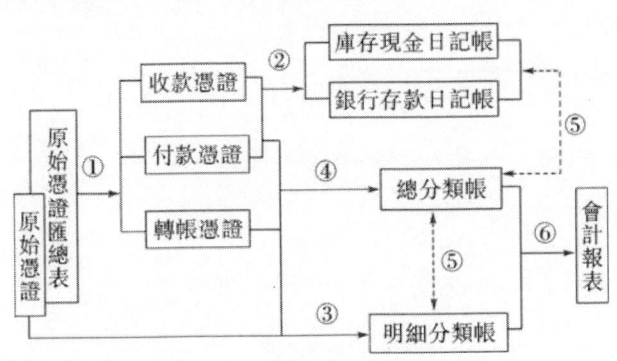

圖 9.2　記帳憑證帳務處理程序

(1) 根據原始憑證或原始憑證匯總表填製記帳憑證。
(2) 根據收、付款憑證登記庫存現金日記帳、銀行存款日記帳。
(3) 根據收、付、轉憑證及其所附的原始憑證登記明細帳。
(4) 根據收、付、轉憑證逐筆登記總分類帳。
(5) 期末，日記帳與總分類帳、總分類帳與明細分類帳相互核對。
(6) 期末，根據總分類帳和明細分類帳的資料編製會計報表。

四、記帳憑證核算組織程序的優、缺點和適用範圍

這種核算組織程序的優點是層次清楚，核算程序比較簡單；其缺點是登記總帳的工作量比較繁重。因此，這種核算組織程序一般適用於規模不大、經濟業務較少的單位。

第四節　科目匯總表核算組織程序

一、科目匯總表核算組織程序的特點

科目匯總表核算組織程序的主要特點是：根據記帳憑證定期（如每 5 天或 10 天）編製科目匯總表，並據以登記總帳。

二、會計憑證和帳簿組織

採用這種核算組織程序，會計憑證一般設置收款憑證、付款憑證和轉帳憑證三種格式；需要設置現金日記帳、銀行存款日記帳、明細分類帳和總分類帳。其中，現金日記帳、銀行存款日記帳和總分類帳一般採用三欄式，明細分類帳根據需要採用三欄式、多欄式和數量金額式。常見的科目匯總表格式如表 9.1 所示。

表 9.1　科目匯總表

會計科目	記帳憑證起訖號數	本期發生額		總帳頁數
		借方	貸方	
合計				

三、帳務處理程序

科目匯總表帳務處理程序的基本內容如圖 9.3 所示。

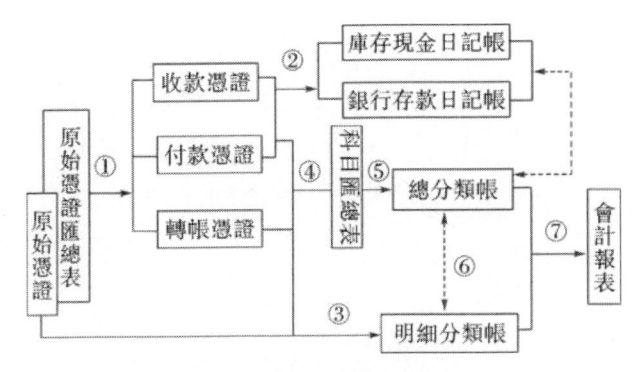

圖 9.3　科目匯總表帳務處理程序

（1）根據原始憑證或原始憑證匯總表填製記帳憑證。
（2）根據收、付款憑證登記庫存現金日記帳、銀行存款日記帳。
（3）根據收、付、轉憑證及其所附的原始憑證登記明細帳。
（4）根據記帳憑證定期匯總編製科目匯總表。
（5）根據定期編製的科目匯總表登記總分類帳。
（6）期末，日記帳與總分類帳、總分類帳與明細分類帳相互核對。
（7）期末，根據總分類帳和明細分類帳的資料編製會計報表。

四、科目匯總表核算組織程序的優、缺點和適用範圍

這種核算組織程序的優點是：通過編製科目匯總表不僅可以簡化登記總帳的工作量，而且還可以起到入帳前的試算平衡作用。同時，科目匯總表的編製方法也較簡單。

其缺點是：無論總帳還是科目匯總表都無法反應帳戶的對應關係，因而不利於對總帳的分析。因此，這種核算組織程序一般適用於經濟業務頻繁，但又不很複雜的大中型企事業單位。

第五節　匯總記帳憑證核算組織程序

一、匯總記帳憑證核算組織程序的特點

匯總記帳憑證核算組織程序的主要特點是：根據記帳憑證定期編製匯總記帳憑證，然後根據匯總記帳憑證累計數作為登記總帳的依據。這裡的匯總記帳憑證是指分類匯總記帳憑證，即匯總收款憑證、匯總付款憑證和匯總轉帳憑證。

二、會計憑證和帳簿組織

採用這種核算組織程序，會計憑證除了應設置收款憑證、付款憑證和轉帳憑證之外，還應設置匯總收款憑證、匯總付款憑證和匯總轉帳憑證三種匯總記帳憑證。匯總記帳憑證要定期填製，間隔天數根據企業業務量的多少而定。一般為每隔 5 天或 10 天，

每月匯總編製一張，月終結出合計數，據以登記總分類帳。主要設置現金日記帳、銀行存款日記帳、總分類帳和明細帳。現金日記帳、銀行存款日記帳採用三欄式，總分類帳可以是三欄式，也可以是多欄式。明細帳可採用三欄式、多欄式、數量金額式。常見的匯總記帳憑證的格式如表9.2所示。

表9.2 匯總收款憑證

貸方科目	金　　額				總帳頁數	
	(1)	(2)	(3)	合計	借方	貸方
合　計						

三、帳務處理程序

匯總記帳憑證帳務處理程序的基本內容如圖9.4所示。

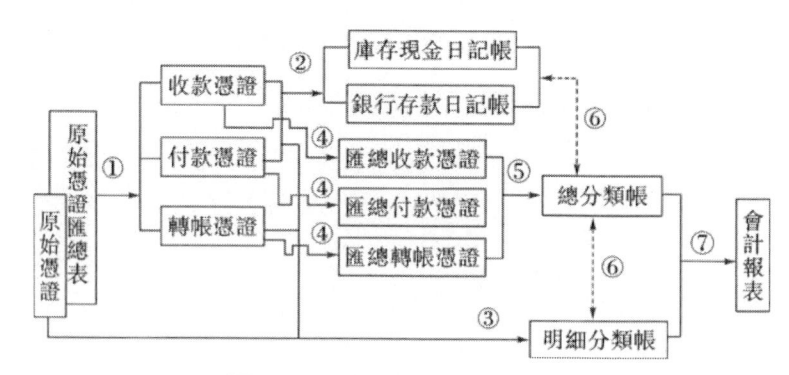

圖9.4 匯總記帳憑證帳務處理程序

(1) 根據原始憑證或原始憑證匯總表編製記帳憑證。
(2) 根據收、付款憑證登記庫存現金日記帳、銀行存款日記帳。
(3) 根據收、付、轉憑證及其所附的原始憑證，登記明細帳。
(4) 根據收、付、轉憑證定期編製匯總收、付、轉憑證。
(5) 根據匯總收款憑證、匯總付款憑證、匯總轉帳憑證的全月歸類累計數登記總分類帳。
(6) 期末，現金日記帳、銀行存款日記帳與總分類帳，總分類帳與明細分類帳相互核對。
(7) 期末，根據總分類帳和明細分類帳的資料編製會計報表。

四、匯總記帳憑證核算組織程序的優、缺點和適用範圍

這種核算組織程序的優點是：通過編製分類匯總記帳憑證可以大大簡化登記總帳的工作量；同時在匯總憑證和總帳中都能清晰地反應帳戶之間的對應關係。

其缺點是：分類匯總記帳憑證的編製手續比較複雜。在經濟業務不多、會計人員較少的單位，採用這種核算組織程序通常體現不出它的優越性。因此，這種核算組織程序，一般適用於規模較大、經濟業務複雜、會計人員分工較細的大中型企事業單位。

第六節　多欄式日記帳核算組織程序

一、多欄式日記帳核算組織程序的特點

多欄式日記帳核算組織程序的特點是：設置多欄式貨幣資金日記帳后，有關貨幣資金收、付的業務，應以多欄式日記帳的匯總記錄作為登記總帳的依據。

二、會計憑證和帳簿組織

在多欄式日記帳核算組織程序下，會計憑證應設置收款憑證、付款憑證和轉帳憑證和匯總轉帳憑證四種格式；帳簿設置多欄式現金日記帳、多欄式銀行存款日記帳、總分類帳和明細分類帳。現金和銀行存款對應科目較多時，要設置「多欄式庫存現金收入日記帳」「多欄式庫存現金支出日記帳」「多欄式銀行存款收入日記帳」和「多欄式銀行存款支出日記帳」；現金和銀行存款對應科目較少時，則只需設置「多欄式庫存現金（收支）日記帳」和「多欄式銀行存款（收支）日記帳」。庫存現金日記帳、銀行存款日記帳採用多欄式，總分類帳可以是三欄式，也可以是多欄式。明細帳可採用三欄式、多欄式、數量金額式。常見的多欄式庫存現金（銀行存款）日記帳的通用格式如表9.3所示。

表9.3　多欄式庫存現金（銀行存款）日記帳

年		憑證字號	摘要	收入（貸方科目）				支出（借方科目）				余額
月	日						合計				合計	
			本月發生額合計									

三、帳務處理程序

多欄式日記帳帳務處理程序的基本內容如圖9.5所示。

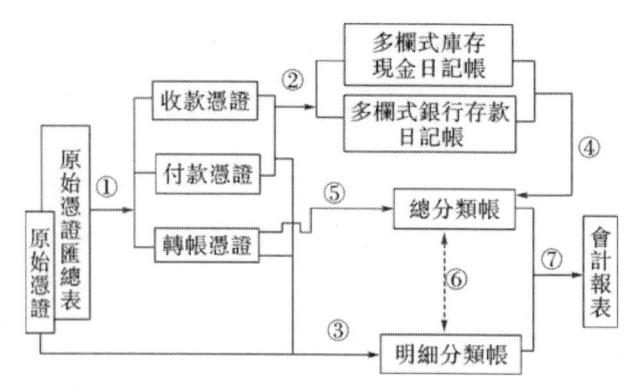

圖9.5　多欄式日記帳帳務處理程序

（1）根據原始憑證或原始憑證匯總表填製記帳憑證。
（2）根據收、付款憑證登記多欄式庫存現金日記帳和銀行存款日記帳。
（3）根據收、付、轉憑證及其所附原始憑證登記明細分類帳。
（4）期末，根據多欄式現金日記帳和銀行存款日記帳登記總分類帳。
（5）根據轉帳憑證逐筆登記總分類帳，或根據轉帳憑證定期編製匯總轉帳憑證（或科目匯總表），再根據匯總轉帳憑證（或科目匯總表）登記總分類帳。
（6）期末總分類帳與明細分類帳相互核對。
（7）根據總分類帳和明細分類帳資料編製會計報表。

四、多欄式日記帳核算組織程序的優、缺點和適用範圍

多欄式日記帳核算組織程序的優點是：一方面對貨幣資金的收、付業務進行了序時記錄；另一方面按對應帳戶歸類，起到了匯總收、付款憑證的作用，可以簡化登記總帳的工作。

其缺點是：在業務比較複雜的企業，勢必造成日記帳的專欄過多，帳頁過長，因而不便於登記。這種核算組織程序適用於收、付業務比較多的大中型企事業單位。

第七節　日記總帳核算組織程序

一、日記總帳核算組織程序的特點

日記總帳核算組織程序的特點是：以記帳憑證為依據，在日記總帳中同時進行序時和分類登記。

二、會計憑證和帳簿組織

在日記總帳核算組織程序下，會計憑證一般只設置收款憑證、付款憑證和轉帳憑證三種；帳簿一般設置現金日記帳、銀行存款日記帳、明細分類帳和日記總帳。其中，

現金日記帳、銀行存款日記帳和總分類帳一般採用三欄式，明細分類帳根據需要採用三欄式、多欄式和數量金額式，日記總帳需採用多欄式。常見的日記總帳的通用格式如表9.4所示。

表9.4　日記總帳

年		憑證字號	摘要	發生額	（會計科目）		（會計科目）		（會計科目）		（會計科目）	
月	日				借方	貸方	借方	貸方	借方	貸方	借方	貸方
			月初余額									
			本月合計									
			月末余額									

三、帳務處理程序

日記總帳帳務處理程序的基本內容如圖9.6所示。

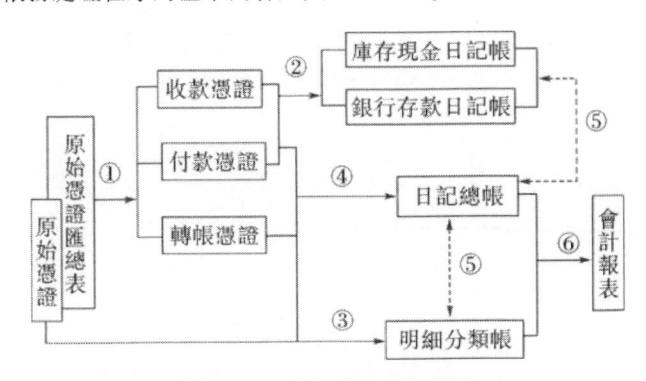

圖9.6　日記總帳帳務處理程序

（1）根據原始憑證或原始憑證匯總表填製記帳憑證。
（2）根據收、付款憑證登記現金日記帳、銀行存款日記帳。
（3）根據收、付、轉憑證及其所附原始憑證，登記明細分類帳。
（4）根據收、付、轉憑證逐筆登記日記總帳。
（5）期末，現金日記帳、銀行存款日記帳與日記總帳核對，日記總帳有關總分類帳戶與所屬明細分類帳核對。
（6）期末，根據日記總帳和明細分類帳資料編製會報表。

四、日記總帳核算組織程序的優、缺點和適用範圍

日記總帳核算組織程序的優點是：把序時帳和分類帳結合起來，可以簡化記帳手續，便於檢查記帳工作的正確性；在日記總帳上列示全部帳戶，可以清楚地反應帳戶

之間的對應關係和經濟業務的全貌，有利於進行會計分析。

其缺點是：在會計科目較多的單位，必然出現日記總帳帳頁過長，記帳時容易錯欄串行，造成核算錯誤；同時把所有的帳戶都集中在一張帳頁上，不便於會計人員的分工。因此，這種核算組織程序只適用於規模不大、經濟業務簡單、使用帳戶不多的單位。

第八節　通用日記帳核算組織程序

一、通用日記帳核算組織程序的特點

通用日記帳核算組織程序的主要特點是：將所有經濟業務按所涉及的會計科目，以分錄的形式記入通用日記帳，再根據通用日記帳登記總分類帳。

二、會計憑證和帳簿組織

在通用日記帳核算組織程序下，不填製記帳憑證，直接根據原始憑證和匯總原始憑證直接登記通用日記帳。通用日記帳一般採用兩欄式；總分類帳一般採用三欄式，但不登記對應科目；一般不設置現金日記帳和銀行存款日記帳，現金和銀行存款的每日收、付金額和余額需要通過現金總帳和銀行存款總帳來瞭解，或者根據通用日記帳的相應記錄計算得出；明細分類帳根據需要採用三欄式、多欄式和數量金額式。常用的通用日記帳的格式如表 9.5 所示。

表 9.5　通用日記帳

年		原始憑證	摘要	會計科目	借方金額	貸方金額	記帳
月	日						
5	1	支票	從銀行提現金	庫存現金	2,000		
				銀行存款		2,000	
5	1	發貨票	購辦公用品	管理費用	900		
				銀行存款		900	

三、帳務處理程序

通用日記帳帳務處理程序的基本內容如圖 9.7 所示。

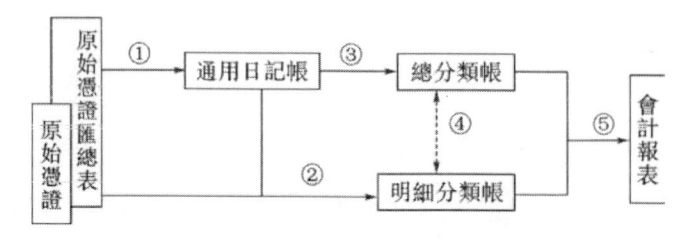

圖 9.7　通用日記帳帳務處理程序

（1）根據原始憑證或原始憑證匯總表，逐日逐筆登記通用日記帳。
（2）根據原始憑證或原始憑證匯總表、通用日記帳，登記各種明細分類帳。
（3）根據通用日記帳逐筆登記總分類帳。
（4）期末，將各明細分類帳戶的余額合計數與總分類帳中的相關帳戶的余額相核對。
（5）期末，根據總分類帳和各種明細分類帳編製會報表。

四、通用日記帳核算組織程序的優、缺點和適用範圍

通用日記帳核算組織程序的優點是：減少了編製記帳憑證的大量工作，便於瞭解經濟單位每日每項經濟業務的發生和完成情況，便於按經濟業務發生的時間順序查閱資料。其缺點是：只設一本通用日記帳，不便於會計核算分工；根據原始憑證和匯總原始憑證直接登記通用日記帳，容易出現記帳錯誤；根據通用日記帳登記總分類帳，會加大登記總分類帳的工作量。因此，這種核算組織程序一般適用於運用電子計算機進行會計核算的企業。

本章小結

會計循環是指在每一個會計期間周而復始地進行會計工作的程序。一個完整的會計循環包括分錄與記帳、試算與調整、結帳與編表。

會計核算組織程序又叫做會計核算形式或帳務處理程序，是指在會計循環中，帳簿組織及記帳程序和記帳方法相互結合的方式。我國企業、單位所採用的會計核算組織程序主要有六種：記帳憑證核算組織程序、科目匯總表核算組織程序、匯總記帳憑證核算組織程序、多欄式日記帳核算組織程序、日記總帳核算組織程序、通用日記帳核算組織程序。

復習思考題

1. 什麼是會計核算組織程序？合理組織會計核算組織程序的意義是什麼？
2. 建立合理的會計核算組織程序的要求是什麼？
3. 試述記帳憑證核算組織程序的特點、帳務處理程序、優缺點及範圍。
4. 試述匯總記帳憑證核算組織程序的特點、帳務處理程序、優缺點及範圍。
5. 試述科目匯總表核算組織程序的特點、帳務處理程序、優缺點及範圍。
6. 如何編製匯總記帳憑證？如何編製科目匯總表？兩者各有何優缺點？

國家圖書館出版品預行編目(CIP)資料

會計學原理 / 唐國琼 主編. -- 第二版.
-- 臺北市：崧博出版：崧燁文化發行，2018.09
　　面　；　公分
ISBN 978-957-735-490-7(平裝)
1. 會計學
495.1　　　　107015324

書　名：會計學原理
作　者：唐國琼 主編
發行人：黃振庭
出版者：崧博出版事業有限公司
發行者：崧燁文化事業有限公司
E-mail：sonbookservice@gmail.com
粉絲頁　　　　　網　址
地　址：台北市中正區重慶南路一段六十一號八樓815室
8F.-815, No.61, Sec. 1, Chongqing S. Rd., Zhongzheng Dist., Taipei City 100, Taiwan (R.O.C.)
電　話：(02)2370-3310　傳　真：(02) 2370-3210
總經銷：紅螞蟻圖書有限公司
地　址：台北市內湖區舊宗路二段121巷19號
電　話：02-2795-3656　　傳真：02-2795-4100　網址：
印　刷：京峯彩色印刷有限公司（京峰數位）

　本書版權為西南財經大學出版社所有授權崧博出版事業有限公司獨家發行
　電子書繁體字版。若有其他相關權利及授權需求請與本公司聯繫。

定價：400 元
發行日期：2018 年 9 月第二版
◎ 本書以POD印製發行